U0107065

NEOCOGITO

阅读即行动

La conscience
critique

Georges Poulet

批评意识

[法]乔治·普莱　著

郭宏安　译

北京联合出版公司
Beijing United Publishing Co.,Ltd.

图书在版编目（CIP）数据

批评意识 / （比）乔治·普莱著；郭宏安译. —北京：北京联合出版公司，2024.7
ISBN 978 - 7 - 5596 - 7586 - 6

Ⅰ. ①批… Ⅱ. ①乔… ②郭… Ⅲ. ①日内瓦学派（心理学）—研究 Ⅳ. ①B84—069

中国国家版本馆 CIP 数据核字（2024）第 078981 号

Originalley published in France as:
La conscience critique by Georges Poulet
© Editions Corti 1989
Current Chinese translation rights arranged through Divas International, Paris
巴黎迪法国际版权代理（www.divas-books.com）
Simplified Chinese translation edition copyright © 2023 by Neo-Cogito Culture Exchange Beijing, Ltd.

北京市版权局著作权合同登记　图字:01-2024-0632

批评意识

作　　者：[比]乔治·普莱
译　　者：郭宏安
出 品 人：赵红仕
出版统筹：杨全强　杨芳州
责任编辑：孙志文
特约编辑：金子淇　赵文慧
封面设计：彭振威

北京联合出版公司出版
（北京市西城区德外大街 83 号楼 9 层　100088）
北京联合天畅文化传播公司发行
北京启航东方印刷有限公司印刷　新华书店经销
字数 198 千字　1092 毫米×870 毫米　1/32　12.625 印张
2024 年 7 月第 1 版　2024 年 7 月第 1 次印刷
ISBN 978 - 7 - 5596 - 7586 - 6
定价:68.00 元

目录

下编

《批评意识》述要

乔治·普莱，比利时人，生于一九〇二年，先后在英国爱丁堡大学、美国霍普金斯大学、瑞士苏黎世大学和法国尼斯大学任教。乔治·普莱著作等身，主要论及批评主体与创作主体之认同，对法国新批评派影响甚巨，代表作有《人类时间研究》（四卷，1949—1968）、《圆的变形》（1960）、《普鲁斯特的空间》（1963）、《爆炸的诗》（1980）以及《批评意识》。

《批评意识》一书出版于一九七一年，有批评家认为，这是一部关于日内瓦学派的"全景及宣言"式[①]的杰作。

文学批评的日内瓦学派在当代批评史著作中又常常被称作主题批评、现象学批评、意识批评、深层精神分析批评等，似乎前者是以地域称，后者是以内容称，无分轩轾。然而细考其

[①] 见让-伊夫·塔迪埃，《20世纪文学批评》，皮埃尔·贝尔封版，1987年，第75页。

内涵，却能发现这些用语不能完全重合。前者的优点是高屋建瓴，确能"一言以蔽之"，缺点是笼统模糊，易使人产生"步调一致"的错觉；后者的优点在于明确地指明了这一流派的一个特征，缺点是以偏概全，令人起"横看成岭侧成峰"之叹。其实，日内瓦学派名下的批评家们个个都是独特的，其一致性也许仅在于对文学中意识现象的共同关心。似乎可以这样说，论及方法，日内瓦派是一种主题批评；论及哲学的渊源，日内瓦学派是一种现象学批评，或更具体些，是一种意识批评；论及现代科学的影响，日内瓦学派则是一种深层精神分析批评。然而，为显示这一流派的丰富性和复杂性，为保留其批评家的独特性和创造性，称之为日内瓦学派反而更为恰当，虽模糊却不失真。

日内瓦学派的批评家们并没有统一的纲领和明确的口号，也没有严密的理论体系，甚至没有森严的门户和有名有姓的传人。与大多数以地域命名的批评流派不同，被称为日内瓦学派的批评家们不都是瑞士人，也不都和日内瓦有关系，他们只是几个同声相应、同气相求的卓越的批评家，彼此间有着深厚的友情和真诚的倾慕。他们组成了一个批评史上罕见的、各自独立却又相互理解、相互支持的批评家群体。这些批评家是：马塞尔·雷蒙（1897—1984）、阿尔贝·贝甘（1901—1957）、乔治·普莱（1902—1990）、让·鲁塞（生于1910年）、让·斯塔罗宾斯基（生于1920年）和让-皮埃尔·里夏尔（生于1922年）。

马塞尔·雷蒙一九三三年发表《从波德莱尔到超现实主义》，是为日内瓦学派之肇始。在这部以探索"诗的现代神话"为宗旨的著作中，诗人的个人生平和社会联系被压缩到最低的限度，统治着当时批评界的实证主义和历史主义受到全面的清算。批评家努力追寻的是作家深层的内在生命，即作为初始经验的意识根源，并且通过自己的批评语言深入到作家所创造的世界中去，像作家一样"全面地融入事物"。很快，当时执教于巴塞尔大学的阿尔贝·贝甘做出呼应，他的《浪漫派的心灵和梦》（1937 年）是对法国实证主义批评的全面批判，力倡批评家"与诗人的精神历程相遇合"。雷蒙和贝甘是两位"但开风气不为师"的批评大家，经过乔治·普莱的浓厚的现象学色彩的过渡，才使这一崭新的批评方法具有某种哲学的根基。他的《人类时间研究》使法国的文学研究彻底摆脱了"作家和作品"这种单一的传统模式，被看作是法国二十世纪五六十年代的"新批评"的滥觞之一。随后有让-皮埃尔·里夏尔的《文学与感觉》（1954 年）和《马拉美的想象世界》（1961 年）、让·斯塔罗宾斯基的《让-雅克·卢梭：透明与障碍》（1957 年）和《活的眼》（1961 年）以及让·鲁塞的《形式与意义》（1962 年）等著作，推波助澜，蔚为大观。有乔治·普莱浓厚的哲学色彩，让·鲁塞对形式的强烈兴趣，让·斯塔罗宾斯基的明显的弗洛伊德精神分析学影响，让-皮埃尔·里夏尔的鲜明的主题研究法，一个独特、丰富、生气勃勃的批评流派已宛然在目，并使人不能不称之为日内瓦学派。

日内瓦学派的批评家们无论在其文学观念和批评实践中有多么大的不同甚至分歧，都对文学的基本性质有这样一种共识，即文学作品乃是人类意识的一种形式，文学批评从根本上说乃是"一种对于意识的批评"。这里的"意识"指的是经过"归入括弧""中止判断"等现象学还原之后的意识之固有存在，即纯粹意识。现象学哲学认为，意识不是纯粹的精神自身的活动，而是具有意向性的，即意识总是意识到什么，意识到外在的世界和人。思考这一行为和思考的对象之间有着内在的联系，相互依存，不可分割。意识不仅仅是被动地记录世界，而且还主动地构成世界。因此，在日内瓦学派的批评中，创造自我、批评自我、意识行为、人与世界或他人的关系等是一些极端重要的概念，人与世界或他人之间的相互"凝视"是一个被反复探索的主题，而主体和客体的相互包容则是一个基本的原则。

日内瓦学派的批评家们继承并发展了一种浪漫派的文学观，即认为文学作品不是对某种先在典型的复制或模仿，而是人的创造意识的结晶，是其内在人格的外化。作为创造主体的人与作为社会主体的人并不等同，也就是说，批评家不能把作为创造者的作家和社会生活中的作家混为一谈，因为创造自我是在创造过程中实现的。文学作品是一种精神的历险，在其自身的运动中完成，故作品同时是一种创造和一种自我披露。这就是说，作品是作者的意识的纯粹体现，而不是作者实际生活经历的再现。所以，批评家要对作家潜藏在作品中的意识行为给予特别的关注，而不应把注意力集中于作者的生平、作品产生的实际历史环境等外在情况。

日内瓦学派的批评家认为，文学作品不是一种可以通过科学途径加以穷尽的客体，故文学不是认识的对象，而是经验的对象。作家的经验是在创造过程中逐渐实现和丰富的，批评家的经验也是在阅读和阐释过程中逐渐实现和丰富的。作家的经验模式不等于单纯的实际经验，乃是其意识在作品中得到再现的媒介，批评家的任务实际上是揭示和评价这种经验模式。此种经验模式深藏于反复出现的主题和意象及其结成的网络之中，批评家掌握了这种模式，也就掌握了作家生活在他的世界中的方式，掌握了作家作为主体和世界作为客体之间的现象学关系。当然，一部文学作品的"世界"并不是一种客观的现实，而是作者作为主体已经组织和经历过的现实。

在日内瓦学派的批评家们看来，批评乃是一种主体间的行为。文学批评不是一种立此存照式的记录，不是一种居高临下的裁断，也不是一种平复怨恨之心的补偿性行为，批评应该是参与的，它应该消除自己的偏爱，不怀成见地投入作品的"世界"。也就是说，批评家应该"力图亲自再次地体现和思考别人已经体验过的经验和思考过的观念"。批评作为一种"次生文学"是与"原生文学"（批评对象）平等的，也是一种认识自我和认识世界的方式。因此，批评是关于文学的文学，是关于意识的意识，批评家借助别人写的诗、小说或剧本来探索和表达自己对世界和人生的感受和认识。

这样一种批评观在日内瓦学派的批评家身上有不同的表现。在马塞尔·雷蒙，批评要由某种"苦刑"达到一种"深刻的同情"，批评家的工作在于"将存在的状态转化为意识的状态"，批评者重新创造艺术品，同时又须臾不离开原艺术品，故要求批评者进行"创造性的参与"。在阿尔贝·贝甘，批评者要自己进入作者所创造的世界之中，"与诗人的精神历险相融合"；有价值的批评乃是一种主观的批评。在让·鲁塞，作品是结构和思想的同时呈现，批评则要通过形式抓住意义，阅读乃是一种模仿。在让·斯塔罗宾斯基，批评是一种"凝视"，而凝视与其说是一种摄取形象的能力，不如说是一种建立关系的能力。理想的批评是批评主体与创作主体之间的不间断的往返。在让-皮埃尔·里夏尔，批评要"将其理解和同情的努力置于作品的初始时间上"，即作品的"最原始的水平上"，也就是"纯粹的感觉、粗糙的感情或正在生成的形象"。而在乔治·普莱，批评的开始和终结都是批评者和创作者的精神的遇合，批评的目的在于探寻作者的"我思"，因此，批评的全过程乃是一个主体经由客体（作品）达至另一个主体。总之，日内瓦学派的批评要求于批评的是：始则泯灭自我，澄怀静虑，终则主客相融，浑然一体，而贯穿始终的是批评主体和创造主体的意识的遇合。

在《批评意识》一书中，乔治·普莱一方面阐明自己的批评观，一方面也在其他具有相同或相近倾向的批评家的批评实践中寻求支持。对于批评者来说，批评著作一旦成为批评对象，其作者也就成为创造主体，其"我思"也就成为批评者追寻的目标。因此，《批评意识》既是一次理论的阐述，又是一次批评的实践，全面而具体地呈现出日内瓦学派的面貌。在这个意义上，我们可以说《批评意识》是一部关于日内瓦学派的"全景及宣言"式的著作。

这部著作明确地分成两部分，"上编"顺次研究了十六位批评家，其要在于揭示他们各自追寻批评对象之"我思"的方式；"下编"则从理论上阐明批评意识的各种概念，提出作者的方法论。两部分相辅相成，从具体到抽象，从个别到一般，实际上总结了日内瓦学派的批评方法和原则。这种批评方法和原则在十六位批评家的批评实践中有不同形式、不同程度的表现。个别地看，他们是些具有强烈个性的独特的批评家；综合地看，他们又构成一个具有相同或相似的精神追求的批评家族。

乔治·普莱提出："批评是一种思想行为的模仿性重复，它不依赖于一种心血来潮的冲动。在自我的内心深处重新开始一位作家或哲学家的'我思'，就是重新发现他的感觉和思维的方式，看一看这种方式如何产生、如何形成、碰到何种障碍；就是重新发现一个人从自我意识开始组织起来的生命所具有的意义。"这就是说，批评主要不是对作品呈现出的世界形象的评论，不是对作品的结构、技巧、语言运用的研究，这一切只能作为一种媒介，批评借此寻求作者先于文学的原始经验模式，即他对于基本存在方式（例如空间、时间等）的感知方式。所谓"我思"，乃是作家在作品中流露出来的意识。"任何文学作品都意味着写它的人做出的一种自我意识行为。写并不单纯是让思想之流畅通无阻，而是构成这些思想的主体"。笛卡尔的"我思故我在"表明了人的自我意识的觉醒，这个"我思"乃是思辨的起点，是一种"不断重复的行为"，也是意识的"最初时刻"。作品始于此，以其作为研究对象的批评亦始于此。也就是说，"作家以形成他自己的'我思'为开端"，批评家则在该作家的"我思"中"找到他的出发点"，并将其作为探索作家内心生活的"参照点""指示标"和迷宫门口的"阿里阿德涅线"。这样，"文学文本的一致性变成了在转移中重新抓住它的批评文本的一致性"。由于"自我感觉是世界上最具个性的东西"，故"我思"不可能千篇一律，不同的"我思"表明自我意识可以"因人而异"。批评的根本任务乃是：把这些"我思""区别开来，分离出来，承认它们的特殊性，辨认每一个人说'我思考着我自己'时的特殊口吻"。

乔治·普莱认为，谁若不能发现自己正在发现世界的话，谁就不能发现世界。因此，"自我意识，它同时就是通过自我意识对世界的意识，这就是说，它进行的方式本身，它认识其对象的特殊角度，都影响着它立刻或最后拥抱宇宙的方式。因为，谁以一种特殊的方式感知到自己，就同时感知到一个独特的宇宙"，于是，对自我的认识决定了对宇宙的认识，自我意识成了宇宙的"一面镜子"。乔治·普莱由是断言，"发现一位作家的'我思'，批评家的任务就完成了一大半"。

那么，批评家如何才能"发现"作家的这个我思呢？乔治·普莱指出，这里的"发现"不是通常意义上的发现，即寻找某物而最终找到，因为思想寻找的目标并不在"思想之外"，也就是说，"谁想重新发现他人的'我思'，谁就只能碰到一个思想着的主体"，而这个主体只能在其自我意识的行为中"被把握"。这就意味着，"'我思'乃是一种只能从内部被感知的行为"。所以，"既然批评家的任务是在所研究的作品中抓住这种自我认知力的作用，那么，他要做到，就必须把呈露给他的那种行为当作自己的行为来加以完成。换句话说，批评行为要求批评者进行意识行为要求被批评的作者进行的那种活动。同一个'我'应该既在作者那里起作用，又在批评者那里起作用"。因此，"发现作家们的'我思'，就等于在同样的条件下，几乎使用同样的词语再造每一位作家经验过的'我思'"。这就是所谓批评的认同。批评认同的是批评对象的"最初的我"，是"对存在的最初的感知"，是"存在与其自身的最初的接触"，简言之，就是作家的纯粹意识。因此，"一切批评都首先是、从根本上也是一种对意识的批评"。

　　乔治·普莱在《批评意识》一书中评述了十六位批评家的批评实践，他试图阐明的正是这些批评家如何通过某种独特的阅读方式捕获批评对象的意识（"我思"），他们分别在何种程度上取得了成功（也许是失败），并由此展示出批评意识运行的机制。

　　在斯塔尔夫人那里，乔治·普莱发现了"钦佩"。他指出，斯塔尔夫人的批评始于一种对于批评对象的"钦佩行为"，然而这种钦佩并非盲目地崇拜，它是"一种被感情支撑、照亮，甚至引导的认识"，其力量和根源存在于"一种与纯粹感觉相混同的内在经验中"。在阅读中，钦佩导致参与，参与导致"同情"和"认同"。斯塔尔夫人的批评表明："理解一位小说家、一位艺术家、一位哲学家，就是首先把另一个人感受并传达给我们的经验，其次把他们的传达能够在我们身上相继引起或唤起的类似经验与把这些经验牢记在心的当今我们的自我联系起来。"这种感同身受、设身处地的阅读方式，乔治·普莱称之为"新的阅读方式"，即"对客观的作品的外在判断被一种参与所取代，即参与这部作品所披露和传达的纯主观的运动"。所谓"纯主观的运动"实为纯粹意识的运动，因此，这里仍然是批评意识对于创造意识的参与。可以说，斯塔尔夫人的批评"是一种次生意识对于原生意识所经历过的感性经验的把握"。

在波德莱尔那里，乔治·普莱发现的则是"弃我"。他指出，波德莱尔的批评"总是显示出它与分析对象的内在的同一。既没有虚伪，也没有保留，它成为它所意识到的那些人的兄弟、同类"，而此种"内在的同一"形成的条件乃是批评者的"弃我"，即是说，"经历他人的思想必须在'弃我'之后，并经'弃我'的准备。……唯有忘我才能实现与他人的结合"，进一步说，"只有从空白，从完全的无知出发，才会有认同"。认同是一场运动的结果，这场运动的起点是创造，即"语词以及语词所创造的'第二现实'"，其终点是接受，即读者因作家的"富有启发性的巫术"而感到的"心灵的陶醉"。因此，"诗人是这样一个人，他设法通过他使用的语词强有力地把某种思想和感觉的方式暗示给读者的精神；而读者则是这样一个人，他服从阅读的暗示，在自己身上并且为了自己，重新开始感觉和思考诗人想要让人感觉和思考的东西"。这就是说，在批评介入之前，作品还不是完全的艺术品，创造行为的完成有赖于阅读能否按照作品提供的方向返回到作者的原初精神。因此，批评家在进行批评之前，首先要泯灭自我，"腾出空地"，让作家的"自我"进入。总之，艺术品若想"完全地呈露出来"，就应该在接受者的灵魂中"被忠实地重新创造出来"。所以，批评家是"诗人和艺术家的镜子"，他在"反映他人的思想的同时，也反映了自己的思想，因为在他看来，诗人或艺术家的思想正是他的思想的反映"。

论及《新法兰西评论》的批评家群，乔治·普莱指出："在法国第一次出现了一种批评思维……这种批评思维不再是报道的、评判的、传记的或利己享乐的，它想成为被研究对象的精神复本，一种精神世界向着另一种精神世界的内部的完全转移。"这些批评家抱着一种极其谦逊的态度，以迂回或直接的方式接近甚至深入研究对象的主观世界，以求达到一种认同。例如杜波斯，他就是"自己沉默，采取一种完全接受的态度"；他承认阅读对象的声音高于自己的声音，并且甘愿让这种声音"在他自己身上说话"。对杜波斯来说，"做一个批评家，就是放弃自我，接受他人的自我，接受一系列他人的自我"。也就是说，批评家"向一连串的人不断地让出位置，而其中的每一个人都强加于他一种新的存在。批评家不再是一个人了，而是许多人的连续存在"。

在马塞尔·雷蒙那里，乔治·普莱肯定了"参与"。他指出"批评家的接受性不是一种纯粹消极的品质。在这种精神通过自愿的忘我而置身其中的空缺中，并非一切都是寂静和空虚。或更可以说，寂静乃是一种等待的寂静，一种思想的张力……"。在这里雷蒙比斯塔尔夫人进了一步，他在钦佩地观照客体的同时，于同情之中努力在自身再造创造精神的等价物，批评主体和创造主体互相转化，实现批评的完全参与。这就是说，"通过放弃自己的思想，批评家在自身建立起那种使他得以变成纯粹的他人意识的初始空白，这种内在的空白将以同样的方式使他能够在自己身上让他人的真实显现出来，并且不再以任何客观的面目显现，而是超越那些充塞着它、占据着它的形式，如同一种裸露的意识呈现于它的对象"。这样，雷蒙的批评就首先是一种意识的意识，即首先捕获到一种意识，并且重复一种自身意识行为，这种自身意识行为乃是脱离了一切对象而从内部被感知的有关人类存在的原始出发点，在此之前是一片虚无。因此，批评家的任务乃是"在乱作一团的人类经验中参照一种初始的经验，并使之在自身中再生，根据其特有的音色重新颤动起来，就像它被另一种意识经历过那样"。总之，雷蒙的批评是一种认同批评。

同雷蒙一样，阿尔贝·贝甘也"将批评构想为诗思维的延长和深化"。他的批评的核心概念是"在场"，而"一切在场都意味着对存在的一种显示"。因此，"批评家的思想为了达到物，就把诗人的思想作为中介，而诗人的思想则利用物的真实以达到精神之永恒的真实。没有物，没有物提供的支持和居所，任何精神的居所将永远漂浮在思想的地平线上"。还有让·鲁塞，在他那里，"一切都从静观开始，这就是说，像雷蒙一样，一切都始于全部个人性的暂时泯灭和目光面对对象的排他性的观照"。

乔治·普莱在论及加斯东·巴什拉时，对上述诸人的批评实践做了一次相当完整的概括："实际上，批评之所为若非承受他人之想象，并在借以产生自己的形象的行为之中将其据为己有，又能是什么呢？而这种替代，一个主体替代另一个主体，一个自我替代另一个自我，一种'我思'替代另一种'我思'，文学批评如若进行，只能在它所研究的想象世界引起的赞叹中，在一种与最慷慨的热情无异的一致的运动中无保留地和这想象世界及其创造者达成认同。一切都开始于诗思维的热情，一切都结束于（一切又都重新开始于）批评思维的热情，首先要赞叹，永远要赞叹！"这里我们又看到了斯塔尔夫人的"钦佩"。意识的运动始于创造，结束于批评，又从批评重新开始，于是诗人的意识和批评家的意识相遇合，相认同。这里最要紧的是一种赞叹意识，或曰惊奇意识。诗人面对客观物要有这种意识，批评家面对诗人的创造也要有这种意识。因此，"最好的批评行为是这样的行为，批评家借其在一种慷慨的赞叹的运动中与作者会合，而且在此种运动中颤动着一种等值的乐观主义：'怀着与创造的梦幻发生同情的意愿进行阅读……'"所谓乐观主义，说的是批评家在敞开自己的心灵时确信："诗人是通过他借以在想象世界时与世界相适应的那种同情来意识自我的，批评家则通过他对诗人怀有的同情在内心深处唤醒一个个人形象的世界，他依靠这些形象实现了他自己的'我思'……"于是，批评家与作家进行的交流就成为批评家与深藏在自己内心中的形象世界进行的交流。因此，"依仗诗人的接引，在自我的深处找到深藏其中的形象，这不再是参与他人的诗，而是为了自己而诗化。于是批评家变成了诗人"。

　　这也正是乔治·普莱所描述的让-皮埃尔·里夏尔心目中的批评，即批评乃是关于文学的文学，关于意识的意识。里夏尔认为，"批评不能满足于思索一种思想，它还应该通过这种思想一个形象一个形象地回溯至感觉。它应该触及一种行为，精神通过这种行为在与肉体及他人的肉体结盟时使自己与对象联合，为自己创造一个主体"。因此，"批评，乃是思想，乃是思想自身，同时也是借助于所读之书，如论文、小说、诗等，与人之诸多具体的面貌发生联系。主体性和客体性，把握自我和把握物，这就是批评家交替发现和进行的事情，实与作为其对手的诗人或小说家无大差别"。甚至还不止于此，在意识的活动中，批评家比他的批评对象处于更优越的地位。在里夏尔看来，"如果说一切文学活动的目的是表面上不可调和的诸多倾向之间的一种调和，那么它们不是在批评者那里比在创造者那里有更多的调和的机会吗？常常是，一位作家的作品尽管经过种种努力仍是不可救药地七零八落，却仍有唯一的、最后的救援存在，那就是批评家的介入，他重建、延伸、完成这作品，从而在事后给予他一种未曾想过的统一性"。

　　在让·斯塔罗宾斯基那里，乔治·普莱发现了创造主体和批评主体之间以对象为中介的不间断的往返，其表现是一种相互间的"凝视"，也就是说，"意识不是存在之物，乃是对存在之物的一种观看"。观看、目光、眼睛，这是斯塔罗宾斯基的批评中的重要主题。乔治·普莱这样评述他的批评活动："在起点上，在智力通过选择自己的活动来确定自身的那种行为本身之中，就同时呈现出一种巨大的苛求和一种巨大的谦卑。巨大的苛求，是因为他只对自己的智力有把握，他只相信它，只依靠它来期望谜团的解决和某种无为的、清醒的审美幸福，而这应该是认识的极致、巨大的谦卑，因为这里智力之呈现并非作为一种内在感悟的能力，亦非作为一些天赋观念——很少有思想更为直觉——之保护神，而只是作为一种外在的认识工具，在智力上这种工具是必须使用的，正如在身体上使用眼睛一样。斯塔罗宾斯基的批评行为始于观看的直觉性。"

综上所述，斯塔尔夫人的"钦佩"，波德莱尔的"弃我""忘我"和"腾出空地"，杜波斯的"沉默"和"完全接受"，雷蒙的"参与""寂静"和"初始空白"，贝甘的"在场"，鲁塞的"静观"，巴什拉的"代替"和"赞叹意识"，里夏尔的"感觉"，斯塔罗宾斯基的"凝视"，等等，说的只是一件事情，即批评意识的觉醒。

什么是"批评意识"？乔治·普莱指出，当读者面对一部作品，作品所呈露的那种存在虽然不是他的存在，他却把这种存在当作自己的存在一样地加以经历和体验，读者的自我变成另一个人的自我，也就是说，"阅读是这样一种行为，通过它，我称之为我的那个主体本源在并不中止其活动的情况下发生了变化，严格地说，变成我无权再将其视为我的我了。我被借给另一个人，这另一个人在我心中思想、感觉、痛苦、骚动"。

这样，在读者和作为"隐藏在作品深处的有意识的主体"的作者之间，就通过阅读这种行为产生一种共用的"相毗连的意识"，并因此在读者一边产生一种"惊奇"。乔治·普莱说："这个感到惊奇的意识就是批评意识"。批评意识实为读者意识。

读者意识，首先是读者意识到他手中的书不是一个如缝纫机、花瓶一般的物，不是一个客观的静止的存在，而是潜藏于他的内心深处的一连串有生命的符号。这些符号有一个有意识的主体，他可以感这主体之所感，可以想这主体之所想。由于读者意识，书摆脱了作为物的存在，变成一种内在的精神实体。语言的介入使作为读者的我变成非我、另一个我，即阅读主体。阅读主体把他人的思想当作自己的意识对象，与创作主体形成一种包容或同一的关系。因此，"阅读恰恰是一种让出位置的方式，不仅让位于一堆语词、形象和陌生的观念，而且也让位于它们由其产生并受其荫护的那个陌生本源本身"。然而，在这种阅读主体和创作主体的认同中，阅读主体并非完全丧失自我，仍在继续其自身的意识活动，两个主体共用一个"相毗连的意识"。这就是认同。

这种认同可以产生出两种批评。一种是以感觉为媒介的批评，通过语言的斡旋把潜藏在他人思想深处的感觉转移到批评家的思想中去。这就是说，"批评家的语言担负了一种使命，要再次体现已由作者的语言加以体现的那个感性世界"。于是，

"批评的表达变成诗的表达"，批评成为文学的一种类型，即所谓"次生文学"，批评家变成了以流为源的创作者。但是，这种批评有一种替代批评对象的倾向，从作品方面看，"认同完成得过于全面"；而从批评方面看，"认同才略具雏形"。另一种批评则是试图"将文学所反映的实存世界的形象化为几乎无用的抽象概念"，在意识和意识对象之间"置入最大限度的距离"，于是，批评不再是模仿，它所呈现的世界不再是一个感性世界，而是变成了经过理智化结晶的批评之自身的形象。在批评和文学之间，一切差别都消失了，两者达成一种奇特的精神同一，即"一切都归结为一种脱离了任何客体的意识，一种在某个真空中独自运行的超批评的意识"。两种批评产生了两种情况，"一种是未经理智化的联合，一种是未经联合的理智化"。前者导致读者丧失自我的意识，同时也丧失对存在于作品中的他人的意识，即读者成了"瞎子"。后者则导致阅读主体与阅读客体相距过于遥远，"不能与之建立关系"。其实这种极端的接近和极端的疏远都"部分地使阅读行为失败"，因为以阅读和语言为媒介的两个主体间的交流就此中断。不过这两种批评也同时各有其长处，前者"使模糊的思想能立刻进入作品的心脏，参与它的内在生活"；后者"使清晰的思想能赋予它所观察的东西以最高程度的可理解性"。这两种批评分别以让-皮埃尔·里夏尔和莫里斯·布朗肖为代表，他们的批评还不是乔治·普莱理想中的批评。

于是，乔治·普莱提出一个问题：有没有一种办法同时采用这两种批评形式而不使之对立？他的回答是"没有"，然而他希望"至少在一种交替的运动中把两者结合起来"。这种批评将成为"一种纯粹的理解的享受"，实现"深入的理智和被深入的理智之间的同情的完美交流"。批评与批评对象之间"显示出情投意合、共同的喜悦和被理解的欢乐"。这乃是让·斯塔罗宾斯基的批评。然而这种批评的缺点在于"由于在作品中只看见居于其中的思想，因此在某种意义上是穿过了形式和物质的现实，虽不曾忽视，但未作停留。在这种批评作用下，作品失去了客观的厚度，就像在某些童话里，宫墙神奇地变得透明了"。于是，思想变得清晰，客体却消失了，批评行为仍算不得完全成功。

乔治·普莱继续寻找，他找到了一种兼顾主体和客体、精神和结构的批评，这种批评"总是承认一种双重现实的存在，这种现实既是结构化的，又是精神的"，它"竭力要几乎同时达到一种内在的经验和一种形式的完成"。这样，批评家就"时而感知到一个主体，时而感知到一个客体"。主体是纯粹的精神；这是一种不可界定的存在，由于它不具形式，批评家的思想有可能与之混同。相反，作品却只能以一种确定的形式存在，这种确定性限制着它，同时也就迫使它加以考察的思想处于它之外。然而这种批评也有弊病，即：如果批评家的思想倾向于"消失在一个不可描述的主体性的内部"，那么，批评家的思想也有可能"碰撞在不可深入的客观性上"。不过，"对形式美的感知在这里变成一种媒介，人们借此而得到了某种仅存于任何形式之外的东西"，即是说，"批评思维通过某种运动，从对客体的必然外在的观照过渡到对客体的内在的理解"。这里的问题是如何找到"联结主体和客体的那条秘密通道"。乔治·普莱认为，关键在于"以同等的注意力感知作品的结构和蕴含其中的人类经验的深刻性"。这就是说，批评要"努力运用作品的形式的客观因素，以求达到超越作品的一种非客观、非形式，却铭刻在形式中并且通过形式得以表现的现实"。总之，这是一种引导研究者从客观性到主观性的批评方法，其先决条件是"批评家从一开始就在作品中承认一种主体的原则，这种原则引导或协调它的对象的生命，恰当地决定作品的形式，同时也借助作品的形式或生命决定着自身"。

　　至此，乔治·普莱考察了以不同方式表现出来的两种批评形态，一种是从客体到主体，一种是从主体到客体，然而这两种批评形态都"承认形式和客体中有一个主体存在，并且先于它们而存在"。乔治·普莱的结论是："这两种表面上不同的方法，即从客体到主体或是从主体到客体，可以归结为一种方法，实际上是从主体经由客体到主体：这是对任何阐释行为的三个阶段的准确描述。"简言之，"批评家的任务是使自己从一个与客体有关系的主体转移到在其自身上被把握、摆脱了任何客观现实的同个主体"。那么，批评家与之认同的那个主体究竟是什么？那是作品固有的一种自我意识，这种自我意识是一个纯粹的范畴实体。它在三个层面上呈现：首先，它作为"十足的精神因素，深深地介入到客观的形式中去"；其次，在一个更高的层面上，"意识抛弃了它的形式，通过对反映在它身上的那一切所具有的超验性而向它自己、向我们呈露出来"；最后，在最高的层面上，意识"不再反映什么，只满足于存在，总是在作品之中，却又在作品之上"。批评的极致乃是"最终忘掉作品的客观面，将自己提高，以便直接地把握一种没有对象的主体性"。

总而言之，乔治·普莱以批评意识为核心描述了一种阅读现象学。批评就是阅读，而阅读则是对作品的模仿，是一种再创作。就其本质来说，是批评家"在向自我的内心深处重新开始一位作家或哲学家的我思"；就其途径来说，是批评家确认"我思乃是一种只能从内部被感知的行为"，就是批评家"使自己从一个与客体有关的主体转移到在其自身上被把握、摆脱了任何客观现实的同一个自我"，即"从主体经由客体到主体"；就其始来说，就是批评家认为"批评恰恰是一种让出位置的方式，不仅仅让位于一大堆语词、形象和陌生的观念，而是让位于它们由其产生并受其荫护的那个陌生本源本身"；就其终来说，是批评家"几乎用同样的词句再造每一位作家经验过的我思"，乃至于"忘掉作品的客观面，将自己提高，以便直接地把握一种没有对象的主体性"。

不难看出，从根本上说，这是一种非历史的、非意识形态的、唯心主义的批评观。这与它的哲学渊源现象学有关。先验自我、意识之构成作用、现象即本质、唯有直觉能把握现象、悬置与还原等等，这些现象学的偏颇主张不可避免地给日内瓦学派的批评观打上或深或浅的烙印。然而，我们也应该看到，日内瓦学派的批评家们毕竟不是哲学家，他们的批评实践也不是现象学的直接应用。他们多半是从现象学中获得了某种启示，尤其是现象学试图恢复人类主体在世界中的地位这样一种努力给了他们极大的鼓舞。因此，日内瓦学派在不能不为现象学的偏颇付出代价的同时，也理所当然地在文学批评这一领域中成就了可称辉煌的事业。

日内瓦学派是二十世纪西方众多的批评流派中的一个，只是在某些方面有所成，这也是该派的批评家们从不讳言的。他们不想取代谁，但是可以肯定，谁也取代不了他们。英国批评家伊格尔顿说："这是一个唯心主义的、本质的、反历史的、形式主义的和有机的批评，它完全分馏出整个现代文学理论中的盲点、偏见和局限。最令人瞩目、最突出的一点是，它成功地提供了一些具有相同洞察力的个人的批评研究（其中最重要的是普莱、里夏尔和斯塔罗宾斯基所作的研究）。"① 这个评价

---

① 见特里·伊格尔顿，《当代文学理论》，钟嘉文译，南方丛书出版社，1988年，第79页。

中所包含的矛盾正反映了日内瓦学派本身的矛盾。

　　作为一个批评流派，日内瓦学派是以其成员的辉煌的批评实践而立足于西方文学批评之林的，目前虽仍很活跃，但已到了硕果仅存的阶段了。人们已经感觉到，不可抗拒的自然规律实现之日，将是日内瓦学派消失之时。

郭宏安

一九九二年二月　北京

上　编

一、引言

　　阅读行为（这是一切真正的批评思维的归宿）意味着两个意识的重合，即读者的意识和作者的意识的重合。

　　这两个意识的结合恰恰再好不过地说明了当代批评的特征。有些人赋予这当代批评一种功能，而任何时代，其中包括布瓦洛的时代、圣伯夫的时代和布吕纳介的时代，批评都还没有实现这种功能，即使实现过，也是短暂地或偶然地。人们称之为"新批评"，就好像人们称某种类型的新式小说为"新小说"一样。有布托尔的新小说，有罗伯-格里耶的新小说，有娜塔丽·萨洛特的新小说，还有克洛德·西蒙的新小说。同样，有加斯东·巴什拉、马塞尔·雷蒙、莫里斯·布朗肖、让·鲁塞、让-皮埃尔·里夏尔或者让·斯塔罗宾斯基的新批评。从各方面看，文学事件表现为出现了某种团体，这团体由不同的人组成，但他们对类似的问题表现出类似的兴趣。就上面提到的那些批评家来说，团体的一致性取决于对意识现象的共同关怀。他们都力图亲身再次体验和思考别人已经体验过的经验和思考过的观念。这种倾向并非绝对地新。人们可以很容易地在欧洲浪漫主义中发现其根源。德国的波德梅尔①和施莱格尔兄弟的前浪漫派或浪漫派批评就是一个例子；英国的柯勒律治或者哈兹利特的批评也是。第一个采用这种方法的法国批评家是斯塔尔夫人。在这位批评家那里，赞赏的思想立刻慷慨地与被赞赏的思想协调一致。就像在斯塔尔夫人和她最幸运的对话者之间进行的那种绝妙谈话中一样，出现了一种交流，情感和观念成为一种共同的财富，仿佛人人都可取而用之，在颂扬者和被颂扬者之间闪耀着同一种光辉。也许在我们看来，斯塔尔夫人的颂扬今天已经黯然失色或天真幼稚，然而这些颂扬总是充满着一种动人而准确的个人语气，仿佛批评家竟然如此颂扬他在别人身上发现的东西仅仅是因为他将其移入自己的思想之中，并且在他自己的精神中又光荣或深刻地体验了一次。正是这种转移的慷慨、这种担负的自发性造成了斯塔尔夫人的批评的价值。在十九世纪的法国只有一种批评可以与之相比。这不是圣伯夫的批评，而是波德莱尔的批评。无论在文学方面，还是在艺术方面，波德莱尔的批评总是显示出它与分析对

---

① 波德梅尔（Johann Jakob Bodmer, 1698—1783），瑞士德语作家、批评家，他的研究主要集中于诗歌领域。——译注（由此开始，除特别标注为"译注""编者注"的注解，均为原注。——编者注）

象之间的内在的同一。既没有虚伪，也没有保留，它成为它所意识到的那些人的兄弟、同类①。因此，这里首先要谈到的两位批评家是斯塔尔夫人和波德莱尔。他们是我们的伟大先行者。我们给他们每人一章的篇幅。但是，在论述这两位当时最真诚的认同批评家之前，也许有必要说一说我们认为是虚假的和不真诚的那种认同批评。人们可以在圣伯夫和十九世纪末的印象主义批评家那里看到这种批评。

请看它是如何在圣伯夫身上表现的：

"我力图消失在我所再现的人物之中。""我力图使我的感情附丽于他人的感情之上，我脱离了我；我拥抱他们，力图与他们相像，向他们看齐。"

圣伯夫的批评没有表现出斯塔尔夫人的批评所具有的那种同情的热情，却表现为一种无动于衷的、冷静地加以完成的认同行为。它通过模拟风格和仿效感情及思想竭力模仿一个变成朋友的陌生人的生活习惯。它接受其怪癖和恶习，享用其安逸与欢乐，利用的却是它自己的精神对象。这种经验，连其本人都说，包含着迟钝、假装或故意的犹豫，线索混乱，接近的方式拐弯抹角，总之是一种可疑的、不完全的成功。《阿莫里》②

---

① 波德莱尔在《恶之花》的《告读者》一诗中写道：读者，你认识这爱挑剔的怪物，虚伪的读者，我的同类和兄弟。——译注
② 即圣伯夫的小说《情欲》（Volupté）。——译注

的作者试图发现缺口，进入他原本被排斥在外的那个内心世界，但是他常常不能深入那些心灵，只是围着它们打转。他说的那些关于物质场所的话更可以用来谈论精神的场所，他急切地想深入其中，却始终无缘与其亲近。"白天黑夜，我花了许多时间像贼一样围着花园转，觊觎着深闺内室。"[1] 他还说，"我在主要的地方触及过某些人的生活。"[2] 这是一种若即若离的、迂回曲折的、模棱两可的批评，其目的不是向他人的精神世界慷慨地开放，而是攫取其所具有的好处。因此，这显然是一种通奸的批评，因为它在其全部活动中用模仿者代替了被模仿者。圣伯夫恰恰是这样说的："我的小团体，秘密的小团体，是一个通奸者的小团体。"[3] 还有："我总是生活在别人身上；我总是在他们的灵魂中找我的窝……"[4]

　　我的窝，他们的灵魂：这里两个物主代词的对立比任何词都更好地暴露出通奸的思想所谋求的自私利益。觊觎他人的财富，这就是它的出发点。其终点也丝毫不是一种同情的运动，即两个意识的结合。这是一个意识取代另一个意识，前者置身于后者的家园之中，侵入者将后者赶出家门。批评家成了栖身

---

① 《情欲》，夏庞蒂埃版，第 33 页。

② 同上，第 60 页。

③ 《手记》，第 63 页。

④ 致茹斯特·奥里维埃夫人书，1839 年 8 月 20 日。

在作者的窝里的杜鹃。

因此，这里毫无两个意识之间的真正的关联。圣伯夫的意识通过精神对象追求自己的目的，对他的意识来说，这些精神对象只不过提供了进行索取的机会。正如圣伯夫承认的那样，他出借自己，却不奉献自己。这种批评事业最为孤独、紧密地封闭于自身，然而其作者却声称要变成无数陌生的灵魂。

现在，让我们再来看看一八八〇至一九一四年间以勒迈特、法朗士和法盖为代表的印象主义批评，它与圣伯夫的利己主义之间不乏类似性。

下面是儒勒·勒迈特的一段文字，其中此种倾向显露得很清楚。仿佛水上倒影，一种思想似乎在另一种思想中嬉戏：

> 在乡间，在故乡的土地上，顶着风雨欲来、令人无精打采的天空，我几乎一口气重读了皮埃尔·洛蒂的六卷本全集。当我翻过最后一页的时候，我感到完全陶醉了。我心中充满了美妙而忧伤的回忆，又想起了那些多得出奇的深刻感受，一种普遍、隐约的怜悯使我心情抑郁。[1]

读着这几行文字，人们立刻注意到，作者是多么容易拜倒在一种默契的阅读和一种有同感的梦幻的双重魅力之下。他承

---

[1] 《同时代人》，第 3 卷，第 91 页。

认，他不加抵抗地顺从自己获自外界的印象。在两个意识之间有大量被称为"深刻"的感受，像液体一样驯服地流过连接两个连通器的管子。更有甚者，批评家还同意自己去体验这样传送给他的那些感情。他所说的那种陶醉并非在他人身上觉察到的陶醉，而是一种他自己感觉到的陶醉，他感受到激动，而非确认这种激动。然而谁看不出来呢？批评家这里是在演戏，尽管他的模仿是富有感情的。他的陶醉一半是真，一半是假。显然，他不是诚心诚意的。他在说反话。这种反讽从他接触批评对象那个时候起就显示出来了，不难预见，这反讽一直要持续到批评家决定不再理会批评对象的那个时候。因此，这是一种一般化的口吻，是一种恒久的关系。自始至终，在有关他的研究中，被嘲笑的作者恰恰处于这样一个境地：某个恶作剧者进入他的视野是为了更好地嘲弄他促使其产生的那些情感。反讽竖立在批评者的意识和被批评者的意识之间的那张屏幕从未被拉起过。一切都像是批评家利用这种同情（他因之而炫耀他接受了他人的情感）来自私地意识到自身情感所具有的"合乎理性"的特征。这种讨好，即批评家将自己出借给他人的疯狂的梦幻，其实只是更加突出了一种无言的排斥，而他的明智正是利用了这种无言的排斥来抵抗无理性的诱惑。

　　这就是六十多年前巴黎最风行的批评流派（印象派）的代表人物通常遵循的行动准则。儒勒·勒迈特、阿纳托尔·法朗士、某种程度上还有艾米尔·法盖，当他们宽容地对文学作品表示兴趣的时候，他们只是给予文学作品一种虚假的赞同，随后就赶紧撤回。总之，对他们来说，文学提供了一种机会，使他们可以走出自身一会儿，在他人的灵魂中散散步，但是并不远离边界，随时准备迅速恢复他们自己的生活和思想习惯；在这一点上，他们很像那些正经女人，她们喜欢玩火，只要没有严重的后果。阅读，就是接受一些震颤，梦想一些快乐，随后重新回到自己的常情常理之中。这就是十九世纪和二十世纪初的批评反复地使当时大部分大作家接受的待遇，这种待遇是由假装的驯服和迅速的撤回组成的。所以，真正的批评不是圣伯夫的批评，也不是勒迈特的批评。真正的批评是某些孤立者例如斯塔尔夫人的批评，更是波德莱尔的批评。

二、斯塔尔夫人

1

一七八八年，斯塔尔夫人刚刚成年，她出版了一本小书，题为《关于卢梭的作品与性格的通信》。她在初版序中写了下面一些文字，这些文字如此重要，其含义如此丰富，使我们对斯塔尔夫人的批评，甚至对正要蓬勃发展的整个欧洲的文学批评所能说的话，只能成为对其内容的一种评论，对其含义的一种沉思：

> 对卢梭的颂扬尚不存在，因此我感到需要看到我的钦佩之情得以表达。也许我本该希望由别人来描绘我的感受，然而，在我为自己描述关于我的热情的回忆和印象的

时候，我品味到某种乐趣。①

"我感到需要看到我的钦佩之情得以表达……"斯塔尔夫
人的第一个批评行为原来就是一种钦佩行为。而钦佩是什么？
它难道不是一种认识，而且是一种被情感支撑、照亮，甚至引
导的认识吗？这是一种认识行为，但它是在一种与纯粹感觉相
混同的内在经验中汲取力量和发现根源的。简言之，这第一句
话所表明的东西意味着，在批评认识方面，一切都取决于一种
先在的、具有显示作用的感情，这种感情有别于作为感觉和钦
佩能力的自我本身。我感觉，我钦佩，我在我身上发现将此种
感觉化为认识的能力。这样，在斯塔尔夫人的作品的第一页上
首先出现的东西，就成了我们可以称为批评的我思的那种东
西。不是"我判断，故我在"，因为这里在任何程度上都不涉
及理性的判断，而是"我钦佩，故我在"，也就是说，我在我
感受到的钦佩之情之中暴露了我自己，我在一种激动之中向自
我显露了我，这种激动生于我，被他人唤起，又奔向他人。在
这一运动中，同时存在着一个人的自私——这个人沉溺于他之
所感，和一个人的无私——这个人被本质上是利他的那种特殊
性质带向自身之外。这就是斯塔尔夫人的批评的最初经验，这
种批评既是最自私的，同时又是最无私的，这是对自我的一种

① 斯塔尔夫人，《文集》，第多版，第1卷，第1页。

带有激情的认识，得益于促使自我与陌生人的自我相结合的那种充满激情的运动。因此，斯塔尔夫人的批评正是批评天才对他人的天才存在的一种参与。它建立在一个人自身和他所钦佩的人之间的至少是潜在的一种相似性上。斯塔尔夫人在《论德意志》中写道："在天才之后，与之最为相像的是认识天才和钦佩天才的能力。"①

　　因此，钦佩的或热情的认识始于一种参与行为。难道这不是善意的阅读和对文学真正理解的基础吗？阅读，难道不是在感觉、喜爱的同时来理解，因爱而理解吗？斯塔尔夫人写道："对许多作家来说，精神劳动只不过是一种近乎机械的营生……这样的人知道吗，当人们以为一种深刻的真理，一种在我们和一切与我们的灵魂达成同情的灵魂之间建立起友善联系的真理由雄辩的才能表现出来的时候，他们是怀着怎样的希望？"② 显然，斯塔尔夫人这里想要表达的，是她的雄辩、她的作家的说服力在她与她的公众之间建立起来的那种有同感的交流。但是，这公众是读者公众，其组成是一些与斯塔尔夫人本人并无区别的人，他们精神开放而好客，原初的、创造性的思想之流作为一种延续，在他们的思想中潺潺流过。一句话，读者斯塔尔夫人与诗人、小说家、随笔作者斯塔尔夫人并无区

---

① 《文集》，第多版，第 2 卷，第 160 页。

② 斯塔尔夫人，《论德意志》，第多版，第 2 卷，第 255 页。

别。时而在精神生活之流的源头，时而在其终点，她总是经由同情而与另一些同情相连。在逐步产生的感情和思考之后表现出来的这种文学经验是一种传播现象，更是一种认同现象。依靠文学作品启发出或析离出的同情，某些观念、某些感情、某些生存方式得以在人们中间传播开来。批评就是对这种奇妙的扩展和统一所具有的意识。

在追逐卢梭（和朱丽）的神话的同时，斯塔尔夫人梦想着一种相互透明的状态，人们——诸如丈夫、朋友、情人、作者、读者——都同时占有他们那经由爱的行动相互交流的灵魂。当具有同感的人"在其感情中相互信任""品味着绝对信任带给他们的平静和友爱的魅力"的时候，人就有了幸福。斯塔尔夫人的激情并不幻想别的快乐，并不追求别的乐趣，也不提出别的要求。的确，这种要求很快就变得十分巨大，以至于斯塔尔夫人的任何充满激情的冒险追求都无例外地以一种本体论的灾难告终。然而在另一领域，例如文学批评，这种冒险却可以持续下去而毫无风险。在文学、哲学和艺术方面，钦佩状态从来不会以失败告终，也就是说，从来不会以反感告终。这是一种爱情诡计，不可能带来恶果；这是一种与另一个人的热情的认同，这另一个人不可能以不忠或逃避来摆脱。通过文学形成的灵魂的结合可以比之于幸福的婚姻。

2

然而，这种认同像初看起来那样完全吗？批评的天才全在于通过同情融入创造天才的思想中，如同创造的天才在于他借以散布在读者的思想中的那种感染力吗？再说，批评者和创造者的结合也像初看起来那么恒久不变吗？这里斯塔尔夫人就不那么有把握了，她作为女人的经验和作为作家的经验使她作出相互矛盾的回答。有时候，她相信一种永恒不变的结合，有时候，她不顾此类关系所包含的犹豫和痛苦，仍然倾向于相信，说到底，人与人之间最丰富、最深刻的理解也许取决于一种渐进的、断续的认同，这一过程包括一系列的别离和重逢，以及间有遗忘的醒悟，在文学关系或纯粹精神关系的领域内，这一切很像爱情关系中的感情生活的波澜。

她想，假使我们在把我们和我们之所爱联系在一起的关系上没有体验过剥夺，也许就没有深刻的理解。与另一个人认同并不是一切。那可能是幸福的极点，但不是我们对这个人的认识或者对我们自己和这个人的关系的认识所能达到的最高点或最深点。总之，认识既取决于分离也取决于结合。斯塔尔夫人对这种分离的痛苦感受极为强烈，其结果是不仅极大地增强了她感受痛苦的能力，而且也极大地增强了她思考自己的痛苦的能力。在她身上，"判断的精神"和"痛苦的心灵"① 相互配合，其结果总是加强了痛苦，同时也加强了对痛苦的感觉，我们可以从她的全部作品，尤其是从她的情书中得知这一点。如她所说，她的精神一旦想到拒绝、沉默和分离，"就感到极度的不幸"②。对于这个对感情生活的折磨具有超常感受的人来说，思考似乎只是使苦恼和忧愁的重负变得更加令人不堪承受。然而，在因智力活动而达到顶点的痛苦所造成的绝境中，痛苦的灵魂却可能进入一个澄怀静虑的区域。《朱尔玛》③ 的作者写道："当痛苦无可挽回的时候，灵魂又重获冷静，可以使它在痛苦中思考。"④ 然而，旁观者的目光所具有的超脱、对待自己像对待陌生人的那种判断、自视的行为在同一个灵魂的痛苦部分和思考部分之间所形成的那种距离，不仅带来抚慰，更能使一种深刻化的能力发生作用。斯塔尔夫人写道："忧郁的诗歌是最能与哲学和谐一致的诗歌。忧伤比任何其他精神状态更能深入人的性格和命运中去。"⑤ 如果说斯塔尔夫人是欧洲最先欣赏并且让别人也欣赏某种描写忧郁的诗歌的人

---

① 斯塔尔夫人，《关于戴尔菲娜的道德目的的几点思考》，第多版，第 1 卷，第 651 页。

② 斯塔尔夫人，《致纳波娜书》，1793 年 7 月 13 日。

③ 斯塔尔夫人的一部小说。——译注

④ 《朱尔玛》，第多版，第 1 卷，第 101 页。

⑤ 斯塔尔夫人，《论文学》，第多版，第 1 卷，第 253 页。

物之一，那是因为她知道，当一个灵魂把它自己的忧伤当作观察和热爱的目标的时候，它就变成了一个巨大的音箱，整整一生所经历的痛苦经验都在里面以同一种频率震颤。一个人意识到他的痛苦、他的各种各样的痛苦，同时就意识到时间的深度，他的接连不断的痛苦也就随着时间的流逝与生命和命运融为一体。"人们由于某种抽象而与自身拉开距离，看着自己思考和生活，而这种抽象的确带来了快乐。"① 因此，在某些超脱的状态下形成了一种远距离的结合，一方是痛苦时间的增多，其间有激情越过一道道石阶奔腾而下，另一方是对于全部生活经历的某种沉思的方式。把每一段孤立的时间连接到这样领会的整体上，这也许就是至上的行为（此即朱尔玛自杀之前的行为），无论如何，这就是最有意识的行为，此种行为只有在空白处出现的、间隔时间很长的静夜中的智力活动才能够完成，以便用一种追溯的目光看尽多样化的经验，其中任何一种在发生时都形成了游离的时间碎片。因此，对我们自身的认识，或来自个人的思考，或来自文学给予我们的那种普遍的思考，虽在我们的眼皮底下把我们变成一种遥远的研究对象，却不会把我们归结为抽象和无意义。相反，这是分离中的一种结合，一方面总是受制于最直接的情感的灵魂，另一方面总是可以为了前进而后退的思想。

---

① 《论激情的影响》，第多版，第1卷，第163页。

斯塔尔夫人的批评活动最后不就是落在这里，即这个感性经验的直接性和思想的间接性恰好相接的地方吗？因为，对认识自身有用的东西也同样，并以同一种方式对认识他人有用。理解所喜欢的思想和所激赏的作品，这并不单单是参与这思想和这作品包含着的不断出现的每一动荡，而且也是使自己的思想中出现这种被视为整体的动荡之丰富性，并要看到其统一性。这种统一性是双重的，因为它既是陌生意识的统一性，同时又是我们的自我意识的统一性；当我们的意识深入陌生意识的时候，陌生意识向着我们的意识开放；我们的自我意识则消融在由这种深入引起的各种印象之中。理解一位小说家、一位诗人、一位艺术家、一位哲学家，就是首先把另一个人感受过并传达给我们的经验、其次把他们的传达能够在我们身上相继引起或唤起的类似经验与把这些经验牢记在心的当今我们的自我联系起来。简言之，为了认识一位作者，只认识他是不够的，还要（姑且这么说吧）认识自己或在他身上认出自己；应该一步一步地重新发现他让我们经历的全部情感。对一位作家的认识并不局限于一种孤立的钦佩行为，而也在于通过回忆，重新发现过去的阅读在我们身上积淀的一系列不同的情感。

让我们回想一下本文开头引述的那段文字，斯塔尔夫人在准备写作论卢梭的文章时，强调了她在"为自己描述关于我的热情的回忆和印象的时候"所体味到的乐趣。

这种热情，曾经体验于前，又重新发现于后，正是这种方式使斯塔尔夫人的批评活动变得全面和深刻。没有回忆的具有恢复作用的参与，就没有严格意义上的批评思维。从某个方面看，回忆颇像弃妇望着往日的幸福的那种痛苦而冷静的目光。但是，这里有一种区别，即作为目光的回忆不再确认一种剥夺，相反，它看到的是再生。用普鲁斯特的话说，在斯塔尔夫人的批评性理解的领域内，完成的是两种印象的认同，一种是过去的，一种是现在的，因此，这种认同是两个时间之间的认同。批评行为不是一道转瞬即逝的光亮。它是一种再度燃烧的热情，是一种因反复而更易理解的钦佩。

于是，从批评意识到被钦佩的作品，最初的前景呈现出来了，而且我们看到，这种前景具有暂时性。我，读者或批评家，是在记忆中，在同一段经历过的时间的不同时刻，分辨出我的钦佩之情。我在对钦佩对象的崇拜中，某种程度上是历史性地觉察到我自己。然而，在这最初的前景旁又分离出第二个前景，同样地具有暂时性。我不仅仅是通过时间在对某部作品所具有的意识中觉察到自己的某个人，我还是把作品当作另一个人的意识的表现加以把握的那个人，他也像我一样在时间中缓缓行进。在《关于卢梭的作品与性格的通信》一书中，有一段文字比前面引述过的更为重要，其中，斯塔尔夫人所描写的特殊对象是卢梭的意识本身，此时这种意识正在记忆的作用下深化。斯塔尔夫人指出，某些民族的曲调对于听者具有一种唤醒其青年时代的灵魂的作用。这正是卢梭的情况。在由批评家再现的回忆中，首先说话的是卢梭；然而紧接着的却是热尔曼娜·德·斯塔尔[1]说起话来，并且开始回忆。让我们听听这段文字：

> 音乐能够多么强有力地描述回忆！它与回忆是多么密不可分！哪一个男子能够在他生命的激情中听到这乐曲而不激动！这乐曲在他平静的孩提时代曾使他的舞蹈和游戏充满活力！哪一个女人在美貌因岁月流逝而凋谢的时候能听到情人昔日为她所唱的情歌而不热泪盈眶！这情歌的曲调比话语更能在她心中重新引起青春的颤动……（音乐）暂时地带来它所描述的欢乐，这是回想，但更是感受。[2]

这几行文字中有多少前景历历在目啊！有多少热尔曼娜的回忆在让-雅克的回忆中显露出来啊！两个生命会合了，把它们的经验首尾相连，好像要延长所经历过的时间的长度。这里，一种新的阅读方式清晰可见。对客观作品的外在判断被一种参与所取代，即参与这部作品所披露和传达的纯主观运动，然而，这种参与并不是在作品中淹没，而是作品在作品之外的重新开始。某种额外的东西出现了，若没有批评家的介入，这

---

[1]　即斯塔尔夫人。

[2]　《斯塔尔夫人文集》，第多版，第 1 卷，第 17—18 页。

种东西也许不会被察觉，它之所以被察觉，只是因为远处有批评家的回声。斯塔尔夫人可能是具有这种伟大而新颖的文学观的第一位批评家，即文学的目的是显露内在的人，而显露内在的人，就是让他重新出现在真正的批评意识之中，其特征深藏于他的过去之中。在斯塔尔夫人看来，没有过去、没有回忆的文学不是真正的文学，或至少是一种不充分的文学，它既不能满足一位北方居民的灵魂，也不能满足一位现代人的灵魂。她在《论文学》一书中提出的这两个著名的区分没有别的目的，就是向我们指出，与古代的或地中海的文学不同，北方的诗和现代的文学浸透了过去。这种感情与古典的希腊精神有区别、有矛盾，却早已存在于罗马人那里，尽管他们也是"南方人"："曾经启示过那么多美丽诗句的田野之爱，在罗马人那里有着不同于希腊人的另一种特点……在他们描写性的诗中混有伦理的思考，人们相信，他们在那时的诗人们所写的东西中看到了惋惜和回忆；大概正是因此，他们比希腊人更能在我们的灵魂中唤醒一种生动可感的印象。希腊人生活在未来之中，罗马人则已经像我们一样，喜欢观望过去。"[1] 斯塔尔夫人还说："希腊人敬重死者；……然而在他们的本性中丝毫没有忧郁和敏感而持久的惋惜，悠长的回忆只存在于女人的心中。"[2]

---

[1]　斯塔尔夫人，《论文学》，第多版，第 1 卷，第 231 页。

[2]　同上，第 212 页。

一种首先是充满了"悠长的回忆"的现代文学，这就是这位女批评家发现和倡导的东西。不过这里所说的回忆是一种特殊的回忆，即有感情的回忆。如同普鲁斯特和他著名的玛德莱娜小点心的例子一样，让-雅克的长春花和斯塔尔夫人的音乐曲调也都是纯粹的感情复苏。重新找回的感情归还了消逝的过去、消逝的人。于是，在斯塔尔夫人看来，任何情感都具有传染性，能在他人身上唤起类似的感情。为了体会某种曾被体会过的感情，不见得必须是那个曾经体会过这感情的人，批评家的感情是被批评的作者的感情的真实复苏。斯塔尔夫人总是强调回忆的相通，她说："人们喜欢某些著作，是因为这些著作对不知不觉制约着我们的那些痛苦和回忆做出了回答。"① 她又说："在流亡的荒漠中，在牢狱的深处，在死亡的前夕，一位敏感的作者的某页文字可能会重新扶起一个垮掉的灵魂；我读到它，它打动了我，我觉得我还能看到其中的泪痕；通过类似的感情，我就和那些我如此深切地怜悯其命运的人们有了关系。"② 人们清楚地看到，对于斯塔尔夫人来说，文学批评的确是一种次生意识对原生意识所经历过的感性经验的把握。批评的特殊使命是"使创造的天才得以再生"③。

---

① 《论文学》，第多版，第1卷，第334页。

② 《论文学》，科尔蒂版，第1卷，第57页。

③ 《论德意志》，第多版，第2卷，第159页。

　　然而，在得出这一结论的同时，出现了异议，应该加以考虑。如果批评行为只是对作品的感情部分的复活，那么它与作品有什么区别？它又有什么用处？从这一点看，批评将局限于成为一种旧感情的回声。它也不可能是别的。因为重复的结果并不是歪曲被重复的感情的性质。它的每一次重新出现，都是激情力量在同样的现时条件下的同一种爆发。于是，充满了被再体验的感情的斯塔尔夫人的批评就有可能成为一次间隔之后的纯粹的重复，幸好这种批评同时又是对于这种间隔的意识，因而也是对于经历过的时间的思考。一方面，它似乎毫无抵抗地听命于这种产生于任何感情经验的重复力，另一方面，它又是对于存在的深刻性的一种思考，这种深刻性是由两种相同感情之间的联系呈露给意识的，这两种感情在遥远的时间距离上彼此察觉。总之，感情和思考，总是这样难分难解地存在于斯塔尔夫人的批评及其他著作中。其实，不正是她在一篇著名的文章中宣称"使灵魂的情感与普遍的观念相结合"以及"不能把她的观念和她的感情分开"① 吗？

────────────

① 《论文学》，第多版，第 1 卷，第 334 页。

三、波德莱尔

1

人们知道巴尔扎克描写他是如何与街上的行人认同（s'identifier）的这句话："听着这些人说话，我可以亲历他们的生活，仿佛自己就穿着他们褴褛的衣衫，脚上就是他们那满是窟窿的鞋子；他们的欲望、他们的需求，都深入了我的心灵，我的心灵与他们的心灵融为一体。"[①]

这种经验似乎为小说家所独具，尤其是巴尔扎克那种类型的小说家。小说家需要人物。当他不能都从想象中得到的时候，他就到外面去寻找。他记下手势、模拟动作、话语，以及行为的方式。然而他也得深入他们的灵魂。一位像巴尔扎克那

---

① 巴尔扎克的小说《法西诺·卡纳》的开头。

样的小说家，时而从外部介绍人物，时而处于人物的内心之中。人们甚至可以说他是从外部走入内部的。对他来说，外部是打开内部的一种方式。如果小说家在人群中走来走去，那是为了进入组成人群的单个人的生活中去。亲历他们的生活，就是与他们的内心生活认同。

在波德莱尔看来，小说家的这种认同的举动同样也是诗人和画家的举动。一位像贡斯当丹·居伊[1]那样的画家，他的爱好和职业就决定了他要"与人群打成一片"[2]。诗人也是如此。下面请看波德莱尔在题为《人群》的散文诗中如何描写这种诗的认同：

> 诗人享受着这无与伦比的优惠，他可以随意使自己成为他本身或其他人。如同那些寻找躯壳的游魂，当他愿意的时候，他可以进入任何人的躯体。对他自己来说，一切都是敞开的；如果有什么地方好像对他关闭着，那是因为在他眼里，这些地方并不值得一看。
>
> 孤独而沉思的漫游者，从普遍的一致中汲取独特的迷醉。他很容易和人群打成一片，享受狂热的快乐，而那些如箱子一般紧闭着的利己者和像软体动物一样蜷缩着的懒

---

① 康斯坦丁·盖伊（Constantin Guys, 1802—1892），法国风俗画家。
② 波德莱尔，《现代生活的画家》，七星文库版《全集》，第1160页。

惰者却永远与之无缘。他接受任何环境给予他的任何职业、任何苦难和欢乐。[1]

与前面引述的巴尔扎克的话相比，其相似程度是惊人的。在人群和小说家或诗人之间产生的是一种相结合的关系，这对波德莱尔与巴尔扎克来说是同样的。两者都与人群"打成一片"。波德莱尔甚至谈到"普遍的一致"。不过，不能把他谈到的这种感情当成与群体所感受的集体感情相融合的能力。否则，就会把波德莱尔的思想混同于卢梭或左拉的思想。对卢梭来说，再也没有比感到自己与那些参加公共节日活动的人们相通更动人的了。一种奇妙的透明在各种思想之间建立起来。思想之间相互反映、相互应答。同样，左拉也很好地表达过置身于人群中的一些人所共同感受到的纯朴而强烈的感情。然而，波德莱尔的思想绝不采用这两种结合形式。它倾向于认同人群中单个人的思想，而不是群体的思想。无论这种认同有多少，都不与群众的一般思想结为一体。我们从中可觉察出一种个人与个人的结合，而不是个人与整体的结合。如果它倾向于包容越来越多的人，那也取决于诗人所拥有的从个体思想走向个体思想的可能性。很清楚，他追求的并不是与群体融合，而是在其变化中体验人类思想的多样性。

---

[1]　波德莱尔，《人群》，第 244 页。

　　因此，任何认同都在人与人之间、内在性与内在性之间进行。任何认同都是个人的。波德莱尔说，为了实现认同，应该满足两个条件："离家外出，却总感到是在自己家里。"在一首叫作《诱惑》的散文诗中，波德莱尔让一个神话中的魔鬼说出这样的话："你会跳出你的身体，在别人的躯体中把自己遗忘……你会从中得到无限的、源源不绝的欢乐。"[1]因此，在认同的运动中有迥然不同的两个部分：走出自我和进入另一个自我。让我们适时地停留在这种举动的第一阶段上。应该注意到波德莱尔是个被自我意识纠缠不休的人。在他看来，镜子的闪烁如同一种阴郁而邪恶的活动，在镜中，自我向自我所呈现的形象的层出不穷到了令人眩晕的程度。自我意识就是"恶中的意识"。因此可以理解，对他来说，与他人的思想认同反而打破了恶性循环，并且成了一种解放的行动。如果诗人在人群中徜徉，那是为了接触群众中散发出来的思想，从而摆脱死死纠缠着他的自我意识。在这个最初的观察之上，也许还要补充一点，即在波德莱尔看来，忘我既有道德价值，也有医疗价值。对他来说，经历他人的思想必须是在弃我之后并经弃我的准备，才具有全部的重要性，这种弃我与神秘派所谓的弃绝并无区别。唯有忘我才能实现与他人的结合。思想通过精神行为腾出空地，而只有这种精神行为才能允许这种奇特的自我入

---

[1]　波德莱尔，《诱惑》，第260页。

侵，它的内在的虚空正由这种入侵来填充。

人们可以将诗的认同比作爱情中发生的认同，然而波德莱尔不相信这种认同，这种认同往往是虚妄的。有一首叫作《穷人的眼睛》的诗，其主旨就是表明思想"是不可沟通的，甚至（请读作"尤其"）在相爱的人之间"。相反，波德莱尔却在卖淫这种爱情最堕落的形式中找到了证据，证明思想的沟通不仅是可能的，而且其经验越是增多，则沟通越是有力，或者越是明显，他写道："与这些难以形容的狂喜相比，与诗和仁慈——这灵魂无保留的神圣出卖相比，与突如其来的意外、与过往的陌生人相比，人们所说的爱情是多么渺小、有限和虚弱啊。"①

这样，关于出卖灵魂的经验就倾向于表明，与陌生人达成认同比与相识的、所爱的人达成认同更为容易。也许正是为此，爱情恰恰因为要求选择和事先的认识才阻止了对于陌生人的深入认识，而这种深入认识又恰恰是接触一种完全不同的思想所要求的。只有从空白、从完全的无知出发，才会有认同。

所以，认识他人，就是在一片陌生的土地上，在一个既无对比点又无参照点的精神场所里冒险，而这种场所只能通过精神上对一种初看起来完全相异的思想的逐步同化来认识。这里波德莱尔提出另一个例子，可以帮助我们理解认同实际上是通

---

① 波德莱尔，《人群》，第 244 页。

过什么途径完成的。波德莱尔引述爱伦·坡，后者说当他想知道一个人当时的思想时，他就根据此人的脸画出其轮廓，于是波德莱尔称，如同在演员那里一样，他的感情与他人的感情之间的认同，是通过一种"复现磁性"达成的①。

我们应该如何理解这一概念？从心理学上看，这有些像那个著名的"应和论"。如果芳香、颜色和声音彼此应和，那么，手势、身体的表达、思想、感情也是如此。巴尔扎克在某些理论研究中，例如在《步态论》或《风雅生活论》中已经详细地陈述过，一个人的外在生活和内心生活之间存在着某种相似性。模仿外在的表象，就是置身于促使相应的感情出现的那些必要条件之中。诗人与人群中的陌生人之间的认同并没有玄奥神秘之处，那是内部和外部相互协调、相互制约这一规律的一种运用。

但是，这一切只解释了波德莱尔的初级认同形式，即我们所称的诗的认同。在《小老太婆》这首诗中，诗人面对小老太婆所感受到的那种如此复杂的感情，就是一个例子。人们可以想象诗人与这些可怜虫的关系完全是讽刺性的。他挖苦她们的方式含有一种明显的残忍。不过，他与她们之间的联系中有某种暧昧的东西。他的残酷中有一种怜悯、理解的同情。最后，在诗人和他所怜悯的对象之间，一种认同在形成。让我们看看

① 波德莱尔，《论菲利贝尔·鲁维埃》，第 576 页。

这是如何一步步实现的。开头，他描绘外貌、衣服、举止、身体特征及作为思想进入灵魂的入口的眼睛。这时，诗人想到这些小老太婆以往的生活，逝去的欢乐和痛苦，她们从青年时期到现在的生活所发生的巨大变化；于是，他慢慢意识到这些人身上蕴藏着的生命的深刻性。当他在思想中体验到这种构成全部生命的丰富感情时，他就觉得他已参与了这些感情，这些感情已变成他自己的了。与他人的认同终于完成，因为诗人已从外部认识过渡到内部认识，过渡到对人及其暂时性的一种直觉式的理解。

> 我看到你们的热情天真烂漫；
> 我看到你们的岁月或明或暗；
> 我忙碌的心品味你们的堕落！
> 灵魂也因你们的美德而闪烁！①

　　这样，诗人的想象力并不满足于让他人的内心生活再生，它还要以堕落与美德、欢乐与痛苦为形式进行再创造，而正是对他人过去生活的观照使这些堕落与美德、欢乐与痛苦不适时地、却又是平行地再生于诗人的心中。如果诗人现在品味他人过去有过的堕落，那是因为在当时，对那些乐此不疲的人来

---

① 波德莱尔，《小老太婆》，第87页。

说，这些堕落是一个享受的机会。这些享受是可以重复的，即便对一个与最初体验过这些享受的人有别的另一个人来说，也是可以重复的。所以，认同于某人，就是与他体验同样的感情。不过，这种认同并不局限于现时的感情。为了使认同真正地达到完全，诗人的想象力应该使他与他已经历过的生活的深刻性相遇合，此种深刻性滞留在每个人的内心中，其外貌能够给予旁观者一种多少有些朦胧的直觉。

2

因此，诗的认同行为导致一种重复。他人的幸福与不幸在诗人的思想中重复，他从中找到一种等值的表现力。在批评的认同行为中不也是这样吗？至少在最初阶段，批评思维不也是在另一个人身上重复某人第一个感受到的那种感情吗？然而，这个人果真是第一个吗？当一位批评家阅读一首诗，例如《小老太婆》时，不是有一种双重的感情重复吗？如果诗人在他身上重复他与之认同的那个人已然体验过的感情，那么同样地，批评家又在他身上、在他自己的思想中重复诗人已经接纳并使之复现的那种感情。

在一篇论述皮埃尔·杜邦①的诗的论文中，波德莱尔这样写道：

> 因此，为了表演好，你们应该"进入角色"，深刻地体会角色所表达的感情，直至你们觉得这就是你们自己的作品。为了表现好一部作品，必须掌握它。②

批评家掌握他人的作品极像诗人掌握他人的生活。必须感受已被揭示出来的东西，就像所体验的感情直接来自我们自己一样。批评家的掌握与演员的掌握也没有不同，演员模仿姿态是为了感受与这姿态相应的那种感情。从人群中的某个人到与之认同（首先是通过模仿性的想象，然后是通过创造性的语言）的诗人，这中间有一种第一复现，从诗人的语言到听者、读者、译者、批评家（他借助语言在自己身上重复诗人的感情）的思想，这中间有一种第二复现。一切都仿佛是同一种精神实在从一个思想传向另一个思想，其过程本质上是重复性的，其终点则将是批评家的大脑。

在这一阶段，是不可能区分批评家的头脑与读者的头脑

---

① 皮埃尔·杜邦（Pierre Dupont，1821—1870），法国工人诗人，以写作乡村歌谣闻名。——译注

② 波德莱尔，《论皮埃尔·杜邦》，第614页。

的。波德莱尔本人也不想区分。他认同于路上遇见的小老太婆，那么他若不是希望我们读者认同于他，又是希望什么呢？他在《恶之花》的开头放上那个著名的呼唤："虚伪的读者，我的同类和兄弟。"那是为了提醒读者注意，在各方面上，包括在虚伪上，读者都是诗人的同类。读者是诗人真正的兄弟，或者能够成为诗人真正的兄弟。这种兄弟般的相似性不在于别的，正在于读者所拥有的使自己的思想至少暂时与诗人的思想相匹配的能力，恰如诗人在他身上反映他的兄弟姐妹——过路人——的感情和思想。

因此，诗人的兄弟和第二个我（alter ego），即批评家、读者，就是在其身上重复诗人的某种精神状态的那个人。

然而这种重复究竟是如何发生的？我们已经看到，是通过演员式的重复性模仿而相互联系的某种精神运动，而不是通过一个灵魂对另一个灵魂的感情的直接反射。所以，在批评性阅读中，和说与做的方式，即演员觉察到并加以重复的符号相应的，是由诗人说出并由批评家在其阅读中接过去的语词。言语的力量如同任何符号系统的力量，本质上就是重复。写一首诗，就是使之具有一定的结构，以至于它能够被听者的内心话语再度读出，由此，也在听者的精神上产生一种与产生于诗人身上的效果相应的效果，而诗人写诗的时候是把他选出的语词与某种感情和某些确定的观念联系在一起的。诗不是别的，正是特殊的一组语词，其目的是在读这组语词的人身上产生与诗人自身感受到的效果相同的效果，而诗人恰恰有着让别人也感受此种效果的意图。诗是言语，而言语的任务是通过其有组织的指称，在不同于第一个使用者的人的精神上产生一定数量的意识状态，这些意识状态与诗人经历或企望过的意识状态等值。一方面，将这种现象描写为一种发射，是正当的。借助于语词、形式或色彩，诗也像画一样，"远距离地发射其思想"①。在波德莱尔看来，伟大的艺术家是些富有想象力的人，而富有想象力的人则是用他们的"精神来照亮事物，并将其反光投射到另一些精神上去"② 的人。然而正是为了克服距离，被投射的思想必须在其行程的终点，在它打中的人身上重获一种力量，这力量与它在起点、在诗人或艺术家身上所拥有的力量相应。在其行程的一端，接收它的人应该和发射它的人感受同样的震颤。这只能通过创造意志的一种特别行动才能实现，它在诗中利用一切必要的语言手段以产生预期的效果；阅读意志及与之相应的创造意志服从诗的暗示，并帮助它产生期望中的效果。简言之，对波德莱尔来说，基本的现象，即诗的传达的基本现象，首先是暗示力的运用。诗人是这样一个人，他设法通过他使用的语词强有力地把某种思想和感觉的方式暗示给读者的精神；而读者则是这样一个人，他服从阅读的暗示，在

① 波德莱尔，《论一八五五年世界博览会美术部分》，第 972 页。
② 波德莱尔，《一八五九年的沙龙》，第 1044 页。

自己身上，并且为了自己，重新开始感觉和思考诗人想让人感觉和思考的东西。

当然，读者或批评家感觉到的东西，诗人本人有时并未感觉到。这时，读者或批评家就不再是某种已经体验过的感情或思想的简单回声了，他们的思想中首次实现了一种诗人所希望但并不曾体验过的效果。在爱伦·坡的影响下，波德莱尔有时将诗设想为这样一种手段，依仗着它，在作者之外的另一种思想和感觉中有某种共鸣被唤起，有某种情感的和智力的反响冒出，这种反响虽是作者所期望的、诗所决定的，却只是从书被第一次打开、诗被第一次阅读那个时候起才开始存在。根据爱伦·坡的观点，波德莱尔指出，艺术家"在自由、随意地设想要产生的效果之后，就会创造出意外事故，组合最适宜的事件来达到预期的效果"①。例如，当波德莱尔在关于《包法利夫人》的研究中考虑作者是采取什么样的手段来激励读者的灵魂时②，他采取的正是这种诗学方法。如果他说这部小说"本质上是一本富有启发性的书"③，那是因为它的目的是在读者身上产生某种情感，为获取此种效果，专门选取了其所必需的方法。同时，也正是因为他指出的那种"富有启发性的真诚"，

---

① 波德莱尔，《再论埃德加·爱伦·坡》。
② 波德莱尔，《论包法利夫人》，第 651 页。
③ 同上，第 658 页。

他才欣赏阿斯利诺①的小说集《双重生活》。然而，如果事情是这样，如果作为批评家的波德莱尔用产生于读者（这读者不是别人，正是他自己）的效果来衡量某些作品的美或力量，那是因为在某种程度上，他是在他自己身上，根据他体验到的反应来验证预期的效果是否与作者的意图相符。他写道，"诗越是激励、征服灵魂，才越名副其实"，这时他是以谁的名义在说话？是以构思并发动这种激励的发生的那个人的名义吗？难道他不是更多地站在这传导运动的另一端，以所有那些被激励的灵魂的名义说话吗？而他也以他个人的亲身体验为根据，他也是其中之一。因此，波德莱尔在这里不仅仅是一位诗人——为了理解诗，并且让别人也理解诗，而取代另一位诗人进入其意图；他还是一位读者，以其个人的经验、读者的经验为基础，也就是说，在一个承受其效果的灵魂中，在读者的灵魂中来把握和体验诗，而诗正应该这样被把握和被体验：这正是波德莱尔在刚才引述的那段文字中使用过的说法，他在谈论诗所引起的激励之后，又把这种精神现象描写为"读者的灵魂可以说被强迫进入一种特殊状态"②。

批评家波德莱尔与诗人波德莱尔相反，呈现在我们面前的

---

① 夏尔·阿斯利诺（Charles Asselineau），作家，波德莱尔的朋友。——译注
② 波德莱尔，《再论埃德加·爱伦·坡》。

不是一种暗示的力量，而是一个易于接受暗示的灵魂。当他谈论其他诗人和他们在他身上产生的效果时，从这个角度最容易把他识别出来。在他论戈蒂耶的大作中有这样的名言：巧妙地运用一种语言，这是施行某种富有启发性的巫术，这之后他要干什么？他要与正在运用这种暗示的巫术的那位巫师遇合吗？不，他描写了自己如何听命于这种魔法的感染力，他说："我还记得，那时我很年轻，当我第一次品味我们的诗人的作品时，一种打得准打得正的感觉使我浑身打战，钦佩之情在我身上引起某种神经质的痉挛。"

在这段文字中，透露出来的不是一种诗人的经验，创造者的经验。这是一种阅读的经验。如果波德莱尔打战，那是因为他读戈蒂耶时感到"打得准打得正"，这正是诗产生的效果。两页以后的另一段文字也是如此。为了让我们亲身体验在阅读《木乃伊故事》时他自己体验过的那种情感的性质，他指出："读者感到他的想象被带进了真实之中，洋溢着真实的气息，陶醉于缪斯的巫术所创造的第二现实。"①

从缪斯的富有启发性的巫术到读者因这些启发而感到的灵魂的陶醉，整整一场运动展开了，它经由语词以及语词所创造的"第二现实"，从一个主体过渡到另一个主体，从一种诗的思维过渡到一种阅读的、批评的思维。这两种思维尽管因阅读

---

① 《论泰奥菲尔·戈蒂耶》，第693页。

行为而必然被联结在一起，却不应因此而被混为一谈。一是原因思维，一是结果思维。波德莱尔每一次向他的读者（他的虚伪的读者）呈现自己的诗时，总是站在原因一边，然而当他以批评家的身份谈论别人的诗时，他就置身于作用于他的效果一边。

当批评家波德莱尔谈论诗以外的艺术，例如绘画时，这种情况就更为明显。表达一幅画所传达的印象，不是用语词把它画下来，而是分析它给予或暗示给我们的效果。画像诗一样，也是一套暗示系统，绘画爱好者应该效法读者，听命于它。所以，波德莱尔的全部艺术批评都受制于这一服从原则。他是他那个时代最有独创性的艺术批评家，因为唯有他才冷静地驯服地让画家所希望的效果在他的精神上实现。他有时在研究中居然不去理解，至少是不去再现画的可见外观。波德莱尔说："我赞赏一幅画经常是单凭着它在我的思想中带来的观念和梦幻。"①

在关于戈蒂耶、雨果、福楼拜、阿斯利诺的文学批评论文中，波德莱尔做过别的事情吗？当他严格地站在读者的角度，在自己身上意识到他所体验的印象时，他抓住了什么，向我们传送了什么，如果不是诗歌作品在他身上产生的观念和梦幻？一句话，从创造者的构思到创造物的状态，从创造物的状态到

---

① 波德莱尔，《一八四六年的沙龙》，第 917 页。

读者思想中的观念和梦幻，在波德莱尔看来，诗（如同画）经过了三种不同的表现。首先，它作为趋向一个目的的思想，作为意图，作为第一个精神，即作者的精神内部的主观现实而存在；其次，它外化为语言实体、客观现实，存在于书中、印刷的纸页上；最后，它重新作为主观现实（观念和梦幻）复现于第二个精神，即读者的精神中。由此，艺术品只有在结束它的行程，在读者和批评家的思想中到达第三状态时才真正被完成。可以说，从创造思维到阅读思维的传导尚未完成时，就还没有艺术品。

因此，读者与批评家补足作品，使它完善、实现其目的。这就是我们从波德莱尔的批评中可以获取的教益。在批评介入之前，作品在某种意义上是处于悬浮状态。作品等待着自己的批评家。它的最终命运取决于他，取决于他的理解。然而，确认这一点不就等于说，与我们已经看到的相反，批评行为不是纯粹的认同，而是一种不同的、特殊的、与诗人的创造行为不同一的行为吗？依据坡、马拉美及其他一些人的例证，人们甚至很容易想象出诗的这种情况：它们是作者写出的，但在作者那里却没有产生发生于读者身上的那种效果。于是诗仿佛成了一个简单的中介，联系着两个思想，一个处于原因的层面，另一个则处于结果的层面。那么，在纯粹原因性的精神状态和纯粹结果性的精神状态之间，会有绝对的同一吗？不过，人们不能否认在原因和结果之间存在着某种相似性。如果愿意写诗的人不混同于接受、阅读、让其在自己身上实现的人，一种明显的类比关系仍然存在于创造意志和接受意志之间，一个是空的，一个是满的，一个是使另一个成形的模具。此外，由于诗，那种无论在什么样的谈话、讨论和一般人际接触中都永远不能发生的东西得以实现，也就是说，在主体与另一主体之间的完全交流得以实现。作者和批评家在一首诗中全部的真实关系应该被看成是一种主体间的现象，其中一方传达给另一方的东西不是一种同一，而是一种等值。波德莱尔谈到德拉克洛瓦的画时，指的正是这种主体间的等值，他说："在观者灵魂上产生的效果与艺术家的方法是一致的。"①

3

在波德莱尔看来，阅读或观赏艺术品产生的一切效果中，没有比回忆的苏醒更为重要的了。

他说："艺术是美的记忆术。"② 但他在这里指的是什么？如果艺术的巨大源泉是回忆，那么是谁回忆？回忆发生在谁的思想中？是在艺术家身上，还是在那个与其作品进行交流的人身上？

① 《一八四六年的沙龙》，第 891 页。
② 同上，第 913 页。

我们想到的第一个回答是，进行回忆的是艺术家，或者是处于诗的中心的主角，这差不多是一回事。所有植根于诗人对过去的呼唤的诗不都是这样吗，例如《香水瓶》《头发》《阳台》？有意地呼唤，随意地美化，仿佛诗人有意识地从事一种艺术——回忆的艺术：

> 我深谙唤起快乐时刻的艺术，
> 又见我的过去蜷在您的膝间。[1]

无可怀疑，诗在这里是作者以往经验的表现。他唤起的过去与他唤起过去的现时是两个时间，都属于他自己的生活。从过去移往现在，经验并未改变接受主体。同一个人经验两次，这个人就是诗人自己。

然而这种经验，他并不单单留给自己。他还传送给别人。他的诗的目的是在他人的记忆中使过去复活，这段"过去"与他在自己身上体验到其再生的那个"过去"是同一的。于是，在读者那里生出一种类似的回忆，与诗人的呼唤相应。如果对一位读波德莱尔的诗的普通读者来说是这样，那么，对读别人的诗的波德莱尔来说就更是这样。作为批评家，波德莱尔首要的优点就是总能完全地回应他所阅读或观赏的作品向他发出的

---

[1] 波德莱尔，《阳台》。

暗示。他是一个完美的读者和艺术爱好者，在他那里，对作品的理解完全是一种回忆行为。这种理解表现的形式就是"认出来"。

在《一八四六年的沙龙》一文中，他试图表达某些绘画作品在他身上产生的强烈的亲切感，然而他先前从未见过这些画，于是他用了如下的比喻：

> 你们多次发生这样的事：你们听见一个熟悉的声音说话，回头一看，却惊讶地发现原来是一个不相识的人，这就是对另一个有着类似的动作和声音的人的生动回忆。[①]

所以，人们观赏的画有时可以和一个根本不认识却认出其声音的人相比。从一件各部分互相呼应的和谐的作品中，可以得到一种强烈的熟悉感，其原因是：任何一部分一旦被理解，就立即唤起其他部分。艺术爱好者就常常是这样一个人，其观赏行为变成了一种回忆。

不过，波德莱尔这里跟我们谈到的回忆还只涉及他人的作品。想起一幅画的细节，还不是回忆起了自己。由回忆呈现出来的形象并没有任何个人的东西。我们再举另一个例子。

在他全面论述德拉克洛瓦的作品和生平的大作中，波德莱

---

① 《一八四六年的沙龙》，第 913 页。

尔谈到这位大师的绘画观在他身上引起的情绪的特殊性质：

> 德拉克洛瓦是所有画家中最富有暗示性的一个，他的
> 作品……让人想得最多，在记忆中唤起最多的诗的感情和
> 思想，人们还以为这些已被体验过的感情和思想永久地埋
> 藏在过去的黑夜之中了呢。①

这里，观赏者不是从画的一个细节被打发到另一个细节，而是想起了自己的经验。作品的记忆生命是作者写在作品上的，与之相应的是观赏者的记忆生命。他在作品中认出了自己，但不是他观赏作品时的自己，而是与作品提到的"过去"相似的"过去"中的自己。于是，从一种思想到另一种思想，一系列等值的回忆便由于相似性的联合而苏醒了。由此，人们明白了波德莱尔为什么在下一行中称德拉克洛瓦的作品为"一种记忆术"。这是因为画家的艺术试图在观者的思想中准确地关联到他自己的回忆。

　　具有这种应和关系的艺术不止于诗和画，音乐亦然。波德莱尔说，《汤豪泽》②的序曲一开始，"一切觉醒的肉体都开始

---

① 波德莱尔，《欧仁·德拉克洛瓦的作品和生平》，第 1117 页。
② 汤豪泽（Tannhäuser，约 1200—1270），德国民间传说中的英雄、爱情歌手，此处指瓦格纳的音乐剧《汤豪泽》。

战栗。所有发育良好的头脑自身都带着天堂和地狱这两种无限，并在这两种无限之一的任一形象中突然认出了自己那另一半"①。

在瓦格纳的音乐中，波德莱尔的思想和感情仿佛在一片风景中认出了自己。如同人们所说，在熟人很多的地方，他无可隐瞒。波德莱尔并非自动地、利己地把听到的东西拉到自己身上。然而，为了体验其性质，他需要在自己的精神世界中对此加以表达。由此见出个人回忆对批评家的重要，这种形式与他人的回忆相应而非同一。

因此，批评家是他理解到的东西的表达者。由于任何艺术品都是一种经验的表达，批评家本人也就成了"表达的表达者"②，这是波德莱尔的原话。

批评就是表达，用他自己的语言来表达，故而批评又是回想。批评家把自己变成艺术家的"记忆的回声"，这又是波德莱尔的用语。只有当他经由某种精神的运动，"处在一种类似现实境况的状态之中"③，他才会感到满意，而正是在此种境况之中，音乐家、画家、诗人向他袒露自己。在文学批评方

①　波德莱尔，《理查·瓦格纳和〈汤豪泽〉在巴黎》，第 1224 页。
②　波德莱尔，《现代生活的画家》，第 1166 页。
③　《理查·瓦格纳和〈汤豪泽〉在巴黎》，第 1230 页。

面，我们在波德莱尔关于玛丝琳娜·代博尔德-瓦尔莫①的一篇妙文中有一个例子。他在她身上最关注的，是感觉的、富有想象力的生活的某种特性。波德莱尔认为最好是描绘这种感情生活在他身上唤起的那种回忆："这支火炬，她在自己心灵的最深处点燃，为了照亮感情的小树林，她在我们眼前摇晃着它，为了让它燃得更亮，她把它放在我们最隐秘的、爱情或亲缘的回忆之上。"②

在玛丝琳娜的诗中的回忆及其在批评思维中的对应物之间，有一种回声、一种交流、一种类似精神事件的回响的东西。这种回响出现在波德莱尔那里时，有时并不以批评文章的形式，而是以诗的形式，例如《巴黎的忧郁》中的诗，正如波德莱尔告诉我们的，这些诗是作为阿洛伊修斯·贝尔特朗③的散文诗的相似物来构思的。"我是在至少第二十次翻阅阿洛伊修斯·贝尔特朗的著名的《夜之加斯帕尔》的时候，才想起也试写些类似的东西的。"这里所用的"类似"一词很重要。它告诉我们，被"类似地"联系在一起的不仅有自然和诗，还有诗和对诗的批评。任何作品都企望从交流对象那里得到由相似

---

① 玛丝琳娜·代博尔德-瓦尔莫（Marceline Desbordes-Valmore，1786—1859），法国女作家。——译注

② 波德莱尔，《论玛丝琳娜·代博尔德-瓦尔莫》，第719页。

③ 阿洛伊修斯·贝尔特朗（Aloysius Bertrand，1807—1841），法国诗人。——译注

的感情、思想、回忆和形象组成的回答。这等于说，为了完全地显露出来，艺术品应该在接受者的灵魂中被忠实地重新创造出来。

　　这种批评的再创造在刚才引述的波德莱尔那篇文章中有一个很好的例子。为了表达诗思维和批评思维之间的这种本质的等值，波德莱尔重温了年轻时读代博尔德-瓦尔莫的诗时的精神状态："我总是喜欢在外部的可见的自然中寻找例子和比喻来说明精神上的享受和印象。青年人的眼睛，在神经质的人那里，是既热情又敏锐的，当我带着这样一双眼睛阅读瓦尔莫夫人的诗歌的时候，我的感受使我陷入冥想。"[1] 为了找到与他回忆起来的诗相应和的印象和快乐，他在内心深处搜寻，他找到了必需的形象，这种诗的准确象征："我觉得她的诗像一座花园……那是一座普通的英国花园，浪漫而热情。一丛丛鲜花代表着感情的丰富表现，清澈而宁静的池水映照着反靠在倒扣的天空上的各种东西，象征着点缀有回忆的深沉的顺从。"[2]

　　波德莱尔的批评往往能够提供这种诗的移植的完美例证。诗从一块土地被移植到另一块土地，却仍不失为诗。波德莱尔在某个地方指出，批评家变成诗人，这是全部精神法则的颠倒，是一桩怪事。他想说什么，如果不是说一个批评家永远成

---

[1]　《论玛丝琳娜·代博尔德-瓦尔莫》，第 720 页。

[2]　同上。

不了一位诗人，除非他开始时曾是诗人？好的批评家只能是批评家-诗人，他为了完成其职能而在自己身上调用确属诗的资源。他的责任是在诗中发现一种可以在诗上面与诗争雄的等值物。

因此，人们可以看到，波德莱尔的思想在批评上的努力可以导致什么。导致发现隐喻。波德莱尔的批评，像现代批评中的很大一部分一样，本质上是一种隐喻式批评。在这种批评中完成的认同行为在于发现一整套形象，属于诗境的各种形象在其中互相映照，而界定这诗境正是认同行为的目的。这一整套形象也要来源于批评家的深层生活、他的记忆化的感情和他的思想中储备的种种印象。因此，发现他人作品的隐喻性的等值物，就是使自己成为等值物，或者作为等值物显露出来。批评行为如同任何达到最高点的阅读行为一样，可以取得这种在本体论和美学方面同等重要的结果——两个人的完全交流，其依据是两个生命最终表现出的完全相似。

同时，艺术思维或诗思维与批评思维之间显露出来的相似不单单表现在从诗思维到批评思维这个方向上。如果一件艺术品，无论它是什么，如波德莱尔所说，是"通过艺术家所反映的自然"[①]，那么批评家是可以在这种反映中发现他自己的自然的。他是诗人或艺术家的镜子。然而，如果说他是这镜子，

---

① 《一八四六年的沙龙》，第 877 页。

他愿意在自己的思想中反映他人的思想，那是因为他在这思想中认出了一种本质的相似。他在反映他人的思想的同时，也反映了自己的思想，因为在他看来，诗人或艺术家的思想正是他的思想的反映。波德莱尔说，沉思的读者—批评家这双重的人，"能够在作者身上认出自己的镜子，不怕这样高喊 Thou art the man![1] 这就是我的忏悔神甫！"[2]

相似的相似，反映的反映，因此，批评思维是通过他人思想的自我意识，在他人身上把握自我。因此它也不能完全摆脱意识的螺旋，其中封闭于自身的思想发现自己受制于一种十足魔鬼的镜子把戏：

> 昏暗清晰面对着面，
> 心变成自己的明镜，[3]

然而无论如何，由于批评思维不再无穷无尽地、令人冷酷无情面对自我，而是与他人处于一种相似的认同之中，所以它即便不能摆脱一切意识都具有的循环的进程，至少能摆脱这个圆圈中邪恶的、令人更加不能忍受的东西。在他人身上观照

---

[1] 英文：汝即此人！——译注
[2] 阿斯利诺，《双重生活》，第662页。
[3] 波德莱尔，《不可救药》。

自己，批评家就不再孤独了。他在一个应和的、友善的思想中观照自己，这种思想在他身上起的作用，和诗人在其中理解其相似性的那个大千世界在诗人身上起的作用一模一样，在这一点上与波德莱尔所说的讽喻的大丽花很像，他说他看见它"映照在自身的应和之中"①。

　　因此，无论是写诗还是写批评文字，波德莱尔总是保持本来面目，即一个试图对自身进行隐喻性解释的意识。自然通过大丽花的形象象征地呈现于思想之中，思想又在诗中发现了与它相似的对应物，诗又在批评思维的比喻行为中找到它的对应物，人们于是一步步、一站站地看到一种精神现实发现着自己、反映着自己、呼唤着自己、回答着自己，并把它的存在的形象从一个思想传到另一个思想，这种精神现实如果不总是同一的，至少总是相像的。波德莱尔说："诗人站在人类边界的某一点上，把他接收到的人的思想在振动得更富有旋律的同一条线上回传过来。"② 这种振动传送的现象不限于诗人的思想。再远些，通过语言的回声反映网络，相似的思想被批评家接收、感觉和解释，再由批评家传给其他读者。在批评的交流和美学的交流中，有同一种回响和反射现象发生：

---

① 波德莱尔，《邀游》（散文诗）。
② 波德莱尔，《论皮埃尔·杜邦》。

往复回荡在千万座迷宫中间……

是千百个喊话筒传递的命令……①

---

① 这是《恶之花》的《灯塔》中的两句诗。——译注

四、普鲁斯特

《驳圣伯夫》出版之后，我们得知，普鲁斯特的小说起源于一项文学研究计划。对于逝去的时间的大规模的追寻，追寻其人物、主题、地点、无穷尽的心理变化，我们现在知道了，这一切都出自一种关于批评的沉思，如同贡布雷出自一杯茶。小说的主要人物的历史是一位年轻人的历史，这位年轻人感到自己有着成为作家的志向，自问他应该怎样做才能完成他梦想着要写的那部作品，同样，《驳圣伯夫》的主题也是觉醒，一位未来的批评家意识到对他来说最好的批评方法是什么。因此，对两者来说，一切都始于寻找需要遵循的道路。不事先决定文学创作（小说、批评研究）得以实现的手段，就不会有文学创作。换句话说，对普鲁斯特而言，在进行创造行为之前就有一种对此种行为及其构成、源泉、目的、本质的思考。一种对文学的总体性认识、一种对文学的根基的无目的性的把握，应该先于计划中的作品。这至少是普鲁斯特为自己规定的首要目标：通过批评，通过对文学、对各种文学的批判理解，未来的批评家将达到这样一种精神状态，他希望无论是哪种文学的创造活动，都从这种状态出发，从而变得更为准确、更为真实、更为深刻。写作行为的前提是对文学的事先发现，而这种发现本身又建立在另一种行为，即阅读行为之上。因此毫不足怪，马塞尔·普鲁斯特在成为创作《追寻逝去的时光》[①] 的伟大小说家之前，除《让·桑特伊》和《欢乐与岁月》等习作和草稿不算，先以成为批评家，成为读者为开端。

一位读者，一位绝妙的读者！这正是普鲁斯特起初的愿望，勒内·德·尚达尔的《文学批评家马塞尔·普鲁斯特》一书正是以向我们披露这种根本的活动作为目标的。这方面已经有几本著作出版，其中在美国有沃尔·A. 斯特劳斯的著作《普鲁斯特与文学》，其副题是《作为批评家的小说家》。但是正如副题的用语向我们指明的那样，这本书的作者仅仅是尽可能完整地记录这位伟大的小说家与一种毕竟被他认为是第二位的活动有关系的一些东西。一切都局限于检视普鲁斯特谈论过的书。相反，德·尚达尔先生的巨大优点是他明白普鲁斯特的批评活动不是第二位的，而是第一位的，是一种思想的初始行为，这种思想是在迈出这决定性的一步之后才开始其伟大事业的冒险的。正是为此，德·尚达尔先生的著作才分为三部分，

[①] 又译《追忆逝水年华》。——译注

只是最后一部分才留给了关于具体的批评研究的考察，而前两部分构成了必要的基础，我们借此才能了解普鲁斯特的批评方法以及他对文学的总体构想。普鲁斯特在杜波斯[①]之前，在萨特之前，尽管不在马拉美之前就提出过这个基本的问题：文学是什么？在普鲁斯特看来，对这个问题的回答完全取决于他接触他想理解其含义的那种东西的方式。

用普鲁斯特接触文学作品的方式来接触普鲁斯特，这是最为重要的。在《追寻逝去的时光》的开头，在《让·桑特伊》的最初几页中，都有一位满怀激情的读者，他参与他埋头阅读的著作的生命。我们也应该这样来设想普鲁斯特本人，他是如此完全地投身于占据了他的注意力的东西，他不可能不为了自己而根据控制着他的诗或小说的节奏来生活。他注意到："当我们读完一本书时，我们那个整个阅读过程中都跟随巴尔扎克或福楼拜的节奏的内心的声音还想继续像他们那样说话。"[②]这种想在自己身上延续他人的思想节奏的意志，就是批评思维的初始行为。这是关于一种思想的思想，它若存在就必须首先符合一种并非属于它的存在方式，并且在某种意义上具体地成为另一种思想借以形成、运行和表达的运动。根据所读的作者的速度调节自我，这不只是接近他，更是与他结合，赞同他最

① 杜波斯（Du Bos, 1882—1939），法国作家、批评家。

② 普鲁斯特给拉蒙·费尔南德斯的信，1919 年。

深刻、最隐秘的思想，感觉和生活的方式。普鲁斯特说："在一切艺术中都有一种艺术家对于所要表达的对象的接近。"①在一切艺术中，都有一种请求，请求与已经认同于表现对象的那个人认同。这如何能实现呢，若不是把所读的作者的存在方式变成自己的存在方式？阅读，就是"试图在自己身上进行再创造"②。根据普鲁斯特的另一说法，就是"试图在自我深处摹拟"书向我们显露并鼓动我们加以模仿的创造举动。

但是这种重复、复制、重新开始的举动究竟是什么？这还不是批评行为，不过已是其开端，已是轮廓了，或为其正名，应称其为仿作。普鲁斯特之所以从初入社交界的时候起就如此频繁地沉醉于"模仿"的快乐，我们该知道这正是由于这种精神初始活动的真正的、根本的性质。谁模仿，谁就不再是自己了。他从精神常规的网中逃脱，而这些常规有可能使他永远当它们的俘虏。他经由唯一可能的门（因为与他人谈论或从外面观察在这里全无用处）进入这个奇特的世界、所有的世界中最迷人的世界，因为这个世界与他自己的世界最不相同，它是另一种思想在其中拥有宝物和根基的内宇宙。模仿、摹拟、仿作，这些都还不是"批评"，但已经是相像和重复了，这两个行动构成了批评思维的第一"阶段"。普鲁斯特对此理解得极

---

① 普鲁斯特，《〈坦德洛斯·斯托克斯〉序》。
② 普鲁斯特，《仿作及其他》，第 195 页。

为透彻。他对圣伯夫的最大不满是后者抱矜持态度，拒绝进入他所批评的作者所处的状态之中，并拒绝接受其观点。

然而，真正的阅读、批评的阅读，并不在于简单的仿作。与所读的东西认同，就是立刻被移进一个独特的世界之中，那里的一切都是奇特的，却都具有最大真实的特性。一切都像是平等地拥有一种基本的个性。模仿一位作者，就是既支持他身上暂时的东西，也支持他身上本质的东西，就是同意在另一个人身上成为精神反复无常的狭隘或事件不可预料的多变常常使我们成为的那种人。

于是，为了逃脱这种平庸和这种混乱，为了在他人的内心中（仿佛在一片陌生的土地上）找到一条通往必需的地方的道路，应该怎么办？普鲁斯特的第二个重大发现就在这里。这个发现先于他写作他伟大的小说作品许多年，指出这一点很重要。这一发现是在一九〇〇年以后的一篇文章中提出的，这篇文章后来成为他当时正在翻译的一本罗斯金①的书的引言。普鲁斯特写道："在这项研究中，我之所以引述了罗斯金的《亚眠人的圣经》之外的著作中的许多段落，理由如下。阅读一位作者的一本书，就是只见过这位作者一次。与一个人谈过一次话，可以看出他的一些与众不同的地方。但是，只有在不同的

---

① 罗斯金（John Ruskin, 1819—1900），英国艺术批评家。——译注

场合中反复多次，人们才能认出他的哪些地方是特殊的、本质的。"① 在普鲁斯特看来，阅读一位作者的第一本书，然后开始读第二本，在第二本中觉察到一些与在第一本中发现的特征相同的特征，只有从这时起，读者才能真正地进入作者的作品中。在批评上，没有认出就没有认识。阅读根本不认识的一位作者的孤立的一本书，就什么也认识不到，就无法区分哪些是重要的，哪些是偶然的。唯有在新的场合中觉察到类似的形式，才能使我们看到在这些地方有某种本质的东西。所以，我们对文学（或其他艺术）所能有的真正批评性的认识与我们从我们自己或他人身上获得的认识并没有区别，因为在这两种情况下，认识都以一种先在的经验为依据，只不过在这经验被重复的时候，难以估量其重要性罢了。理解，就是阅读；而阅读，则是重读；或者更确切地说，就是在读另一本书的时候，重新体验前一本书向我们不完善地提供的那些感情。由于有被重新发现的时间，就有重新进行的阅读、重新亲历的经验、经过调整的理解，最好的批评行为是这样一种行为，读者通过它，并通过其反复阅读的作品总体，回溯性地发现了关键的重复和具启发性的顽念。

因此，批评乃是回忆。这批评的回忆，普鲁斯特称其为

---

① 《仿作及其他》，第 107 页。

"赋予读者一种临时的记忆"①。由于这种临时的记忆，读者不再满足于孤立的作品传送给他的东西。他不那么注意那些次要的完美，此类完美的目的仅仅是在每一部确定的作品中满足一些特别的要求，书就是为此而写的，到了别处它们就不存在了。现在则不同了，他的全部注意力集中在不同作品所构成的作品总体上。同样，此后在普鲁斯特的小说中，主人公在回顾他的生活的时候，就能够在某些特殊的时刻之间看出相像的地方，这样，在普鲁斯特的批评中，由于大量的比较阅读而显露出来的，就是"构成成分的固定性"。

当然——谁也不如普鲁斯特知道得更清楚——想从这些作品中得到全部作品的全部显露是徒劳的。这些作品永远只是些不完整的版本，就像维米尔和埃尔斯蒂的画一祥，只是这两位画家的世界的局部表现。所以，大部分时间里，我们所阅读的作家只能就他们的精神世界给予我们一种破碎的形象，虽然他们一直想向我们呈现其总体面貌。当然，有时，某位作家或艺术家能成功地向我们传达一种相对完整的就其内心世界的认识。或者更确切地说，他通过一种创造行为，一种更可理解的综合作用，终于使迄今为止构成他作品的那许多局部在回顾中具有了一种统一性。这时，作品有了一种新的规模，向他也向我们呈现出它的全部广度和全部密度。这正是写作《人间喜

----

① 《仿作及其他》，第 109 页。

剧》的巴尔扎克，写作《历代传说》的雨果和写作《法国史》的米什莱的情况。然而最为常见的是，作家到达不了这个阶段，或者忽略了表达，这种回顾性的统一是通过另外一个人对作品进行全面的阅读才得以完成的。再重复一遍：这种全面的阅读行为就是批评行为。这种行为使一种晚生但富有启发性的统一借助作品中的相似性而出现在作品中，这是一种"只能相互联系起来的若干片段之间的后来的统一"①。

这就是马塞尔·普鲁斯特在开始他的小说家的任务之前很久所设想的批评家的任务。这两项任务是相像的。我们说过，普鲁斯特本人也说过，如果他的小说只有在其读者倒退着前进的情况下才有意义，那么，普鲁斯特的批评就只能是这样一种方法；阅读思维深入到同一位作者的全部作品几乎总是具有的那种表面混乱之中，同样以倒退着前进的方式发现其作品的共同主题。在普鲁斯特看来，批评必定是主题的，虽然他并没有说出这个词。普鲁斯特就是察觉到这一基本真理的第一位批评家。他是主题批评的创立者。

---

① 《追寻逝去的时光》，第三部，第 161 页。

五、《新法兰西评论》的批评家们

1

　　《新法兰西评论》不仅仅精选美妙的文学作品，它也汇集了一系列蒂博代、杜波斯、里维埃、费尔南德斯的批评文章。在这些批评家中，在时间上，也许还在排列上为首的是阿尔贝·蒂博代，《关于文学的思考》的作者。从一九二〇年到一九三五年，这些文章每月都出现在杂志上，以其数量之多、涉及面之广以及笔调与风格之多样化证明了一种精神的柔韧性，这种精神随时准备以一种同等的对理解的激情接受当时文学生活的种种最为对立的面貌，甚至以一种无处不在的、真正普遍的理解力在细节中把握构成当时文学生活的种种丰富而并存的关系。对于蒂博代来说，批评行为也是开始于对他人思想的一种即时的、完全的、无保留的赞同：这是一种争先恐后的运动，梦想着与被批评的思想并驾齐驱，参加它的冒险，在一条使它受制于种种回响的旅途上陪伴着它。这种批评可能怀有"极大的野心，即孕育天才，通过参与造就了他们的创造运动而产生出莎士比亚、雨果、达芬奇……"① 蒂博代在另一个地方又指出："阅读并写出他所读的人的理想，这与小说家的创造精神相符合，甚至更进一步，与被看作文类的小说的创造精神相符合。"②

这后一句话很说明问题。它告诉我们批评家不仅急于和他潜心阅读的个别作品认同，他甚至还急于和他产生的全部阅读联想认同。蒂博代读起书来既不满足，速度又快，他不在作品中多待一分钟，赶紧把作品放在与环境或文类的一致或不一致中加以考虑，而不局限于作品本身，而且从这时起，重要的不再是作品了，而是作品中暴露出来的它与大量先在的或同时的、相似的或相反的、独立的或补充的其他作品之间的相似或不同，它们展现成为充满着文学的历史和地理的新篇章："职业批评的任务之一是将一种文学、一种文类、一个时代串连、安排、呈现为一种连续的状态，如一幅画，如一种有机的、生动的存在……这个任务它完成得最好，也只有它才能够完成。（这种批评）是从一些作品与其他作品所形成的社会的方面来

---

① 蒂博代，《批评生理学》，第 197 页。
② 蒂博代，《读小说的人》，第 30 页。

看待这些作品的。"①

　　因此，个别的作品被挪动了，被从它自给自足地生活着的那个地方拉出来，移进一个与它的真正本性或一致或相左的社会环境之中，它不再处于自身之中，而是处于一个影响网之中。"应该依据这种多样性、这些关系和这些冲突，在一个具有普遍化的相对性的世界中来认识个人，我们自己或他人……（这一原则）迫使我们将批评本身看作是一个由局部和片面的个人、关联于一些孤立而有限的观点的个人组成的世界，这些个人相互补充，社会天才则庶几能使之趋向和谐。"②

　　于是，文学批评就从心理分析走向社会学，时而表达内心感情，时而又痛感需要一种历史和社会的普遍化。这就是蒂博代的批评的两端：阴性的和阳性的。蒂博代在谈到《包法利夫人》的作者时说："在阳性批评阅读的尽头，有着福楼拜在法国小说的文学链条上的位置……"③ 简言之，批评家之初始的直觉使他可以说是即刻进入被批评作品的内部，随即就让他感到需要加以分类并解释其原因，这种需要用构筑链条和建立缩略图取代了对作品的直觉把握，无论愿意与否，作品反正得在同时代其他作品中有它的行列、时间和地点。其结果是，蒂博

---

① 《关于批评的思考》，第135页。

② 同上，第143页。

③ 《读小说的人》，第30页。

代的思想越是意识到交织于被批评作品周围的种种联系，反而自然而然地不那么可能与那个生动活泼的中心相遇合了，而他的思想却恰恰是以处于这中心为开始的；这样，它就从中心走向边缘，从内部走向外部，这过程使它一步步远离内在的、个人的现实，而它原本是在那里找到其出发点和最初的灵感的。一言以蔽之，蒂博代的批评始于一种本质上离心的运动，却无例外地以背离一切真正的批评的根本与实质而告终，这根本与实质就是对他人意识的意识。

2

就蒂博代的离心性，应该对之以《新法兰西评论》的其他批评家，尤其是雅克·里维埃和夏尔·杜波斯的向心性。与《关于文学的思考》的作者不同，这两位都绝不想消散于社会生活的外部区域。对他们来说，文学行为自始至终都是那种在自己的王国中进行的奇特的创造活动，批评家不可须臾停止其参与，否则就会眼睁睁地看着理解和享受立刻消失。在法国第一次出现了这样一种批评思维，其出现的方式不是例外的，而是普通的、经常的，这种批评思维不再是报道的、评判的、传记的或利己享乐性质的，它想成为被研究作品的精神复本，一个精神世界向着另一精神内部的完全转移。

在这方面，里维埃为了能够与他集中心力于其上的作品认

同而进行的反复努力最具特点。这是因为他希望从作品中获得
一种支持，一种精神援助以及支撑力的转移。独处的时候，缺
乏来自外界的启发——这种对他来说是决定性的支持的时候，
里维埃是一个极能意识到他自己的弱点的灵魂。与儒勒·勒迈
特的享乐的印象主义相反，在他那里，一切都在羞愧中，在对
自身的不足的感觉中开始：

> 我此后是不完全的，对我自己都是不充分的，我在自
> 己身上再找不到充足的理由……我需要与我的存在不同的
> 另一种存在。①

因此，对于雅克·里维埃的批评活动来说，其存在的理由
就是他需要从外部汲取他在内部找不到的东西，不应该在此之
外再寻求其他。最初，决定一切的不是一种在自身内部发现
的、被感受到它的人一劳永逸地占有的固有活力，而是一种来
自外部的、时断时续的援助，人完全地受制于它，却不能决定
它的给予。他所能做的，就是柔顺地面对在某些特殊时刻表现
在他身上的东西。里维埃是这样一种人，他毫无抵抗地，甚至
怀着一种谦卑而感激的喜悦同意变成一种外来的意志强迫他变
成的那种人，同意非常快乐地交换他的灵魂。对一种陌生的存

---

① 里维埃，《囚禁手记·论真诚》，第 106 页。

在于他身上引起的最微弱的相似感，他的人格都会开放、闪开和退让，他说："当我看到我可怕的弹性时，我就会笑我自己。我一看见一种和我的思想相像的思想，我就会委身于它。我接受它加于我的全部轮廓。"①

里维埃最先写的是一篇关于费纳龙②的毕业论文，这是很典型的。事实上，在开始和此后许多年中，他的思想不是别的，仅仅是一种批评上的寂静主义。它就像一团蜡，可以取得任何形状。

不过，它的这种随时准备接受外来影响的可塑性并没有使它完全变成相继前来吸引它的千百种不同的形状。里维埃的思想具有不可思议的可塑性，然而其灵活性却不抵其可弯曲性。某种迟缓或笨拙，或者是一种顾忌所具有的潜伏的障碍拖住了它。

这种思想尽管竭尽全力，却总是在接近其对象的过程中失掉许多时间。犹豫、腼腆、与进行接触的愿望相对立的恐惧，还有一种思想面对它试图了解的东西时所具有的相对的无知，都在一开始就使一种它必须跨越的距离出现在它和被研究的作品之间，这正是它不能不经摸索就一下子跨过的：

---

① 给傅尼埃蒂的信，1905 年 10 月 12 日。
② 费纳龙（Fénelon，1651—1715），法国高级教士、作家。——译注

　　当有人在我面前提出一种不同于我的意见，（我就感到）一阵犹豫，我的思想就由于一种简单的反应而自动地寻求应该回答什么。并不是因为还没有决定。但是它竭力使自己处于正确的方向上。它在精神上沿着各种观念摸索，想知道应该从什么地方开始。[①]

　　这样，在里维埃那里，批评思维的运动就绝不是立即参与对象本身的活动和演化，而是从主体到对象的特殊的渐进。这里没有思想对对象的即刻把握，也没有可以立即拥抱对象的概括和俯视，相反，这里有的是一种缓慢的、没有把握的前进，看起来，与其说它依赖于视力提供的全景，不如说它更依赖于由不那么完善的感官传送的更为简略的信息。里维埃的经验最为经常地是以触觉而不是以视觉为参照：

　　　　我喜欢、理解、相信的只是我摸到的东西，只是在我的感官范围之内、在我手下的东西，只是在我的嘴唇上留下滋味的东西……唯有接触才能向我提出证明。[②]

　　可以说，在里维埃那里，认识前进的道路不是明眼人的道

————————

① 《沿着上帝的足迹》，第 106 页。
② 里维埃给克洛岱尔的信，1908 年 4 月 19 日。

路，而是盲人的道路：摸索着往前走，辅以肉体的接触和对表面的探察；然后是对一种朦胧的现实的困难而笨拙的深入，思想在黑暗中进入一种对它加以抵抗的物质，哪怕这种物质使它弄清楚现实的努力被迫不断延期。

　　这就是里维埃的批评的主要特征。奇怪的是，里维埃的批评的价值虽也在于它的发现，但更在于它成功地（何其艰苦啊！）建立在它本身和它的发现之间的那种联系。在这种身体接触，在这种不完全的拥抱中，它吃尽了苦头，把对象从藏身的黑暗中解脱出来，并照之以微弱的光亮。然而，正是由于它所受到的抵抗、它在适应探察对象时体验到的困难，它才几乎是无意地使肌理、颗粒、固体显现出来，就它在某种意义上说不得不首先认识其物理外貌的那个世界，它也因此能提供有价值的关于其半物质本性的情况。在里维埃那里，批评活动几乎总是以对肉体经验的分析开始；甚至当它终于导致对一种超肉体现实的感知时，也是如此，例如在下面这段关于克洛岱尔的诗中的形象的文字中：

　　　　这些形象不单单是视觉的；我们同时通过所有的感官感知到它们；它们上升，增大，裹住我们，向我们传达它们的震颤，而当它们用一片肉感的波涛淹没我们的躯体的时候，它们就在我们的灵魂中置入它们隐秘的含义。①

很少有批评表现得如此肉感。人们想到十八世纪哲学家们的感觉论；但是这里的感觉经验并不延伸为一种理智的活动，它局限于它所显露的东西，满足于成为模糊认识的一种形式，微弱地照亮肉体和灵魂之间的那个不清晰的区域；这是一种处于肉体经验和精神认识之间的批评，它一半陷入对象之中，另一半还留在外面。

总之，在里维埃那里，思想仿佛永远苦于某种匮乏。时而它在孤独中意识到自身，于是如我们所见那样体验到一种残酷的缺陷感。时而它试图通过与其他思想认同来完善自身，然而这认同从来都不是完全的，他人的思想在其深处总是部分地回避。这样，批评意识就表现出它不能与创造意识完全认同，它们之间有差距，这差距标志着新的不足和失败。在精神的这种神秘的冒险中，即在加布里埃尔·马塞尔②称为主体间性的那种思想间的交流中，里维埃不能越出某条界限。他总是因缺少办法和毅力而过早地止步。我们在读他的批评时摆脱不了这样的想法，即他与批评上的重大发现无缘，其原因是思想的原始性匮乏，大概也因为他所依赖的某些恩惠和启发被给予得太

① 里维埃，《论文集》，第 71 页。
② 马塞尔（Gabriel Marcel，1889—1973），法国哲学家。——译注

少了。

3

他的朋友和文学上的对手夏尔·杜波斯则不同，杜波斯的天才具有种种禀赋，更为精细。然而初看之下，这两种批评思维不无相似之处。两者具有同样的可塑性，最初都没有自己的形式。然而在杜波斯那里，并无任何不完善感伴随这种最初的缺乏，这与我们在里维埃那里看到的不同。恰恰相反，自身人格的缺乏在这里不是表现为一种污点或弱点，而是更多地表现为一种优越性，一种对获取非常的财富所不可缺少的预备状态。

在杜波斯那里，一切都以某种剥露开始。灵魂在等待某种事件发生的时候，先以白板的形式面对自身和他人。思想这样空无一物，并不就是放弃一切本质的东西，而是强烈地意识到它最初缺乏独特性，而且没有任何自身的特征，或者强烈地意识到，这差不多是一回事，不管它暂时具有的那些表面的特点是些什么，它都有能力彻底地立刻改变它们，一旦它有机会面对另一些特点，哪怕是根本不同，甚至看起来相反的特点。在杜波斯那里，首先使人感到惊讶的是一种思想的流动性，甚至比在他的朋友安德烈·纪德那里更加不同寻常。他在日记中写道："难道我不是完全的液体吗?"① 这是真正无穷无尽的初始流动性，而在杜波斯那里，这种流动性并不表现为一种缺点或一种障碍。它倒可以说是一种否定的品质。用杜波斯本人的话说，因为是被动的、关注的，事先就抛弃了一切语境并且摆脱了一切"固恋"，思想才随时准备变成精神事件的"场所"，这些精神事件把它当成舞台或庙宇，它们的到来激励了它，决定了它，使它积极地存在。

所以，首先还是让我们承认杜波斯身上的这种把自己变成"各种状态的交汇地"② 的惊人能力吧。这是对存在的一种绝对的简单化，其结果使存在停留于那个使它走出最初的否定状态的事件，然而这否定状态的结果是在此事件出现在思想中的那个时刻使事件与思想区分开来，以便让发生的事和交汇的地点在精神上仍然是两个暂时不相混淆的实体。

总之十分精确，在杜波斯那里，思想和冒出来的东西从一开始就介入到这样一种局面之中。一方面有我，等待的我，接受的我，为了在精神生活中诞生而依赖于这种接受的我；另一方面有突然出现的东西，它在我身上发生，为了大白于天下而利用我和我的意识。而跟着第一个事件的是另一个事件，接着又有一个，如此这般，不一而足，于是，我的存在出现在我面

---

① 杜波斯，《日记》，1924 年 9 月。
② 《日记》，1925 年 4 月。

前，仿佛一个地方，其中有彼此可以替换的精神现实交叉、相续、互相替代，我必须欢迎它们，为它们提供空间，使它们得以表现并得以展开。

杜波斯写道："我不再是一个人，而是我的种种状态的交汇地了。"[1] 他又写道："这是一个过往的地方，在那里，人只不过是个枢纽站，有无数内心的火车开过，络绎不绝。"[2]

应该从这个角度来考察杜波斯的批评活动。开始，它只是对某种精神冲动的感知，这种精神冲动流露出来，并因此而无法描述地丰富了对它的感知，但是，体验到它的精神却丝毫也不把自己认作是原因。所以，一切都取决于这最初的入侵。这是阅读、谈话、祈祷，关于某篇文本的沉思的结果，或者干脆就是一种精神偶然性的结果，在杜波斯那里如同在瓦莱里那里一样，此类精神偶然性严格地等于一种恩惠，于是在批评家的思想内部冒出了另一种思想，另一个人的思想；这种次生的思想在这块新的土地上汲取了新的力量，急忙生长并繁衍开来。

用杜波斯的话说，他的思想使自己成为一个"纯粹的汇聚地"。不是客观存在的汇聚地，而是主体原则的汇聚地，此种主观原则的力量在被它穿透或占据的那个人的主体中可以被感觉到。仿佛被称为寄居蟹的那些贝壳类动物一样，它们从一个

---

[1]　《日记》，1925 年 4 月。

[2]　同上，1923 年 12 月。

住处到另一个住处，用它们的身体占满新选择的住所，并用它们的活动使之具有生气，我们多少次在杜波斯那里看到，他钟爱的作家、他喜欢的思想实实在在地占有了他的精神，使之改变、活跃，并且成为一种新事业的所在地。这是杜波斯的批评天才所完成的特殊的认同。在某种意义上，他与作者结合得如此完全，以至于在作者和批评之间的确没有任何本性甚至人格的区别了。一种这样的主观实体在最完善的结合中实现了它的对象。批评者的意识和被批评主体的意识合而为一：这种认同很像在宗教思想中完成的认同，因为在这两种认同中，自我都是通过对自身人格的泯灭，才能满怀喜悦地沉湎于一种威力无比的陌生启示，这启示好像在利用这个自我来实现它自己的目的。但是，在杜波斯那里，由于一种出乎意料的悖论，这被泯灭的我就在其泯灭之中发现了一种进行无尽的个人活动的机会。他刚刚放弃由他自己来感觉和思想，使自己成为神秘的他人精神得以完成的地方，他旋即就要完成它、承担它、使它成为自己的生命。在这方面，最为惊人的就是，他一旦接受将他人的思想当作他个人的生活原则，他就陷入一种沉醉。他立即被一种极端的激动攫住：这种激动本质上是参与性的，使他经由一种独特的行为，在自己身上重复他与之认同的那种思想所完成的全部行为。他重复、模仿、夸大、发展，以至于他在听命于他所受到的启发的时候，并不满足于承受，他最终还要增添一系列个人的变化。他人的思想就这样在他的思考所形成的放大镜和万花筒中不断地生长和分枝。没有比杜波斯的批评更为丰富的批评了，由于丰富，没有什么批评更受到膨胀或他所谓的"不尽之患"的威胁了。

4

现在，我们转向《新法兰西评论》的第四位大批评家，拉蒙·费尔南德斯。他最引人注意的是他看法的清晰。在他那里和在里维埃或杜波斯那里不同，批评的感知似乎从一开始就恰到好处，没有任何模糊、未完成或不完全的地方，他说："批评家是这样一些观众或读者，他们比普通人看得更准，他们告诉别人如何感知，也就是如何再造作品的真实。批评乃是关于一种看法的看法。"①

因此，我们在里维埃的批评中所看到的思想在起步时的那种摸索、迟缓和踌躇，在费尔南德斯那里一点儿也没有；杜波斯的思想在开始时具有的那种对外来的启发的完全依赖性，在费尔南德斯那里同样一点儿也没有。费尔南德斯的批评立刻就表现出独立于任何支持，对其目的的确信无疑。它知道它要什么以及能如何得到。它的方法很有把握，仿佛具有某种非人力所能的东西，让人想起昆虫在本能的驱使下干活时所具有的那种

① 费尔南德斯，《论批评和文学美学》（打字稿，未刊）。

精确性。这里不存在任何看法上的空白、探索中的犹豫、判断上的含混。因为在这一点上，费尔南德斯也与他的竞争者们不同，他的批评从来都是以提出严格的判断为结束的。这种批评行为中的极端自信，拉蒙·费尔南德斯在他的第一本书中就表现出来了，这就是出版于一九二六年的《启示》，他最好的一本著作。这本书因为随时随地都表现出一种傲慢的做作而轰动一时。人们在文学批评上还从未见过这样一种如此明确而坚定的意志，它什么都不宽容，它只依靠几何学般的智力。这使我们明白了费尔南德斯所说的批评是"关于一种看法的看法"是什么意思。批评，这种可以说是次生的看法应该表现出更高一级的清晰度。被分析的作品所呈现出的一切混乱、模糊、暧昧都应该在批评者给予的相应看法中被代之以一种用语清晰的陈述。作品将为其纲要所取代：这纲要应严格地朴实无华，其文笔要尽可能地抽象，其目的在于将决定作品运行的一系列原则显示出来。

因此，不难在拉蒙·费尔南德斯的方法、意图，甚至表达中发现某种预示结构主义的东西。但是这将使我们远离我们在《新法兰西评论》的其他批评家中辨识出的那种认同批评，这些批评家也是费尔南德斯的朋友，例如里维埃或者杜波斯。他和他们一样，尽管他坚决地要使文学"理智化"，他仍以努力使批评思维与被批评思维相认同为开始，哪怕是在最低的程度上，在非理性的层次上。且看费尔南德斯如何描述他眼中的批

评认同，

> 您生活在这个人身边，每日与他直接过往，（首先）
> 并不从别人那里打听他，就好像他没有家，也没有朋友，
> 您也不问他本人。您让他生活在您身边，您也让自己生活
> 在他身边……关于他您想了很多，不是寻求一些清晰的观
> 念，而是寻求您想到他时通过联想所体验到的种种感
> 情……于是这种认识的深入……就在清晰意识之下表现为
> 一种能力，即模仿他，在他之前就做出他的行动和回答的
> 能力……①

　　总之，对费尔南德斯来说，清晰在他所研究的作者那里绝
不是预先设定好的。他意识到的恰恰相反：在人和作品中有一
种模糊的行为，为了理解它，首先要参与它。如同人们使用一
架尚未调好的望远镜，对于他人的世界最先有的是一个模糊的
"看法"，应该通过调整来使之清晰，而这只有站在所研究的那
个人的视角上才是可能的。但是，这个存在物果真是一个人
吗？赞同他的举措、情绪和行动，不是可能迷失在一种无序
的、非个人的思想的一片混乱之中吗？这是一种各异的活动的
大混乱，其中绝不会露出人的形象。因此在费尔南德斯看来，

---

① 费尔南德斯，《论批评和文学美学》（打字稿，未刊）。

再没有比这种可能性更为严重的了，因为它将使理智不能在其研究对象中发现一种具备可理解性的原则。于是，被研究的作家将完全成为不可设想的、不可批评的。因此，批评思维的一切努力必须有助于使理性原则这一秘密在一个生命或一部作品的混乱中显现出来。这种理性原则引导着它们的生命，同时成为在其周围结晶的人格的基础。批评分析必须指出一个心理统一体的中心。所以，它的使命不单单是与众多无序的倾向相一致，而且还要在置身于这些倾向的纠结之中的同时觉察出使它们结为一体的那个深刻的动机。因此，认同首先是理解和组织的一种手段，费尔南德斯说："文学批评的目的是尽可能地与作品一致，顺应其创造性的运动，在理智的方面模仿其基本的行为。"①

因此，模仿并不会消失在他人的思想或生命之中，而是会在更高的层面上重建那种造成这一思想或生命的统一体的东西。批评家的目的是使存在的模糊运动被代之以一种作为它的理智等价物的明确纲要。

---

① 《论批评和文学美学》（打字稿，未刊）。

六、夏尔·杜波斯

给加布里埃尔·马塞尔

1

杜波斯在一九一七年十一月二十四日的《日记》里写道："实际上，真正的困难是我并不思想——各种思想朝我走来：我的一切都是被给予的……"①

因此，杜波斯在开始时没有个人的思想，没有先在的——或以动力方式，或作为探索原则的——影响随后的思想的思考。在他那里，思想不是由它之前的其他思想形成、产生和驱动的，它不运用某种资本，也不依靠持续的思索状态。杜波斯具有广博的文化和敏锐的智力，然而在这文化以及这智力的运

---

① 杜波斯，《日记选》，第二版，科莱阿出版社，1931年，第84页。

行中却没有什么东西使他形成随时都应该成熟的思想，这看起来很令人惊讶。每一个时刻都独立于其他的时刻，以至于杜波斯的精神生活在结构上与笛卡尔所说的时间并无不同，而笛卡尔所说的时间认为，鉴于时间中每一时刻的独立性，指望任何永恒性和先在性都是徒劳的。为了思考，杜波斯在任何时刻都依赖一种启发、一种精神的馈赠，这些都是在当时并且为了那个当时而给予他的：

> 对我来说，思考仅仅对给定的、它接受的东西产生作用，绝不是自动完成的。①
>
> ……先决的直觉……智力的行为……都是作为被接受的、被给予的东西出现在我的面前，并且日甚一日。②
>
> 问题在于承受他的条件，一种既未请求亦未谋求的条件，就其最强烈、最严格的意义上说，是接受了这个条件。③

这是一种思想的奇特的条件，这种思想时刻需要精神从外

---

① 杜波斯，《日记》，1928 年 5 月 25 日，第 4 卷，第 100 页。
② 同上，1929 年 10 月 14 日，第 5 卷，第 204 页。
③ 杜波斯，《本雅明·龚斯当的伟大和苦难》，科莱阿出版社，1946 年，第 21 页。

部输入和获得，因此，当精神期待未曾被给予的时候，精神就有可能成为一个没有思想的精神，一个注定空洞的精神。这正是杜波斯的出发点，他写道："本质（它决定出发点）在于一种不可分割之物的（经常是无意的）投射之中，而对这种不可分割之物的思考是以后的事。"① 投射之前，一无所有。只有一种思想在也许徒劳地窥伺着启示的到来，这启示使它能够思想。因此，在精神开始发动之前，在一种使它突然间具有意料不到的活力的因素出现之前，只能设想杜波斯在精神上意识到他不能由自己来思想，否则我们就要犯严重的错误。最初的冲动不来，总也不来，于是这思想就只好等待，无限延长地等待，就像青年时代的马拉美为诗才的停滞所苦恼一样。

"我生于十七岁。"——这句小小的名言尽人皆知，在杜波斯的思想中，这句话应该作为一部不曾被写出过的自传的开头语。这句话说的不是教育的某种延误，也不是一个人智力发展的某种迟缓。它提请我们注意，在精神诞生之前有一个先诞生的纯然否定的状态。就这种状态而言，人们所能说的只是一个人被这种状态所苦，他痛苦于尚未诞生，没有思想。"我生于十七岁"，其意思是：我生于十七年的非生之后。如果在某一确定的时刻，这一阶段由于一种被给予的思想、一种不是产生于自己而是来自他人的思想的授精而突然结束（这里是受了约

① 《日记》，1931年6月2日，第6卷，第189页。

瑟夫·巴吕齐的影响，他向他披露了柏格森的哲学），那么就
应该承认这第一次的诞生并未成为一个精神繁殖的阶段的原
点。由于杜波斯在十七岁时第一次诞生，他就将无数次地感到
需要再次诞生。人们知道，二十年后，《日记》和杰出的批评
著作的撰写成为他的一项令人钦佩的坚持不懈的活动，然而在
此之前，他不知有多少次可以对自己说：我还没有诞生，我一
直在等待着诞生。但是，他的诞生并不取决于他，而为了决定
这诞生所做的一切，在他看来只能是有害的，至少是无用的。

　　决定他自己的精神上的诞生，排除一切思想、一切工作、
一切话语，强迫自己思想、写作、说话。在那些无能的、先诞
生的漫长岁月中，这难道不正是怀着一种令人感动的忍耐的杜
波斯试图做过至少一次的事情吗？人们知道，《日记》的开头
是日复一日重抄的几句话；那时候杜波斯只能把这些话写在纸
上，其近乎成癖的重复会使我们想到一种产生于某种神经官能
症的顽念，其实这不过是一个人无望的专注而已，这个人长时
间地得不到思想的馈赠，我指的是创造性的思想，他面对这种
拒绝，苦于得不到不可或缺的帮助，固执地想通过努力加以补
救，而他采用的是最卑微的方法，即用烂熟的几句话的机械转
动来代替他所缺乏的启示；仿佛——"运用诡计以便重新滑进
随便一种活动的过程之中"①——在一页纸的上头或一本新笔

---

① 《日记》，1925 年 5 月 25 日，第 2 卷，第 364 页。

记本的开头重抄几句套话，精神就能给予自己一种神奇的推动，产生新的句子、新的观念，它们相续相连，汩汩不绝，使他从抑郁中解脱出来。

但是这种神奇的推动看来没有效力。对自动诞生的企图终属徒劳。杜波斯知道，并且认了。在他身上，压倒一切的是对来自外部的启示的完全顺从。杜波斯属于这种人，他们通过一种常常是痛苦的经验深知精神只在它愿意的地方和它愿意的时候才能呼吸。因此，他怀着一种特别的亲切感，有时转向某些他感到与他相像的人，例如莫里斯·德·盖兰①或者雅克·里维埃。因为他在他们身上重新发现了被他看作是自己的思想的首要特征的那种东西：意识的被动性之被理解首先不是在它的力量中，而是在它的软弱中。杜波斯也像盖兰和里维埃一样，是一个以体验自己的条件的贫乏为开端的人。他是一种在依附和不足中意识到自己的人。这是一种原始匮乏，我们不应从中看到一种精神的缺陷或者恶习，正相反！一开始，甚至在踏上使他发生转变的道路之前很久，杜波斯就已经知道他不能通过自己来说话，他应该首先让一种他承认高于他声音的声音在他身上说话。首先应该倾听这声音，舍此别无其他。而要好好地听，自己就应该沉默，采取一种完全接受的态度。这种初始的被动性，杜波斯在开始时是本能地实行的，不过他也能在精神

---

① 盖兰（Maurice de Guérin，1810—1839），法国诗人。——译注

大师们那里找到榜样。我们暂且还不要问这种控制了精神的另一种生命是什么性质。让我们首先满足于确认其外在特征，以及它似乎强求接受它的人对一切个人生命的放弃。

　　在杜波斯的《日记》中，有时会有某种精神的觉醒出现在毫无结果的重复后，这得益于此类外部行动，并且决定了自我对赋予它生命的思想的顺从。从一九一一年《日记》的头几个未曾出版过的片段中，人们可以读到这样一段话："这几天，我对勃朗宁想了许多。我还从未感到过这种想赞赏他的冲动，这在一个特殊的时刻把我们置于一位艺术家的控制之下，甚至最终任其摆布。"① 我们知道杜波斯对罗伯特·勃朗宁十分赞赏。在《日记》的这段话中，我们在某种程度上看到了此种感情的诞生。但在这里重要的不是这一点，甚至也不是外来启示以他人思想的行动这种方式表现出来，这种外来启示此后还表现过多次。不，这里有意义的应该是这样一种事实，即阅读思维完全以退让开始，在淹没它的浪潮面前退让。赞赏即顺从。用杜波斯的话说，赞赏的冲动立刻就使他处于占据着他的力量的控制之下。其结果是，在这一值得赞赏的高度理解的时刻，这位未来的批评家的职能似乎只是充当触动他的那种思想的保证人，成为以其活动充实了的那种精神实体的容器。

────────────

① 《日记》，1911 年 12 月 28 日，未刊。

"绝对被动的状态"①，杜波斯最喜欢以此自况了，他似乎在驯顺之中找到了它的等值物，正是怀着这种驯顺，华兹华斯和罗斯金那样的诗人和自然的情人才听命于事物的启发和暗示，好像为了能在最好的条件下接受精神的馈赠——它或者由外部世界给予，或者是由诗人提供的形象给予。开始的时候就不能是行动，而应该是等待，是神秘主义者所说的放弃所有权，是尽可能地顺从启示加于自我的各种冲动，杜波斯写道："这种感情意味着等待，意味着人可以具有一种几乎是持续不断的植物性的生命，同时又是一个随时可用的打开着的容器，意味着事物是被给予的，而并非您去和它们相遇。"②

他在别处写道（他不是可以不仅对诗人，也对批评家、对作为批评家的他自己说同样的话吗?）："诗人接受，说得更确切些，诗人承受。他是个交点，而不是个中心。"他又补充说，"我这里指的是，诗人被事物穿越，more than he originates them③。"

人们知道他为什么喜欢盖兰："四面开放……完全柔顺地

---

① 《日记》，1929 年 10 月 19 日，第 5 卷，第 212 页。
② 同上，1924 年 12 月 15 日，第 1 卷，第 384 页。
③ 同上，1926 年 11 月 7 日，第 3 卷，第 120 页。英文：远甚于他创造了它们。——译注

服从他的让路的天职!"①

　　一种如此完全的被动性应该有的结果是一种相应的精神上的柔韧性。杜波斯的思想与费纳龙的思想相似，即：它也可以具有各种形式，它取用各种存在方式，像水一样没有任何独自的特征——无味、无色、无形、不大有滋味，因此极易与混入的东西认同。然而，在承认它这种对于认同的深刻趋向（这也是它的一种美，是今日源于杜波斯的一切批评的基本特征之一）的同时，应该注意不要过早地对这一观念感到满意，因为它有可能使我们看不到过分的非个人化，杜波斯的思想开始时是有这种倾向的。当人们说一种思想认同于另一种思想时，这通常意味着存在两种同样是充实的思想，各有其特征，彼此相似，并且主动地联系在一起，以至于在两者之间建立起一种运动，一种逐步的接近，其表面渐趋一致，如同水闸两边不同高度的水一样。例如马塞尔·雷蒙的批评思维接近卢梭或波德莱尔的思想，让-皮埃尔·里夏尔的语言变成他进入其感觉世界的诗人们的语言的相似物，就是如此。然而对于夏尔·杜波斯来说，情况却不是这样，至少不完全是这样。他的思想并不被陌生的思想同化，也不为了与之相似而改变自己。否则就仍意味着两种思想之间有某种先决的同一性，它们之间将会产生一

①　杜波斯，《论文学中的精神性》，维吉尔出版社，1930 年第 1 卷，第
　　240 页。

种渗透。其结果是不同的。在杜波斯的思想和他接受的思想之间，并没有真正的相互性。一个是完全主动的，而另一个则是完全被动的。陌生因素的至上性是如此彻底，接受者思想的顺从性是如此完全，从一方到另一方的关系只有一个，即汹涌的海潮和被它淹没的海滩之间的关系。因此，在杜波斯那里，精神诞生的现象、存在的觉醒，总是以同一种面貌开始：一股水流穿越灵魂，并在一段时间内将其作为赋予生命的活动的场所。用杜波斯在一九二二年二月二十二日，即与柏格森的难忘的谈话之后使用的值得记住的表达来说，"这里的人的确是个场所，仅仅是个场所，精神之流从那里经过和穿越"①。

假使杜波斯不是明确地将这一表达与亨利·白瑞蒙②的批判唯灵论联系起来，我们将其来源归于柏格森将不会引起任何异议。他说："是亨利·白瑞蒙引进了流这一用语，他令人赞赏地证明了为什么在这一领域内这个用语是不可缺少的、唯一合适的。"③ 白瑞蒙神甫确曾这样写道："问问我们的经验吧，为此，让我们再一次投身于逝去的水流吧。"④ 不过，柏格森

————————

① 《日记》，1922 年 2 月 22 日，第 1 卷，第 65 页。

② 亨利·白瑞蒙（Henri Bremond，1865—1933），法国文学批评家。——译注

③ 杜波斯，《论文学中的精神性》，维吉尔出版社，1933 年，第 4 卷，第 147 页。

④ 白瑞蒙，《祈祷与诗》，格拉塞出版社，1926 年，第 XIII 页。

与白瑞蒙之间有很大的相似性，毫不奇怪，我们可以看到，杜波斯同时从本源及其主要支流中汲取他的柏格森主义。无论如何，思想之流与存在有别，却又深入并影响着存在，这一观念是深得柏格森之心的。这是关于一种运动的观念，这种运动由不断变化的质的差异构成，可与经历过的时间绵延认同，穿越意识而并不在其中滞留。其结果是，这一思想之流永远也不能像一个人的精神之果或个人财产一样呈现在他的眼前。它是一股永不能被最终占有的生命之源，它来自别处，去往别处，只是穿越它浇灌并赋予生命的田野。

因此，杜波斯确信他不是他所思想的东西的源泉，他只不过是个地方，或用他经常使用的用语，是个场所："人不过是个场所，精神之流从那里经过和穿越……"

是个容器，但不是个封闭的水库；这容器可以比作承水盘，一股活水不停地流过。心灵是穿越心灵的东西的场所。场所这个用语，杜波斯最常用来说明的不是他作为主体的那种精神现象，而是作为这现象的主体的他本人。我，夏尔·杜波斯，我意识到作为发生在我身上的事情的场所的自我。我不是发生在我身上的那事情，我不是猝然来到我身上并且思考着自身的那事情，我甚至不是我自己的思想。我只不过是那个人，他在那儿就是为了思想猝然来到他身上，并且从那儿流过。很难想象对于人类意识还会有一种更为谦卑的观念、更为审慎的关注，这种关注仅仅赋予人类意识以某种本质的被动性。我的精神不是思想的总体，不是思想的创造中心，它仅仅是思想通过的地方。这个关于存在的主观真实的如此谦虚的观念，夏尔·杜波斯有一天在他的一位朋友的文章中发现了最深刻的界定。一九二三年十二月一日，为了确定斯特拉文斯基的贡献以及用音乐的新客观主义来反对舒曼或福雷①的主观主义，波利斯·德·施劳泽②在《音乐评论》中写道，在斯特拉文斯基的音乐中，自我就像"一个经由的场所，真实在其中音乐般地形成"——这句极为深刻的话因其对两位既友好又有分歧的思想家所产生的影响而具有双重的命运。果然，两个月之后，在《新法兰西评论》的一篇题为《文学观念的危机》（1924 年 2月）的著名文章中，雅克·里维埃赞许地引用了包含有施劳泽的这句话的文章，将其正确地解释为对既是文学的又是音乐的新客观主义的定义。施劳泽的思想竭力在运动中抓住作品，而它正是通过运动排除了主观情绪，以便"使事物直接行动"，在里维埃看来，这种思想成了他摆脱多年来成为其心醉神迷的奴隶的那种东西的最稳妥的途径。忘掉自我，这卑劣的经由的场所，从今以后，只看见形成于其中的客观真实，在曾经是主观主义者，但在一九二四年感到失望的里维埃看来，这应该成为未来的文学和音乐的理想。还应补充的是，里维埃对施劳泽

---

① 福雷（Gabriel Fauré, 1845—1924），法国作曲家。——译注
② 施劳泽（Boris de Schlözer），法国当代批评家。——译注

的这种解释没有丝毫歪曲，他只是把作者给予的含义加以扩展——换句话说，里维埃在这种对主观主义的攻击中看到了一种激励，激励他本人成为一个客观主义者。然而，对于杜波斯却绝非如此。他从这种对主观主义的批判中汲取了施劳泽给予人类意识范围的极精密的确定。是的，正如他通过一种不断延续的亲身体验早已知道的那样，意识不是别的，而是一种精神的场所；施劳泽说那是"经由的场所"，他本人也早已写过，那是"思想之流经过的场所"。施劳泽的文章发表后不几天，在他《日记》的 1923 年 12 月 27 日这一页（这一页很重要，我们以后再详细评论）上，杜波斯描述了他深陷其中的一种精神状态，他写道："这是经由的场所的状态，人在其中只不过是个枢纽站，无数内心的火车从那里经过，排成一列。"①

　　现在，我们切勿停留在内心生活诸相的这种多样性上。在拉蒙·费尔南德斯之后，杜波斯用"历历在目的繁多"② 这种奇怪的用语来说明内心生活的诸相。现在我们还是简简单单地记住"经由的场所"这个用语吧，在杜波斯那里，这个用语似乎把柏格森关于流的表达和施劳泽对主体的狭义界定结合起来，作为事物的精神场所。不过，许多类似的表达直接出自杜波斯的笔下。有一篇关于柏格森的文章（勿将其与 1922 年 2

---

① 《日记》，1923 年 12 月 27 日，第 1 卷，第 399 页。
② 同上。

月 22 日的那一篇相混），发表于鸽子出版社的《文选》中，人们在文中看到这样一句话："这里唯一的精神是心灵，这股精神之流（过而不停），其人只不过是个场所，这场所应该变成一座庙宇。"①

同样，在 1925 年 4 月 1 日的日记中，人们可以看到："我不再是一个人了，而是我的状态的场所。"

他在另一个地方说："我只是他人生命的容器了。"②

诺瓦利斯说万物中最好的是 Stimmung③，杜波斯引用此言，表示赞同，并且补充说："他说得完全正确，Stimmung 吞没了我们，我们成了它的场所及猎物。"④

成为一种思想的场所和猎物，而这思想从我们身上冒出来，一下子并且想多久就多久地把我们变成它的巡回运动的场所。实际上，在杜波斯看来，这即使不是批评活动本身的目的和全部，至少也是其原则和出发点。我是一位批评家，或者谦虚点儿说，一位读者，我开始时是让吞没我并为我所接受的那

---

① 杜波斯，《文选》，鸽子出版社，1959 年，第 60 页。——参见《日记》，第 5 卷，第 44 页："经由的场所，这一概念很重要，因为神圣之流从此经过。"又见《论精神》，维吉尔出版社，1930 年，第 1 卷，第 237 页："成为这样的场所。精神之流择此而通过。"

② 《日记》，1925 年 4 月 1 日，第 2 卷，第 355 页。

③ 德文：情境、氛围、情绪等义。——译注

④ 《关于诺瓦利斯的讲稿》，《夏尔·杜波斯专集》，第 7 卷，第 8 页。

种思想在我身上重现。这一现实在我的无知无识中出现。在杜波斯那里，再没有比这种对他人思想的最初的内向化更为动人的了，这种内向化在一种精神的赞同中完成，而在这种赞同中，不仅有一种无限的接受理智，而且还有根据被如此体验的那种思想脉搏、心律、最微妙的有机变化来生活的能力。没有人曾在一种非己的内心中更巧妙、更驯服、更准确地生活过："在一种亲密中生活，仿佛与某些伟大的死者拥抱；最得我心。"[1] "总是为他人设身处地，不仅是看，而且尽可能像他那样思想和感觉。"[2] 最后，他谈及加布里埃尔·马塞尔，他的最亲密的朋友之一，他想就他写一本书；"他仿佛坐在椅子上，面对着我，在说话，我立刻进入他所说的东西之中"[3]。

因此，从外到内，从所观照之人的外在感知他内心生活的经验，在杜波斯那里是没有任何过渡的。可以说，内化是一下子完成的。在外者立刻变成了在内者，处于自己的界限之内者立刻进入一个不同的精神现实之内，似乎对于他人的接近、一个意识与另一个意识的认同，都不是通过一种出与入的运动来进行的，如同人们从一座房子进入另一座房子不是经由街道，而是直接滑进去。批评思维感到在任何时候都不需要克服某种

---

[1] 《日记》，1924年9月25日，第2卷，第160页。

[2] 同上，1922年2月22日，第1卷，第68页。

[3] 同上，1929年3月6日，第5卷，第66页。

障碍、除掉某种外壳才能到达内心生活的中心，而是，它从一开始就正是像物体趋向重心一样地趋向这个中心的。所以，尽管杜波斯为他的论文集选用的题目是《接近》，其实很少有更容易被误解的用语了，因为没有什么东西比外在的接近更不像杜波斯的批评，而主体正是经由这种外在的近似从肉体上接近其对象。这不是杜波斯的批评，这是里维埃的批评，尤其是早期的里维埃，一九一一年发表《研究集》的里维埃，这种批评让人想到一种对表面进行犹豫不决的探索的形象。里维埃的批评是一种盲人的认识，依赖于一种通过触觉进行的摸索而接近。然而杜波斯恰好相反。从一开始，被给予他的就是研究对象的内心生活。于是他被神秘地带到界限的另一侧，其结果是人与人相互张起他们的外表这一屏幕。并不是说，在他和他厕身其中的那个新的精神场所之间有如此巨大的相似性、有如此顺利的通行，就可以说认同事先就完成了，不是，正如我们看到的那样，杜波斯的接近不是一种认同。这毋宁说是一种替代。一切都仿佛是杜波斯被授权享用他的灵魂之外的另一个灵魂。他在它内部前进、深入、一步步接近一个中心，其性质与他最先发现的那个外围地区并无不同。杜波斯就这样地接近，继续进行这样一种接近，其全部路线完全存在于一个人的内心之中，似乎这个人的思想已经完全地代替了他的思想。

　　接近、认同、替代……这样说就够了吗？出现在杜波斯的批评中的这种几乎不可言喻的事情与牺牲具有同样的性质，这种种的牺牲都意味着放弃，不仅放弃拥有，也放弃存在的一种基本品质，即在另一个我面前抹去我，在精神上认可一种陌生的精神前来居住。阅读一篇杜波斯的文章，首先就是只意识到这个次生的存在，它占据全部地盘，一切活动都归于它。然而几乎是同时，这也是在小调上，也可以说是悄悄地感知到批评意识本身的在场，这种批评意识已经化为对展开在它身上的陌生的精神生活的纯粹接受。这是对另一个意识的意识，是陌生的生活之流的场所，是一种被动性，其中有一种不可预料的活动在异化中进行。其结果是，阅读一篇杜波斯的文章，就是仿佛由于透明性的作用而感知到一种双重的内在性——进行启发和给予的那个人的内在性，以及静止和接受的那个人的内在性。不过，描述这样一种现象，很难不歪曲其准确的含义。因为这里说的绝对不是像自恋那样，将自我分为主体和对象。相反，难以设想却恰恰是杜波斯的《接近》中每一篇文章都证明了的那种精神事件的本质，它正是一种性质的两重性的表现，组成这种两重性的两种成分不断地在我们眼前作为纯粹主观的现实而显露出来。一颗心灵在另一颗心灵的透明中感知到自身。一颗心灵利用另一颗心灵，将其变为水晶的居所，它让人看到它在其中思想、感觉、梦幻。他人的自我被呈现给我们，不是作为思想对象，而是作为它所思想的那个东西的主体，不过，这一切都发生在另一个思想的延伸和深化之中，这另一个思想是作为这一主体的主体而存在于此的。这种状况几乎不可能加以描述，更难以设想，但对杜波斯来说，这正是批评思维的最佳状况。就仿佛是在它的灵魂的后方，远离自我却仍然是自我，人们发现了另一个自我，并非不那么深切地意识到自己的存在，然而却是在与有意识的生活不同的层次上，于是在这两个自我之间，在这两种同样的却并非同样深刻的内在的自我感觉方式之间，出现了关系，传播了启示，实现了精神对精神的美妙的开放。

然而，这种关系不可避免地意味着在给予者和接受者之间有一种特殊的区别，有一种上与下的联系。这又是杜波斯的批评的情况。如果说他的批评从本质上说是一种钦佩和颂扬的批评，那并不是因为它表现为对某个美的东西的外在的赞颂。这里丝毫也没有对一种被认为值得颂扬的东西从外部进行的那种恭维的评断。相反，杜波斯的批评仿佛是一曲感激的轻吟。他的每一篇研究文章都事先就处于对一种信息的默默地接受的控制之下。一切都仿佛是，在给予者的思想与被承认为受益者的精神之间所进行的对话具有一种完全特别的性质，尽可能地接近内心独白，其中，在要求与回答的悄悄的往返中，最重要的是呈露出来和被给予的东西。因此，把这种批评及其产生的这种关系与（杜波斯如此钟爱的）奥古斯丁①的《独白》，甚至

① 奥古斯丁（354—430），罗马帝国基督教思想家，主要著作有《独白》《忏悔录》《上帝之城》等。

与《模仿基督》①相比，并无任何不当：这些著作当然在目标上无限地超过了任何批评，然而它们很像杜波斯所进行的这类批评，因为人们在书中恰好发现，在同一种活动里，有一个人给予，而另一个人承认给予了他。

这种联系在某种意义上说是垂直的，它包含着双重的存在，即给者和受者，上者一直降至下者，但是这种联系并不以艺术家和批评家之间的人际关系——或者用加布里埃尔·马塞尔的话说，主体间的关系——这样的形式单单出现于杜波斯的批评中。它还以一种联系的面貌存在于杜波斯和杜波斯之间，存在于我和我之间。的确，在我们谈到的这个人身上，生命的涌现是带着令人赞赏的后果完成的，它的存在常常使它不再作为某种外在影响的产物出现，而是成了某个高层的、先在的我在低层的、现时的我中的表现，两者相互认同。仿佛一个人内心中两个不同层次的意识和精神突然间开始沟通，或更确切、更简单地说，仿佛精神具有了这种特殊的可能性，即发现存在于它之中而它通常只知道其外壳的那种深刻性，至少是部分地发现。这种暴露，就是同时暴露为一及其复本，一是在其灵魂的单纯之中，复本是在自我的最底层与沟通不完善的偏僻区域之间的对立之中。当然，这第二区域不应混同于无意识。它更多地与基督教思想家所说的灵魂之底或灵魂之中心相应，他们

---

① 公元 5 世纪的一本指导内心生活的宗教图书。——译注

有时候强调这样一种事实，即我们永远也不能完全认识我们自身的这个灵魂之底，所以我们不能直接认识我们的本质。但是，如果说我们的自身与自身之间存在这种无知，或至少剥夺了这种联系，我们的存在的这两个部分仍然可以进行一种真正的内心的对话。而这恰恰是不断地发生在杜波斯身上的事情，在他的批评思维和呈露在他身上的诗人或艺术家的思想之间所进行的对话用的是同一种词语。在他的《日记》中，我们自始至终都看到自我与自我的对话，而其形式则是给者与受者之间的对话。

在开头引述的那篇关于柏格森的文章中，哲学家其人被界定为他的思想流所流经的场所，杜波斯已然做出了这种基本的分别："柏格森身上发生的奇迹，就某种意义上说，是他身上的一切都出自深层的我，他一直与这深层的我保持着最稳定、最密切的接触……"① 在《日记》（1922 年 2 月 22 日）的一段中他重申这一点，说的还是柏格森："在个别的我的一切偶然的特征之外，是纯粹状态下的深层的我控制了他。"② 这种杜波斯在柏格森身上认出的东西，杜波斯也立刻并且反复地在自己身上认出来了：

---

① 杜波斯，《文选》，第 60 页。
② 杜波斯，《日记》，1922 年 2 月 22 日，第 1 卷，第 65 页。

随着我的经验逐渐明确，甚至将自我的多样化这一问题抛在一边，我越来越感觉到，在自我的内心中，我们总是至少有两个……这里最明显的是最无特征的，最隐蔽的却是最个人的，这里我说的不是外界最可认出的、最可个体化的东西，但是那个突然冒出来的人（他一出现，另一个人就隐退）立刻就消失了，仿佛他感觉到他在这里只是为了填补空白和代理空缺，他真正的作用应该限于驯服地让路。[①]

杜波斯在别的地方引述圣奥古斯丁的话："我长久地思索，自己和自己说话，奥古斯丁和奥古斯丁说话。"他的评论如下：

就这样，真正的内心的对话开始了。如果一切都从我这个人出发，首先需要反思的是这个人，那么，下一步就要以我这个人的分身为基础……这是一种精神的分身，其中，在单纯的心理的区域那边，也在非个人的意识的区域那边，有两个奥古斯丁在进行内心的对话，一个奥古斯丁的我在时间中经历他的具体的绵延，发现另一个整体的奥古斯丁包围了他，超越了他，对它来说是完全无法估量的。

---

① 杜波斯，《日记》，1925 年 6 月 2 日，第 2 卷，第 375 页。

谈及这个超越的、无法估量的我，杜波斯继续说：

> 这另一个恰恰是奥古斯丁的灵魂，这灵魂绝不是非个
> 人的，而是个人的，独一无二的，internum aeternum，这
> 种内在于我们自身的真实是我们身上的永恒的真实。[1]

到了这种程度，杜波斯就对他同时经验到的东西具有了充分的意识。因为他是被动地、纯粹接受地、完全顺从地承受作用于他的东西，并且认为它来自一个无限高于他本人的源泉，所以他就被迫承认，作用于他的东西正是他自己，超越他的东西并非他本人以外的另一个人。他被超越、被包围，他同时又是那个超越他、包围他的人。所以，包围不是一种超过，超越也不是一种排除。在他之外或在他之上，他感知到的东西仍旧是他自己。在接受馈赠的时候，接受者只不过是用他自己的手在接受罢了。

尽管有时馈赠似乎是另一个人给予的，情况也总是这样。从这个观点看，奥古斯丁或帕斯卡，华兹华斯或佩特[2]，诺瓦

---

[1]　杜波斯，《接近》，第3卷，第210页。

[2]　佩特（Walter Horation Peter，1839—1894），英国批评家。——译注

利斯或霍夫曼斯塔尔[①]，都不过是些中间人，我与我之间的中间人。他们袒露出灵魂，将本质的两重性告诉读者，而精神正是通过这种两重性才进入自己的深处的，他们因此指出了一条道路，内心的道路。一方面，批评家在阅读时发现并且让我们也发现的，正是一种独特的本质，即奥古斯丁或帕斯卡、华兹华斯或佩特、诺瓦利斯或霍夫曼斯塔尔的本质。由此，批评家成为他人的场所，他人的灵魂在其中向我们敞开。另一方面，奥古斯丁或帕斯卡、华兹华斯或佩特、诺瓦利斯或霍夫曼斯塔尔告诉给阅读他们的人的，是整个内心生活的根本格局，因为无论其主体是谁，这种内心生活总是双重的，总是被分成两部分，一部分是接受的、被动的，一部分是自我，它超越和包围了前者。

在杜波斯身上，同时处于内心的我之中和之上的这种高级的成分不断地被呈露出来：

> 我痛切地感到，我的最好的部分在我之上掠过，这种感觉我太清楚了。[②]

---

① 霍夫曼斯塔尔（Hugo von Hofmannsthal, 1874—1929），奥地利诗人，剧作家。——译注

② 《日记》，1928 年 9 月 1 日，第 4 卷，第 187 页。另见第 3 卷 291 页，第 5 卷 154 页，第 6 卷 45 页，尤其是《与安德烈·纪德的谈话》，科莱亚版，第 335 页。

人在其内心中超赴自我……即时，内省就处于远远高于纯粹心理和单纯心理意识的层次上：它在其上掠过。①

杜波斯在济慈身上就觉察到这种姑且称为"两层"的精神生活：

济慈的全部伟大在于这样一种事实：在他的短暂的人间旅途的每一时刻，无论诗是多么伟大，但与诗完全同时的书信更为伟大，我是说，他的书信向我们表明，作为人的济慈总是轻轻掠过作为天才的济慈，就后者来说，前者处在一种超越的位置上。②

对于画家华托③，亦是如此，

华托怀着一种同样自豪的谦卑，掠过华托的世界。④

在运动的尽头，出现在远处的，不再仅仅是尘世的我了，

①　《日记》，1931 年 6 月 2 日，第 6 卷，第 190 页。
②　同上，1931 年 10 月 21 日，第 7 卷，第 74 页。
③　华托（Antoine Watteau，1684—1721），法国画家。——译注
④　《文选》，第 190 页。

而是一种生活的原则，它无限地高于自我，却又依然是自我。
这就是杜波斯在这里所说的自豪的谦卑的道理：发现了本质的
同一，即俯察自己内心深度的那个人和他在其中发现的那个超
越的形象之间的同一。被包围、被掠过，然而是被自己包围、
被自己掠过，也许在这种秘密的同一意识中，就存在着杜波斯
所说的自我借以"重返它自己的广阔"① 的那种经验。

2

重返它自己的广阔，这是什么意思？对于杜波斯来说，这
是一个根本的问题，不仅他的全部著作，而且他的整整一生都
试图对此做出回答。不过，在力图寻出答案之前，也许更应考
察一下这位行进中的调查者遇到或承受过的危险、松懈和失
败，因为纯粹主体性的生命是最难跟随的。

第一个危险就是杜波斯所说的"展示出来的繁多"②。这
是拉蒙·费尔南德斯的用语。它所针对的是被动认识常是中性
的、非个人化的这一特征，以及这样一种事实：由于没有特

---

① 《日记》，1927 年 1 月 29 日，第 3 卷，第 155 页。

② 《日记》，1923 年 12 月 27 日，第 1 卷，第 339 页。又见《接近》，第 5 卷，
　　第 175—176 页。杜波斯在《情感教育》的主人公身上认出的就是这种
　　"展示出来的多样性"的状态，其灵魂只是"他的感情的场所"，而不是精
　　神之流的场所（《日记》，第 1 卷，第 287 页）。

征，完全信赖这种认识的人有可能成为千百种等值经验的主体，看到大量异质的精神活动无区别地在他身上交叉。于是，深层的自我在其面前呈露的那个有意识的、被动的自我就不再作为全部这种复杂的深度借以剥露的工具而出现了。自我在它记录下来的东西面前隐退了。马塞尔·普鲁斯特在杜波斯经常参考的一篇文章中表明了这一点。作家在他发现的内心真实面前隐退，他对自己的存在所作的牺牲，只有这样才能得到解释，即，用普鲁斯特的话说，在作家看来，这种存在本身只有一种价值，就是"一种于实验不可缺少的工具对于物理学家所具有的"[①] 那种价值。这是一种科学的观念，其后果是将有意识的自我的作用简化为简单的认识手段，将深层的自我简化为现象的复合，而重要的是抽出其规律。最好的是，内心生活被仅仅归结为一些可以理解的精神事实的繁多。最坏的则是，在没有反应的意识不得不成为精神生活的千百次进攻的目标的时候，什么也不如精神现象的同时爆发更容易感知，它们全都要求注意力的全部以及它们表现于其中的意识域的全部。于是，这意识域看起来就极度地、不可容忍地拥挤。这就是杜波斯在其《日记》的一个重要段落中描述过的状态。我们已经引证并

----

① 《仿作及其他》，第109页。在《日记》（第2卷，第240页）中杜波斯谈到"普鲁斯特强化了我们许多人具有的这种习惯，即把自己看作是某些经验的场所"。

评论过其中一句特别能说明问题的话，现在我们需要读一读全文：

> 十点半。自昨天下午以来一直是这种我最害怕的状态：没有丝毫的工作欲望，并且伴之以精神平静的半活动状态。这正是费尔南德斯在关于普鲁斯特的论文中所界定的、所展示出来的繁多状态……这是经由的场所的状态，人在其中只不过是个枢纽站，无数内心的列车从那里经过，排成一列；在这种状态中，我们每个人的生命这一概念被看作是一种简单的被借出之物，某种比这生命更大的东西的工具——普鲁斯特在谈及罗斯金时比任何人都更好地建立了这一概念，再说他还是从罗斯金那儿继承了这个概念呢——它已经退化到仅仅是一个场所了，其中任何等级都已被抛弃，在一种完全一律的层面上，被记录在案的已不是那种可以具有神性的活力了，而是现象连续的纯粹偶然性。①

为了理解这段文字的全部意义，应该把它和拉蒙·费尔南德斯的那篇谈到"展示出来的繁多"的文章联系起来，就像杜波斯本人做过的那样。这是一篇论《感情的保障和心灵的间

----

① 《日记》，1923 年 12 月 27 日，第 1 卷，第 399—400 页。

歌》的文章，费尔南德斯恰恰是将其题赠给杜波斯的。[1] 费尔
南德斯谈到普鲁斯特的感性经验，它们是既互相排斥，又互相
重叠的繁多片段。这正是杜波斯用形象表达的东西：内心的列
车鱼贯而过的枢纽站，或者是挤满了来自不同方向的车辆的十
字路口。因此，思想很难不因淹没它的东西过量而陷于瘫痪。
他成为一个被阻塞的精神场所，这是杜波斯经常描述的一种
现象：

> 我仍然是如此多的东西的交汇场所，这些东西我无论
> 以何种方式工作都追赶不上。[2]
> 我更成了一堆彼此抵消的内心需要的场所。[3]
> 我是许多矛盾的一个极好的聚会点。[4]

经由的场所变成了阻塞的场所。专心于观念的人自己陷于
这些观念的使人瘫痪的聚合之中。他没有成为"经由的场所"，
而是成为非经由的场所，观念之流注定要在那里被隔断。

但是也有相反的情况。谁要是受制于精神生活之流的繁

---

[1]　《信息》，新法兰西评论版，1926 年，第 152—168 页。
[2]　《日记》，1925 年 4 月 25 日，第 2 卷，第 354 页。
[3]　同上，1924 年 5 月 10 日，第 2 卷，第 119 页。
[4]　同上，1928 年 1 月 23 日，第 4 卷，第 25 页。

多，谁就倾向于从一种经验滑向另一种经验，每时每刻都成为一种旋即被代替的经验的处所。于是，精神的被动性就成了一种根本的中止的原则。人成了一种再没有任何个人性的多样性的场所。他经受了一种无名的运动，看到了一系列连续的启示。

例如，雪莱就是这种情况。

的确，这位诗人的某些诗句向我们显露了"雪莱在流的作用下的绝对被动的状态，同时还有流的间歇在他身上引起的忧伤，以及流在涌现出来时他的性格的不确定的可变性"①。

然而这尤其是杜波斯在感知到自我时的情况：

> 我总是作为各种起伏和骚动的场所出现，所有其他人都跟着我。②

> 我真是对我内心状态的中断充满了恐惧。拉布吕耶尔③说："他自己跟着自己。"对我来说，这句话变得越来越可怕地真实。④

> 我身上几乎没有什么角落（包括最阴暗的）我没有找

---

① 《日记》，1929 年 10 月 19 日，第 5 卷，第 212 页。
② 同上，1935 年 9 月 18 日，第 9 卷，第 82 页。
③ 拉布吕耶尔（Jean de La Bruyère，1645—1696），法国作家。——译注
④ 《日记》，1923 年 12 月 31 日，第 1 卷，第 403 页。

到过、探索过；但结果是，我面对着许多破碎的个性，不
管我愿意与否，我得出结论：我不再是一个人了，而是我
的状态的场所。[①]

这样，一个人同意只作为他的思想的经由的场所，就应该
甘心只作为他的思想经由的诸连续状态的场所。似乎这些思想
解体了，不再像柏格森希望的那样形成一条持续的流，将其质
的单位洒在意识的每一个时刻上。现在，作为经由的场所的意
识变成了非个人的场所，其中记录着在思想中通过的全部存在
的雏形的出现和消失。于是，由经由场所的状态所证实的精神
之相续的成分从根本上分裂了。与在空间中展示出来的繁多相
应的，是一种更糟的繁多，时间中的碎块，感性生活的粉末，
其不可称量的成分如空中之烟四散飞扬。

发生在杜波斯身上的这种现象不仅暴露出他在给予自己的
思想以某种统一性时所感到的巨大困难，而且也成为他的批评
家使命的一种极端的，甚至歪曲的表现。

因为对杜波斯来说，做一个批评家，就是放弃自我，接受
他人的自我，接受一系列他人的"自我"。只有这样的人才能
成为批评家，他向一连串的人不断地让出位置，而其中的每一
个人都强加于他一种新的存在。批评家不再是一个人了，而是

---

① 《日记》，1925 年 4 月 1 日，第 2 卷，第 335 页。

许多人的连续存在。极而言之，甚至不再有这一长列相接相续
的精神状态了，有的只是一种转移，它们循此一个接一个地消
失。批评家在经由时甚至无暇去赞同某个确定的个人。他变成
了一个变色龙一样的人，反复无常的人。他没有自己的本性。
他只是一个场所，一张张面孔由此通过，没有一张停留、稳定
下来：

> 由于同情地理解各种各样的性格，我终于失去了我自
> 己的性格。我越来越感到惊讶，我居然那么容易地从一个
> 人过渡到另一个人。[1]

到了这种程度，作为经由的场所的批评思维就变成了一种
绝对的流动性的深处的一个稳定的中心。有时候，杜波斯像阿
米尔[2]一样，在精神的外围旋转和它的固定中心之间，产生出
一种奇怪的对立，其主体具有最高程度的意识。他成了一个看
见流流过却并不参与进去的人：

> 我看见了一种绵延向前伸展，但我对它无能为力；然

------

① 《写在阿米尔的一本书上的批语》，载《夏·杜波斯专集》，第 8 卷，第
44 页。

② 阿米尔（Henri F. Amiel，1821—1881），瑞士法语作家。——译注

而这绵延在我身上，是我的绵延，就好像它在我身旁流过，与我平行……①

　　……这样的印象：眼看着生命在身旁流过，却总也不能投身其中。②

　　与自身分离的生命，在日益增长的不关心中绵延在外围流过，但是，在中心，精神却越来越严酷地意识到它的无力。他是这样一个人，眼睁睁地看着流过了各种流，活跃着其他人的生命，而他自己却了无生气：

　　　　我坐着，在这圆的中心，无所事事。③
　　　　我失去了对任何存在的感觉。④
　　　　由于相互矛盾的归属，我失去了一切具有个性的轮廓。⑤

　　最后，这种梦游者的笔记，与本雅明·贡斯当的《日记》中的许多段落如此相近的梦游者的笔记，使我们明白是何种深

---

① 《日记选》，第 70 页。
② 《日记》，1920 年 8 月 31 日，《日记选》，第 119 页。
③ 同上，1925 年 10 月 14 日，第 2 卷，第 386 页。
④ 同上，1923 年 7 月 31 日，第 1 卷，第 319 页。
⑤ 同上，1927 年 4 月 21 日，第 3 卷，第 224 页。

刻的原因使杜波斯对这位难兄难弟充满了宽容：

……印象：已经死了，却继续做着生命的动作。[1]

3

杜波斯从由于没有任何思想而造成的瘫痪出发，达到了由于思想的过量和拥挤而造成的另一种瘫痪。因此，他不断地出现低落，出现创作活动正值顶点时的突然中断。意识从某种惊愕中出来，又总是可能返回到这种惊愕中去。

然而，绝不应该把杜波斯的冒险想象为精神瘫痪的一种或快或慢的进程。实际上正相反。如果杜波斯的思想不断地受到迟钝的窥伺，正如我们看到的那样，那无疑是因为他的初始原则是被动性的。他的思想始于依赖一种超越它的活动，而这活动在超越它的同时，有时拒绝它，有时带着一种令人困惑的丰富向它敞开。然而，如果说杜波斯的精神不可避免地以等待和依赖开始，却没有什么东西强迫它无限延长这种纯粹被动的态度。务必理解这一点！在这里，绝不是这种相当普遍的情况，一个想要走出麻木状态的人需要一种最初的推动。我们知道有

---

[1] 《日记》，1930年1月16日，第6卷，第19页。

多少人为了行动起来而利用这样一种启发或矛盾！最为经常的是，他们一冲出去就忘了这最初的轻微推动。他们的被动只是最初的状态，随即就被一种只取决于他们自己的独特活动所取代。

　　杜波斯的情况则不是这样。他对于精神援助的依赖是种基本的东西，因此也是一种经常的东西。无论他处于什么样的精神方式之中，他开始时总是与他所依赖的那种流有联系。但是另一方面，这丝毫不妨碍他最初的被动性随时都有可能变成一种次生活动，不妨碍他作为被动主体的那种行动在他身上引起一种反应。这不是说"反应"这个用语在这里意味着抛弃或改变影响着思想的东西。正相反！一切都仿佛是在高层次活动（它在这种时刻控制了灵魂）的后面跟随着，不，增加了一种次生活动，一种灵魂的合作，这种合作与唤醒和激励它的那种东西是不同的。所以，认为杜波斯的批评满足于让别人的思想借它来说话，这将是非常错误的。因为，如果说在杜波斯那里，一切都以冒出陌生的话语为开始，那么紧接着又是另一种话语，同样急于让人听见，而这毫无疑问是杜波斯的声音。他常说："我不是批评家，我是解释者。"① 解释者，这肯定是就这个词的最谦卑的意义来说的，他是委托于他的那种思想的普

————————

① 　见玛丽-安娜·古希埃德报道，《夏尔·杜波斯》，弗兰版，1951 年，第77 页。

通代表，然而他也给予"解释者"这个词以赞扬和恭维的色彩，因为解释者与他所解释的那个人具有同等的艺术家之名，他是次一级的创造者，是新的发现的源泉。杜波斯对此有最清晰的意识。他喜欢重复奥斯卡·王尔德的这句话："批评是创造中的创造。"① 他在一九二二年给贝尔纳·勃朗松的一封信中写道："对我来说，批评是某种创造性活动的通道。"②

　　如我们所见，这种创造性活动的根源就是杜波斯所批评的那种个人的创造性活动本身，它不过是被批评家在其出发点上重新把握住罢了。对于杜波斯来说，问题绝不在评断或解释结果，而在回溯到巴尔扎克所说的原因世界，置身于动机之中，并且据此来调整其举措。因此，在批评著作中，一切都要从被批评的那部著作所开始的地方和条件开始。事实上，行动原则、最初的视角、根本的经验、这些作者的原材料均变成了批评者的原材料，倘若不参考这些东西，如何能从内部贴近一部著作和一种思想的全部方式呢？杜波斯稳定的实践及批评的根据就在其中。这是因为，如果他的批评要成为诗人或艺术家的精神旅程在批评者精神中自发式的重新开始，那么这种再创造只能在这样一种条件下发生于次生的思想之中：一切都从头开

① 《日记》，1931 年 2 月 16 日，第 6 卷，第 101 页；1931 年 5 月 4 日，第 6 卷，第 146 页。

② 勃朗松档案，维拉·伊·塔蒂，佛罗伦萨。

始，不是从重建外部判断开始，而是从延续创造行为开始。所以，对杜波斯来说，每一批评研究的基本任务都是重新开始一次冲动、重新发现一个出发点。这是一条研究方法的绝对准则。

让我们举几个例子：

如果可以这样表达的话，福楼拜是从否定之实证性出发的。感觉的重力，以及这种重力产生的吸收作用，我觉得这就是他的"常数"。①

这就是布尔热②的恒定的出发点：他对精神有一种天生的感情；他从这种精神出发，直到他一向的努力又使他回到那里去。③

在这种艺术（德加④的艺术）的开端，人们总是发现同一种品质：活力。⑤

对贡斯当来说，最初的材料总是生活，这是根本的方面……⑥

---

① 《接近》，第 1 卷，第 162 页。
② 布尔热（Paul Bourget，1852—1935），法国作家，批评家。——译注
③ 《接近》，第 1 卷，第 247 页。
④ 德加（Edgar Degas，1834—1917），法国画家。——译注
⑤ 《接近》，第 2 卷，第 28 页。
⑥ 《接近》，第 6 卷，第 168 页。

> 托尔斯泰的作品是被给予的、被最神秘地给予的作品的典型。[1]

> 总是存在于表达中的一种爆炸力，就是这种东西赋予帕斯卡尔的语言一种即时的特性，这种特性在各种地方都组成了他的天才的原材料。[2]

这只是几个例子，还可以举出许多。我们看到，批评上的"出发点"这一概念并非一个新近才出现的概念，孕育它的全部荣誉应该归于杜波斯。我们也看到，在杜波斯的语言中，这一概念是可以与原材料或直接材料混同的。

在杜波斯看来，参照一种思想的出发点就是参照这样一个点，其中变得可见的东西，不是思想拥有或产生的东西，而是它接受的东西。我们看到，对杜波斯来说，任何思想都以某种精神现实冲进它之中为发端，它必须首先接纳这种精神现实，然后将其作为自己的发展的实在的中心。对于艺术家的思想来说是真实的东西，对于批评家的思想也会是真实的。理解雪莱或勃朗宁，波德莱尔或肖松[3]，就是使自己处于接受的状态，在这种状态中，精神在降临到我们身上、给我们带来它的财富

---

[1] 《接近》，第4卷，第51页。

[2] 《接近》，第2卷，第8页。

[3] 肖松（Ernest Chausson，1855—1899），法国作曲家。——译注

的同时，也给予我们，仅仅给予我们它曾经给予雪莱、勃朗宁、波德莱尔和肖松的东西，也就是说，他们的天才所特有的材料。

出发点就是最初的材料。它也是中心的视点，结构的原则："一切都绕其转动的接合点"① "道路辐辏的圆形广场"② "直线开始辐射的点，在这个点中，它们又在作者的视野和我们的视野中重组"③。

这些话散见于讨论加布里埃尔·马塞尔、华兹华斯、亨利·詹姆斯的不同文章中。让我们再加上这样一句话："我们站在圆形广场上，纪德的几乎全部的特点都汇聚于此，并且互相说明。"④ 无须说出这句话出自何处！

而如果我们现在想要辨识出什么是夏尔·杜波斯的圆形广场、出发点、基本的初始性，我们可以立刻就在从一开始就构成我们关心的对象的那种东西上认出来，即直觉地确信精神生活在两个层面的垂直关系中构成：一种超越的活动被传送到或者将其财富部分地给予一种被动性，这种被动性首先是专注

① 《加布里埃尔·马塞尔》，金芦苇出版社：诗文集，普隆版，1931年，第102页。
② 杜波斯，《论文学中的精神性》，维吉尔出版社，1931年，第4卷，第152页。
③ 《论亨利·詹姆斯》，载《夏·杜波斯专集》，第1卷，第25页。
④ 《与安德烈·纪德对话》，第300页。

的、驯服的，但它随后就获得了兴奋和再创造的无穷尽的理由。一切都始于一种馈赠（或者材料）。精神一旦接受了馈赠，抓住了材料，它就开始行动，进行它自己的创造。

当然，这精神首先是艺术家的精神，是诗人的精神。但它也是这样一个人的精神：他也发现了同一个出发点，并将其作为跳板来进行自己的创造。实际上，在杜波斯给予这个词的确切意义上说，没有什么批评比夏尔·杜波斯的批评更为激昂：

> 对我来说，兴奋是什么意思？它是什么东西的标记？它看起来影射着什么？这种次生现实（我一直这样说）——这种生命叠加在与它平行的另一生命之上，似乎又不受其约束……①
>
> 追寻另一种生命，追寻一种次生现实，我们总是就要达到了……②
>
> 考虑到兴奋所包含的不可避免的消逝，我总是将其设想为更好地生活的跳板……③

这样，兴奋的唯一目的就是将接受者带到给予者所处的那

---

① 《日记》，1923 年 4 月 24 日，第 1 卷，第 264 页。
② 《接近》，第 1 卷，第 66 页。
③ 《日记》，1928 年 8 月 2 日，第 4 卷，第 157 页。

个层面上。

提高或为批评思维的行为本身。批评，就是使自身提高。是借助自己的激动把自己带到参与其思想的那些人所处的层面上去，更有甚者，是通过一种类似的运动上升，在精神空间中做着相似的动作，创造相同的形象，产生新的然而是类似的思想观念，说着一种与他们的语言不完全一样然而是等值的语言。

在杜波斯的批评兴奋这种现象中，最为惊人的是创造性的迸射，一种如此有力、如此多产的迸射，令其主体都感到惊讶，他惊愕地发现他的面前是——让我引述他自己的话——"反作用力，个人的应答和半创造性的力量，由于这种力量，精神成熟了，它进来了，跳跃着，面对任何文本……"①

他在另一个地方写道："我的精神一旦朝着一个给定的主体运动，它就感到一种猛冲过去的需要……"② "猛冲，像一匹脱缰的马一样往前冲"③："我不停顿地飞速前进"④。因此，杜波斯要强制自己遵循正常前进的节奏就极其困难。在他身上，思想的迸射和跳跃倾向于迅速蔓延为一片野草，它如此茂

---

① 《日记》，1931 年 11 月 20 日，第 7 卷，第 110 页。
② 《日记》，1923 年 6 月 25 日，第 1 卷，第 310 页。
③ 《日记》，1923 年 10 月 20 日，第 1 卷，第 336 页。
④ 《日记》，1925 年 2 月 20 日，第 2 卷，第 309 页。

密，生长地如此迅速，以至于不可能使表达的快捷和丰富跟上经验的快捷和丰富。因此就有了一种延迟，也很快就有了一种不可避免的语言的失败。说到这种神奇的内心丰富，杜波斯称为"登顶，一切都从那里成束地迸射出来"[1]。这是一种过量的状态，精神有被创造和发现的丰富本身阻塞的危险。这就是杜波斯本人所说的"不可枯竭之物的祸患"[2]。

在杜波斯那里，这种祸患有时威胁到批评著作的布局及表达。于是，作品并不凝练，而是在外来观念的作用下膨胀、离题，最终中止于它的发明们所造成的窘困之中。不过，这种失败是次要的。重要的是，无论充溢其中的财富多么丰沛，杜波斯的著作不仅没有沉重起来，反而总是轻捷自如，仿佛它散发出来的是一种比空气还要轻的气体，总是把它带向高处。

实际上，在杜波斯那里，出现在最后一位的，那到达地而非出发地，是一种完全摒除了密度、重力（在重量的意义上说）和物质性的精神实体，纯粹主观的实体。胡塞尔的哲学认为没有思想的对象就没有思想，与此相反，杜波斯的精神性倾向于显示出他所研究的作者和他自己身上的一种确实没有对象的思想，也就是说，内心生活的自由活动。他写道："最为反

---

[1] 《日记》，1929 年 1 月 2 日，第 5 卷，第 8 页。

[2] 《日记》，1925 年 1 月 12 日，第 2 卷，第 248 页。

客观的状态，人在其中仿佛遍身流着主体性……"① ——"我相信我是、我也的确在最大限度上是主观的。"② 因为，无论被激励的思想在其跳跃和进射中打交道的那些客体是什么，它在开始时总是一种被动的、接受的思想，一种等待着它的实体的思想。它曾经是、现在依然是一个纯粹的经由的场所，任何东西都会前来，在其中成形。人们想起了本文开头引述的波利斯·德·施劳泽的那句话。人们也会想起杜波斯本人的一句话，他在其中将人比作"应该化为一座庙宇的场所"。场所化为庙宇，自我意识化为内心空间，精神生活从通常决定并限制着它的客体中暂时解脱出来，在自身中扩散，并由此显露出它的深度。谈及波德莱尔那首十四行诗③第一句的前半句（自然是座庙宇）时，杜波斯写道："是的，正是这样，事物才应该进入如同庙宇内部一样的精神空间，那是一座充满了音响和回声、呼唤和应答的庙宇。"④ 这样一来，经由的场所变成了庙宇的场所、精神的空间。它不断扩大，泄露出儒贝尔⑤——最深刻地启发了杜波斯的人之一——所说的那种精神的宽广。假使我们或者他都没有义务在这内心空间的中央安置那个在我们

---

① 《日记》，1924年9月25日，第2卷，第160页。

② 《日记》，1928年9月12日，第4卷，第194页。

③ 指《应和》。——译注

④ 《接近》，第4卷，第199页。

⑤ 儒贝尔（Joseph Joubert，1754—1824），法国作家。——译注

身上却比我们更是我们的人①的话，我们就应该让杜波斯留在
空间-庙宇这最后一个概念上。

---

① 克洛岱尔的《流放之歌》中的诗句，七星版，第 7 卷，第 18 页。原句为：
　　某个人在我身上，比我更是我。此句经常为杜波斯引用（《（日记》，第 1
　　卷，第 374 页；第 3 卷，第 155 页；《接近》，第 4 卷，第 202 页；第 7 卷，
　　第 213 页）。此句为奥古斯丁的名句 Tu autem eras interior intimo meo 之
　　意译，此句亦经常为杜波斯所引用。

七、马塞尔·雷蒙

1

很少有批评家比里维埃和杜波斯对后继者更具有一种持续然而不显眼的有效影响，因此，这两位批评家或多或少是后代所有批评家的老师，尤其是马塞尔·雷蒙的老师。

在最近的一篇文章中，关于卢梭，马塞尔·雷蒙提出下述见解："在他身上自我意识是一种读者意识。"[①] 读者意识，尤其是典型读者也即批评家意识的特征是，和与自己的思想不同的另一种思想认同。批评家是这样的人，他以变成另一个人为开始，同意在精神上过一种与他自己的生活不同的生活。

[①] 《读〈忏悔录〉第一部》，《亨利·波纳尔杂文集》，巴克尼埃版，纳沙特尔，1960年，第175页。

　　而要变成另一个人，首先就要不再是他自己。在批评思想的开端，存在的尚不是一种活动，甚至不是一种积极的能力，而仅仅是同意，自己不再是自己，另一个时代的思想曾将此作为基督徒的首要道德。阅读这一行为比初看起来要更为严重，它不仅把我们带进一个新的世界，而且还把我们带进一个新的人。阅读或批评，乃是牺牲其全部习惯、欲望和信仰。这是通过一种类似笛卡尔的夸张怀疑的剥离而达到一种先决的虚无，达到一种空虚的状态，紧接着到来的不是我思中有关我们自身存在的直觉，相反，是有关他人的存在与思想的直觉。

　　当我们进入马塞尔·雷蒙的著作中时，给我们强烈印象的是在这个层次上的一种剥离。一方面，很难找到主体性更强的著作。然而，在他的著作中，作者其人却又很少出现。一种谨慎，或更甚是一种顽强的克制使他不能把他自己当成他文章的主体。从这一点看，马塞尔·雷蒙与其他瑞士法语作家极不相同，例如洛桑人贡斯当和日内瓦人阿米尔。不过，就一种这些新教地区特有的气质而言，他仍像他们一样。这种气质就是只对一件事感兴趣：内心生活。这是一种有些反常的内心生活，其中心始终被遮盖着，而且完全排除了卢梭所说的那种虚荣心，这就是雷蒙的思想所活动的地方。

　　过去，在还有信仰的时代里，这样的一种组合并非罕见。对基督的一种仿效，对虔诚生活的一种引导，其目的不在于分析某人的个性特征。他们满足于在此人身上引发那些可以装饰其生活的情感。在这些时代的基督教文学中，自我并不总是可憎的，然而这并不可憎的自我乃是一个普遍化了的我，其作用在于为那些完成于其上的精神事件充当场所。

很奇怪，写于二十世纪的批评文章，竟很像十五世纪或十七世纪的笃信宗教的论文。然而，标明时代与时代之差距的又莫过于此。随着时光的流逝，出现了一种转移，它使某些宗教和道德的品质从一种体裁转到另一种体裁。在这些品质中，首先的也是最本质的乃是易感性。在遵行它的人眼中，精神生活并不首先依赖于我们所拥有的财富，而是依赖于我们所具有的禀赋，这一点我们已在杜波斯那里看到。存在中最珍贵的东西，我们只能在放弃从我们的存在中汲取时才有希望获得。

> 通过一种苦行，先是进入一种深层接受的状态，在此状态中，本质对极端很敏感，然后渐渐趋向一种有穿透力的同情。①

因此，批评家的易感性不是一种纯粹消极的品质。在这种精神通过自愿的忘我而置身其中的空缺中，并非一切都是寂静和空虚。或更可以说，寂静乃是一种等待的寂静，一种思想的张力，这种思想既克制自己的存在，又随时准备呈现出来。这

---

① 马塞尔·雷蒙，《品质的意义》，巴克尼埃版，1948年，第33页。

是自我深处的一种奇特的显现，然而说是思想的显现就够了吗？不，是生命的显现，甚至是另一个人的本质的显现。说是奇特，不是因为这本质在我们身上冒出来，不是因为它属于另一个人，而是因为它出现在一个最内在的地方。在这个地方，心灵通常只具有那些它借以自我识别的思想以外的思想。于是——怎么说呢？——这就仿佛是心灵同意在那些不属于自己的思想上察觉自己，或者，就仿佛是心灵改变自己，直至混同于那些思想的作者。这就是那种具有穿透力的同情现象，由于它的"内在的可塑性"①，批评家变成了主体。这种现象既涉及存在，又涉及认识；涉及前者，因为同情乃是真正地达到一种新的本质；涉及后者，因为这种新的存在方式乃是一种新的想象、感觉、思维方式，简言之，一种新的理解方式。这使人设想，有两种运作，一种与本体层次有关，一种与思维层次有关，不过这样说还嫌太不够。实际上，批评的运作是一种不可分的变化，到了本质和认识融为一体的程度。这就是为什么马塞尔·雷蒙总是用列维-布吕尔②所说的"参与"这个词来指这种运作。对于这种并非原始的精神状态来说，认识就是再体验，就是在自己身上重新开始此前曾感受过的那种外部存在的

---

① 《读〈忏悔录〉第一部》，第 175 页。

② 列维-布吕尔（Lucien Lévy-Bruhl, 1857—1939），法国社会学家。——译注

作用，雷蒙说："精神自然地感到需要存在于一切客体之中，需要设法接近一切客体，并且在自己身上加以复制，根据自己的本质使之再生。"[1] 他又说，"一种价值只有在那种使之诞生或重现的精神之中才能完全地存在。"[2]

同情不满足于钦佩地观照其客体，而是在其深处通过一种独特的行动来再造精神的等价物，只有在这种情况下才会有活的批评。这就是马塞尔・雷蒙参与的批评。这种批评源自一种转化，这种转化彻底到人们再也无权谈论批评主体和批评客体。换句话说，被泯灭的是内与外、被观照的事物和观照的凝视之间的分别。同情成了真正神奇的行动，对批评客体的认识因此变得和对自我的认识具有一样的实质，并完成于同一个地方。精神原本通过一种行动在自身之外辨识客体，并确定其位置，而它也通过这种运动显现出它自身，现在代替这种行动的则只有一种"从内里发生的认识"[3]，也就是一种在自身内部起作用的运动，精神通过它使自身又变成内在的一些对象，并浮现出来。

---

① 马塞尔・雷蒙，《占星家雨果》，巴克尼埃版，1942 年，第 162 页。

② 《品质的意义》，第 49 页。

③ 马塞尔・雷蒙，《拉封丹的心灵和艺术》，"法兰西天才"丛书版，第 110 页。

2

　　这一大堆对象利用内与外的等同直接进入批评家的意识，并在其中杂乱无章地散布开来，那么如何理解、安排他们，并将它们组织成一个可以理解的整体呢？

　　这就是一只装得满满的盒子所盛的东西，而且这盒子一下子被翻倒在地，一种无法描述的观念、形象、陌生的感情的大杂烩眼看要在思想中散布开来。从孕育了一个完整的内宇宙的精神到它自己的宇宙，这一转移不能不受到惩罚。让他人精神生活中大量各种各样的概念侵入自身，这是要冒风险的。例如，曾经是马塞尔·雷蒙的直接老师之一的夏尔·杜波斯就过于经常地让思想在这样一种混乱面前让步。他立刻并且带着一种无私的沉醉变成"他人的生活的容器"[1]，从而毫无抵抗地委身于一种陌生的增殖的强力，被移植到他身上的这种增殖在这个新地方发现了一块极肥沃又绝对自由的土地。在这里，没有什么东西要与这些感觉或想象的繁多形式争夺位置，而任何一种精神都在不间断地生产着这些形式，只要它不在其创造活动中受到习惯、行为方式、坚强的秩序意志、腼腆或者自我怀疑的限制。在杜波斯那里，批评的无私不仅仅像我们说过的剥

————————

[1]　夏尔·杜波斯，《日记》第2卷，第150页。

离，也像某种精神的普遍平坦化，这种平坦的精神自陈于外在的灵感，眼见它在自己身上泛滥，如怒潮般狂暴、迅疾、恣肆。结果，由于一种看起来令人惊讶、细想却也可以理解的现象，某作者的精神世界在杜波斯的讲述中比在原作中显得更为丰富。对于杜波斯来说，在自己身上使他人的思想再生，乃是赋予它一种不可枯竭性和一种界限及形式的完全消失，而这在原作者那里是根本没有的。

然而，与上述那种流畅最不相像的，莫过于主导雷蒙的批评思想的那种严谨了。在他那里，他人的精神生活不再以千百种方式杂乱而轻易地散布。相反，对雷蒙来说，似乎批评行为的价值在于极度的经济，诗人的思想借此得到再现，而没有那些几乎总是使原作减色的回流、反复和摸索。还不止于此。雷蒙的优点不仅仅在于那种总是无情地排除偶然性的简化意志。人们可以说，批评家在扫除一切、变成一块泉水即将涌出的空地的同时，给予他所诠释的作者一个自我呈露的机会，这种呈露不再简单地在其生殖力的多种效果中进行，而是在这些效果完成之前就在其生殖力的涌现和发生、运作中进行。这样说还不够。通过放弃自己的思想，批评家在自身建立起那种使他得以变成纯粹的他人意识的初始空白，这种内在的空白将以同样的方式使他能够在自己身上让他人的真实显现出来，并且不再以任何客观的面目显现，而是超越那些充塞着它、占据着它的形式，如同一种裸露的意识呈现于它的对象。也许雷蒙对他那个时代的批评的本质贡献正在于此。自他以后，任何批评不可能不是对一种意识行为的批评了。那么这种层次的批评是什么呢？它只能是这样一种批评：它在试图认识一种意识的对象之前，就已经发现、认出、重建了此意识的存在，并竭力与它的纯粹主体的真实认同重合。为了成功，还要使自己置于这样的时刻，即意识还处于一种几乎空白的状态，还不曾被它那一团芜杂的客观内容侵犯和打上印记。

这样，雷蒙的批评就应该首先被界定为对意识的意识，其含义是，就其角度和方法而言，此种批评首先捕获到一种意识，并且重复一种自身的意识行为，这种自身意识行为乃是从内部被认知的一切人类存在之不变的出发点，在此之前是一片虚无。在此，雷蒙的批评又一次使人想到笛卡尔的我思。此种批评试图与之相联系的，乃是一种在某种意义上说是自我披露的精神行为。雷蒙和笛卡尔一样，都认为任何思想都立足于它借以向自身呈露的那种运动之中。存在的命运，一切后来的及由前者引起的命运，思想、感觉、梦想和自我表达的命运，所有这一切都开始于这一时刻：人第一次觉察到自己，不是客观地、直面自己地在镜中观照自己的形象，而是在他的活动的不可描述的亲密中观照自己的形象。于是，批评家的任务就被勾画出来了。这任务就是在乱作一团的人类经验中参照一种初始的经验，并使其在自身中再生，根据其特有的音色重新颤动起来，就像它被另一种意识经历过的那样。

　　无疑，德国的狄尔泰①和贡道尔夫②对雷蒙有很大影响，在他们之间找出许多相似之处不是不可能的。例如，狄尔泰认为，理解就是再现或再生（nachbilden oder nacherleben）。一切都始于一种直觉的同情运动，批评家据此把在他自己的根本经验（Erlebnis）和他自己的未来中捕获到的他人的经验据为己有。然而，狄尔泰带给雷蒙的那些系统的理论发展却是与他一贯反概念的思想相对立的。在法国，雷蒙的独创性几乎是绝对的。在《从波德莱尔到超现实主义》出版的时候，法语批评中最为新颖的就是这种以意识行为为原则的批评方法。这在圣伯夫或蒂博代那里是找不到的，他们中一个观察一种已然成为自身俘虏并在自己独特的心理世界中介入很深的思想，另一个则通过一系列印证在其外在的相似性，对这种思想加以描绘，并就此确定它在精神版图中所占的位置。当然，在雷蒙之前很久，杜波斯和里维埃就已不断地寻求一种初始的意识行为了。但是，我们已经看到，在杜波斯那里，对于这一出发点的直觉常常被这种初始行动的种种后果同时披露并掩盖。批评家被他丰富的发现所窒息，那些发现永远也历数不尽。唯有里维埃明确地感觉到一种初始的意识现象，并且要首先将它分离出来。但是他谨小慎微，犹豫彷徨，实际上不能在对他人精神存在的

————————

① 狄尔泰（Wilhelm Dilthey，1833—1911），德国哲学家。——译注
② 贡道尔夫（Friedrich Gundolf，1880—1931），德国批评家。——译注

研究中完全忘却自身，他更把自己的批评构想为他借以无限地接近另一个思想的一种运动，而他的思想又永远不能与之遇合。他的批评本质上是一种渐进的批评。本来应该成为起点的却成了终点。奇怪的是，在笛卡尔的国家里，在意识哲学作为传统得到过发展的地方，雷蒙却首先将我思的原则应用于对思想和文学作品的批评性认识，首先使批评于一个与我思的时刻具有同样性质的时刻开始，它们之所以具有同样性质，是因为存在在其现时思想的活动中发现了自己。

3

论及卢梭，雷蒙说"存在就在此刻"[1]。论及蒙田，他说："他的天性使他倾向于未来，使他自己发觉了自己，并且感到自己存在于正在过去的事物中，存在于他所说的灵魂和肉体越来越亲密的'勾结'之中。"[2] 同样，龙沙[3]引起他注意的是"对于存在之每日的感觉"[4]。

---

[1] 马塞尔·雷蒙，《〈遐想〉引言》，多洛兹版，日内瓦，1948 年，第 XXIII 页。

[2] 马塞尔·雷蒙，《巴洛克主义和文学》，哲学学院手册，1948 年，格勒诺布尔，第 197 页。

[3] 龙沙（Pierre de Ronsard，1524—1585），法国诗人。——译注

[4] 马塞尔·雷蒙，《巴洛克和诗的复兴》，科尔蒂版，1955 年，第 83 页。

　　龙沙、蒙田、巴洛克诗人、波德莱尔、兰波，还有多少其他人！雷蒙致力于揭示他人思想中那种对于自身意识的即时和现时的存在。这些思想如何能一一历数？他曾经说过："记住时间的停顿，或至少记住延续之不同时刻间的区别的消失。在过去和未来之间，自我不再被夹得像个疯狂的罗盘了。现在它立住了脚，流入灵魂，而灵魂也不再受它的尖刺的折磨了。"①

　　难道这还不十分接近笛卡尔主义吗？一个独立于过去和未来，完全集中在现时思想的行为之中的现在，这还不让人想起笛卡尔和卢梭吗？然而，无论多么相似，却再没有比把雷蒙的批评我思等同于笛卡尔的理性我思更大错而特错了。因为，对于雷蒙来说，意识不只有一种形式，而是有两种形式。两者绝不能同化。大体说来，一种意识可以被看作是非常笛卡尔主义和古典主义的，而另一个则是更浪漫主义的意识：

　　　　这样，希望认识自己的古典主义作家相信内省，并将其观察的结果移至语言的智慧层面，而浪漫主义诗人则放弃一种不同时是自我感觉和自我享乐的认识——一种作为存在体验到的宇宙感——并令其想象力在自身的变化中来

---

① 《〈遐想〉引言》，多洛兹版，第 XXXIII 页。

勾画自身隐喻的、象征的肖像。[1]

让我们暂且把这种"宇宙感"搁置一旁，不过个人的存在感倾向于与之混同，这一点最终将被表明，让我们来看看那后一种感觉，并在其中区分出雷蒙所认为的笛卡尔的意识的反面。一种是模糊的意识，另一种是清晰的意识。一种是非理性的，一种是理性的。一种展示的本质是浑然无别的，另一种却在最清晰的区别中揭示出本质。因此，马塞尔·雷蒙关于无区别的意识所说的一切，他并不归之于笛卡尔，而是相反，归之于卢梭：

> 在一个分散在各种不同活动中并且迷失在我与他人的冲突中的社会里，卢梭恢复了对存在的基本的、总体的感觉。针对笛卡尔的我思，他是这样来将其替代的："我无法形容地、模模糊糊地，然而肯定地感觉到我存在着，这种存在的源泉在一个神圣的宇宙里。"[2]

---

[1] 马塞尔·雷蒙，《从波德莱尔到超现实主义》，新版，科尔蒂，1947年，第14—15页。

[2] 《〈遐想〉引言》，多洛兹版，第XXXV—XXXVI页。

　　雷蒙引证并称赞了让·瓦尔[1]，因为让·瓦尔把卢梭说成是"法国思想中关于存在感的革新者"。雷蒙还说："让·瓦尔在卢梭身上分辨出某种神秘的活动，这种活动是建立在对深层灵魂的肯定之上的，是和笛卡尔的我思全然不同的。"[2]

　　于是，与笛卡尔的我思相对立的是对于存在的一种卢梭式的感觉，当然，还有费纳龙式的、马勒布朗什[3]式的、冉森派[4]的。也许在我们可称为意识史的思想史的这一仍被忽视的部分里，最重要的莫过于十七和十八世纪这一概念所引起的深刻变化了。对笛卡尔来说，意识只有一种，通过它，在思想着的人发现自己在思想时，他明确、清晰地觉察到他的实体的本质属性。正相反，对马勒布朗什来说，我们对我们自己所具有的那种内在的感觉是最为晦暗的。对于"我们是什么"这一问题，只有上帝才拥有一个可以被理解的概念。有一天我们将在精神的范例中观照它。在此之前，我们的灵魂只能在它之中感觉到一些模糊的形态。冉森派亦如是说。他们认为我们永远也不能认识到我们灵魂的实质。拉辛的人物满怀焦虑地自问："我是谁？"尽管如此，在十八世纪的感觉论者那里，存在感的

① 　让·瓦尔（Jean Wahl，1888—1947），法国哲学家。——译注
② 　《〈遐想〉引言》，第 XV 页。
③ 　马勒布朗什（Nicolas Malebranche，1638—1715），法国哲学家。——译注
④ 　冉森派是基督教的一支，信奉前定论，十七世纪很活跃。——译注

悲剧性减少，但仍是一样地模糊。感觉着的人仍然是一个感觉着自我的人。的确，感觉将我们的注意力引向它所揭示的外在世界，其强度经常使我们忽视我们的自我意识。然而有这样的时刻，感觉的力量减弱，在松弛的精神的空虚中，冒出了我们内在本质的一种意识，虽然昏昏沉沉，却美妙而深刻，一七五三年，重要却鲜为人知的哲学家利涅克神甫写道："在我身上思想着的那种东西有时候减弱为对于存在的纯粹内在感觉，这在人们俗称为瑞士式的那种梦幻状态中常常出现。这时灵魂的存在方式摆脱了来自外界或与外界有关的一切印象……人消融在一种迟钝的感觉中，然而这种迟钝感却包容着现时的、可以计量的一种存在。"①

　　当我们的热情达到顶点的时候，我们的自我使我们体验到一种过电感，有一种与这种感觉相对的感觉，在其中，对我们的存在所具有的模糊意识取决于我们的肉体和精神的一种近乎麻木的放松。对于这个问题，最有益的是比较十七世纪宗教作家和十八世纪哲学家关于模糊意识的主题。对马勒布朗什、尼古拉或杜盖来说，假使对自我的认识是模糊的，那是因为这种认识是不完全的，人类没有能力达到一种清晰的意识，而笛卡尔却将其当作一种实现了的理想。然而，对于十八世纪的作家

---

① 利涅克，《给一个唯物主义者的信或形而上学概论》，巴黎，1753年，第二封信，"第三种现象"。

来说，感觉的混乱不再是一种缺点或弱点，而是一种优点，几乎是一种美德。这尤其是卢梭的看法，他是混乱意识的杰出颂扬者。无疑，雷蒙不断地想到卢梭的原因即在于此。他把卢梭当作"对于存在的基本的、准神秘的感觉"[①] 之恢复者。这是一种淳朴的感觉，排除了一切自私的忧虑，将主体带回到一种原始的、尚未分明的状态，该主体不是在其分别中获得自身，而是在其初始的无分别之中。

在自我的历史之初，在自我的深处有一个意识的时刻，但这时的意识是混乱的。

人们还记得《论人类不平等的起源和基础》中的这段话：

"人的第一个感觉是对他的存在的感觉……他一向平静的灵魂向对于他的现时存在的唯一感觉投降了。"

《一个孤独的散步者的遐想》的第二章和第五章中有更著名的文字：

"这第一个感觉一时很美妙。我仍然仅仅通过它感觉到自身。我在这一刻中有了生命，仿佛我用我轻飘飘的存在注满我看见的一切东西……

"这水的往复……足以使我愉快地感到我的存在，而不必去思想……"

雷蒙这样评论最后一段：

---

① 《〈遐想〉引言》，第 VII 页。

"那喀索斯转向自身,将全部身心集中于自我之中心,很快不再有自观的愿望;在他的狂喜中,只有关于存在的混乱而美妙的感觉尚存。"①

因此,对卢梭、浪漫派、波德莱尔和超现实主义者,雷蒙不断探索的都是内心生活的一种初始状态,这种状态处在"通过智力获得的认识之外"。这就是为什么在某一个时期,他的兴趣在于前逻辑或原始思维,例如前意识生活的不同侧面,而精神分析和其他方法也正试图发现其活动。"模糊依旧存在。断言一切都可归结为思维,这是一种幻想……在自以为是自己的主人的清晰思想下面残存着无意识的偶然。"② 同样,在精神分析中重要的是"这种理论,我们的有意识的活动跟随着它,那只是一些表面的活动,最为经常的是,这些活动在我们不知道的情况下受一些无意识力量的引导,而这些无意识力量构成了自我的经纬"③。马塞尔·雷蒙感到自己与雅克·里维埃特别相近,后者于一九〇八年就写过一篇《梦的形而上学引论》,其中把"探索无意识作为作家的目的提出"④。"停止我们表面的活动""让目光不断地深入,一直扩展到无意识"⑤,

---

① 《波德莱尔到超现实主义》,第 14 页。
② 同上,第 156—157 页。
③ 同上,第 272 页。
④ 同上,第 220 页。
⑤ 马塞尔·雷蒙,《纪念拉马丁》,"法兰西天才"丛书,第 159 页。

在雷蒙看来，这就是诗的目的，因此也是批评的目的。说到本质之模糊的深处对他产生的魅力，最好的例子莫过于下面一段话，这段话针对的是一本谈论雷蒙最为反感的清晰意识活动的书。针对布伦茨维格[①]在《西方哲学中意识之进步》中提出的著名论旨，雷蒙提出诗思维的反向进步，他写道：

> 正当理智的意识与对象相分离，通过一种越来越强的抽象挖掘它所注目的世界时，诗人却通过一种与感情要求相联系的相反的途径，向一种感知或预感前进，它关乎于模糊且非理性的不透明——或者如此这般的存在——此种不透明超出了智力的认识。[②]

不仅雷蒙喜爱的诗人们是朝着这种模糊的不透明前进，批评家本人也是如此。这在法国还未曾有过，至少在法国的文学界还不曾见过。无论方法和信仰如何，批评家们一直是理性的代表，从布瓦洛到蒂博代都是如此。整个批评总是像哲学的小妹妹那样行事，如果它要探索的领域是诗的非理性世界，不言而喻，它的任务恰恰是在晦暗处投下光明，在混乱中建立秩序。然而，自雷蒙始，出现了一种批评，它似乎坚决要背离清

---

① 布伦茨威格（Léon Brunschvicg, 1869—1944），法国哲学家。——译注
② 《从波德莱尔到超现实主义》，第 354 页。

晰。它从表面熟悉的、完全被照亮的景物中深入下去，在深处搜寻。因为对它来说，真实不在强烈的亮光之中，而是在地下的深处，被包裹着。由于一种几乎是绝望的悖论，雷蒙的批评想要超越一个点，即人类经验仍被一种意识觉察和反映，在对自我的认知仍在运作的那个区域之外达到一种非意识的感觉。

无可怀疑，在这里，雷蒙所受的影响来自德国。他在一九二六至一九二八年间旅居德国，愉快地发现并反复思考了一种距离法国理性主义极其遥远的哲学。他写道："在德国，我沉浸在非理性之中。我甚至将存在中的意识和对于知识的意识视为一种裂缝，一种错误，这是真正的堕落。在德国，我完全摆脱了我可以简单地称其为理性主义的那种东西。"[1]

那么，如果存在着（例如在德国）一种关于无意识的哲学，是否也有一种关于无意识的确实是批评性的思想呢？请正确理解这个问题。当然，从外部建立一种批评不是不可能的，这种批评将分析无意识在我们及他人身上继续它其实模糊的存在的各种条件。然而一种这样的批评，只能以客观的形式存在，即作为一种思想活动，其对象是一些它竭力阐明却并不参与的现象。相反，雷蒙的批评的特性却是绝对参与的。在它借

---

[1]　《德国 1926—1928》，《法兰西信使》杂志，1955 年 2 月，第 238 页。亦可参阅《盐与灰烬》(1970)，雷蒙在这本书中勾勒出《从波德莱尔到超现实主义》的缘起。

以与它所考察的本质融合的那种运动之外，它实际上是不存在的。然而现在这个它想与之认同的本质不仅处于晦暗之中，而且它自己就仿佛是晦暗本身。这里，投入到晦暗之中，就是使自己变成人们在其中摸索的黑夜。当然，雷蒙所说的模糊的不透明也许是可以接近的，但是一旦达到，如何从内部辨认它，想象它，最终用诗或批评的语言描述它呢？这是马塞尔·雷蒙所说的精神之基本诱惑（他这里自相矛盾）。就是尽可能深地深入到清晰的思想中，深入到一种不透明的精神现实中，此种现实不再可思，并且不能希望从中获得一种呈露。

因此，雷蒙的批评思想永远受到沉默的窥伺。首先是没有本质的东西可说就不说话的那个人的沉默。然而本质的东西是某种难以感觉、难以在其晦暗的生存中体验的东西，甚至精神都没有力量来承受这种痛苦的变化。但是最大的困难还不在于疲倦和转化的偶然性。它存在于本质的根本性模糊和对于本质的认识所必需的明晰之间的矛盾之中。

雷蒙的情况正是神秘主义者的情况。他们抱怨不能表达他们的体验，因为表达就是用清晰的语言翻译，而清晰将使体验甚至关于体验的回忆消失。因此，在作家批评家中，雷蒙最不喜用蒂博代或圣伯夫那样的平易的语言。甚至严格地说，他该是那种根本不再写的人，像马拉美一样，当然原因不同，几乎总是被迫沉默，有可能毫无结果。奇怪的是，正当莫里斯·布朗肖（他们俩足堪匹敌，可以说均是我们这时代最重要的批评家）在对于批评思维条件的沉思中发现一股确实不可穷尽的思考源泉和反复之力量的时候，雷蒙不断看到的却不仅是他的发现领域的缩小，还有表达的可能性的减少。关于无意识的意识并不比关于纯粹非理性的哲学具有更多的可能。思想越是远离清晰的区域，它也越是远离可理解的语言的位置。甚至，尤其是在《从波德莱尔到超现实主义》最美的篇章中，尽管有批评家借以表达几乎不可言说者的那种语言奇迹，最终他仍不能不沉默。雷蒙最动人的篇章是这样一些篇章，它们中断、消融、承认失败。

不过，这失败并非不可挽回。精神放纵于纯粹非理性乃是一种不可能抵抗的诱惑。实际上，思想假使不能深入无意识生活的全部晦暗之中，它也仍可以处于那个既非完全的无意识又非清晰的意识的地方。雷蒙之所以不断地回到一系列他所喜欢的作家和艺术家那里，是因为当他从一个过渡到另一个，他可以体验意识状态的不同层次。"在无意识和意识之间，其实存在着许多中介的位置……"[1] 他说。

在这些位置中，保罗·瓦莱里占据了其中一个最为微妙的位置：

瓦莱里是一位阿波罗式诗人，一切都使他、他的诗学

---

[1]　《从波德莱尔到超现实主义》，第52页。

和他关于思想的批评倾向于昏暗的深处，以及自我及宇宙之非理性力量对他产生的诱惑（不管他愿意不愿意）。如果他是一位关于认识的诗人，那我们会说，他不是那种关于明确的、体系化的认识的诗人，即所谓观念的诗人，而是关于初生的认识、萌芽状态的思想、无意识和意识之间各种中介状态的诗人。①

雷蒙的批评所选定的区域就这样一步步明确了，并不只限于瓦莱里的诗：一个处于"精神和事物、意识和无意识、理性和非理性的边缘，它们的切点上"②的地方。

这大概是为什么在所有法国哲学思想中，唯有柏格森的思想才在他身上打下深深的烙印：

在柏格森那里……意识和无意识很少互成反题。我在《论意识的直接材料》中读到"意识的深处"，甚至"意识的晦暗的深处"。在另一段落中，还提到"自反的意识"。因此可能有另一种性质的意识，它不生于客体反映在"思想着"的主体的镜子中的那个点上，而是一种"晦暗的"

----

① 《从波德莱尔到超现实主义》，第160—161页。
② 同上，第168页。

意识，或者是一种"潜意识"。①

晦暗的意识或者潜意识……此话很怪，其用语几乎是矛盾的，用不着太离开正统的柏格森主义，即可在其"切点"上显露出雷蒙的最真实的思想。因此，不但会有一种朦胧或混乱的意识，还会有一种对本质的几乎是晦暗的感觉，一种尽可能接近无意识的意识。批评家的思想应该居住在这个有浓密阴影的地方，因为只有在这个地方才有重要的启示从诗的朦胧之中浮现出来。

4

然而这些启示是什么呢？显然，在这样的批评中，由于它的细腻、它的关切和它要求的排他性，它加以考虑的对象很少，人们不能期待通俗意义上的个人的启示。雷蒙的批评拒绝将对于作品和人的心理学的、社会学的，甚至历史的解释作为目的。正因为如此，其主题，无论是什么样的主题，都极受限制。人们看到，雷蒙研究卢梭、波德莱尔、兰波或超现实主义者，只有一件事情吸引他的注意力，那就是意识现象。人们还

---

① 马塞尔·雷蒙，《柏格森和最近的诗》，"法兰西天才"丛书，第218—219页。

看到，这里涉及的意识是极有限的。它的限制是它的无分别、它的混乱、它的穿透力的缺乏，它的变成与自己最邻近也最相反的东西——无意识的倾向。最后，它还受到它的对象的极度严格的限制，因为它无论如何也不是对自我或对精神生活的副现象之波动的意识。无论对他自己还是对他人，最使他不感兴趣的莫过于个人人格的变化，例如在私人日记中逐日记载的那样。然而，还剩下了什么？难道批评家的作用应局限于反映一种其本身就尽可能没有意识的那种意识行为吗？一种缩小到极限的意识，罕见的、特别的状态，除了它的特殊的性质之外，没有什么东西能使它引起研究者的注意。

　　不过，正是在这种极小意识之上，雷蒙放置了对他来说不仅是最重要、最珍贵的，而且是唯一能使他希望将这最小变成最大的那种东西。因为对雷蒙来说，在自身的深处体验到作为一种排斥自我的现象的存在感的同时，人类就不再将他的意识局限于这个自我了，这个自我正是他的自我，而他也感知到，这个自我是存在的。相反，他在意识到他自己的存在的同时，也在自己身上意识到生命的一种不可界定的流动，这种流动淹没四面八方，淹没一切，是与世界最相一致的东西。它是繁复的、广阔的、普遍的存在，它在各个方向上无限地延长和超越着它自身的存在，也让人在它的意识中感知到它，因为意识并不仅仅是感到我们的一种特殊的存在，也是意识到一切的存在和一切本身的存在。这样，"个人的意识就倾向于变成宇宙的意识"①。因此，这与纯粹内省者和利己主义者所体验到的那种自身感是最为不同的。对卢梭、盖兰、兰波来说，意识到自我和意识到世界是同时的。更有甚者，自我意识与世界意识相认同。一切都仿佛是自我的扩张，直至变成对全宇宙的感觉，或更可以说，仿佛全宇宙不再是外在的了，而是变成了我们最隐秘的思想的内部对象。雷蒙不断地回到这一点上来，找到了表达它的最清晰的用语："面对世界的感觉和存在之新方式……"② "超越自我，消融自我。不再是个人感觉的存在感……"③ "感觉到自身，感觉到一切，浑然不可辨……"④ "极度扩张的自我意识预感到绝对存在的喜悦……"⑤ "自然，我在与它的亲密中感到了存在。"⑥

　　另一方面，人们现在更好地理解了雷蒙对清晰的意识所表露的敌意。清晰的意识应该受到指责，因为它不是一种统一的因素，而是一种分裂的因素。对笛卡尔来说，有意识，乃是使自我与非我区别开来，从宇宙中孤立出来："理智的意识与对

---

① 《〈遐想〉引言》，多洛兹版，第 XXXI 页。

② 马塞尔·雷蒙，《巴洛克主义和文学》，第 152 页。

③ 《〈遐想〉引言》，多洛兹版，第 XXIV 页。

④ 《从波德莱尔到超现实主义》，第 14 页。

⑤ 马塞尔·雷蒙，《让-雅克·卢梭，他的内心生活的两个侧面》，《让-雅克·卢梭年鉴》，第 29 卷，1941 年，第 50 页。

⑥ 《品质的意义》，第 25 页。

象相分离，通过一种越来越强的抽象挖掘它所注目的世界。"①
只要精神与它所观照的对象拉开距离，就会产生将会越来越大
的缝隙。从第一部著作起，雷蒙就更注意人类意识面对宇宙时
所进行的不易察觉的退遁。他指出，在龙沙那里，人们不可能
察觉不到"从诗人到现实有一种微小但不可逾越的距离"②。
同样的，但已异常地转化为深渊的缝隙也存在于各种各样的理
智主义之中。自然科学家和形而上学者离开事物，关在思想的
封闭体系里："人通过科学锻造了一个反自然，其自动的重量
压在他身上，他则把他的意识变成一座孤岛，人们只能触及微
弱的回声，一种没有色彩的、从此不可接近的生活之形象。"③
同样的孤岛特征也表现在所谓"纯粹"智力的行为中："我们
看到意识孤立在其镜子游戏中，忙于捕捉其反映，而它自己则
被逐出，被排斥于事物之外……"④ 最后，理智的意识变成
"否定的意识"⑤，否定它本来可以与之相联结的客体，终于成
为"纯粹意识的孤岛"。这就是瓦莱里的超意识未曾经受得住

① 《从波德莱尔到超现实主义》，第 354 页。
② 马塞尔·雷蒙，《龙沙对法国诗的影响》，第 2 卷，1927 年，第 324 页。
③ 《从波德莱尔到超现实主义》，第 44—45 页。
④ 马塞尔·雷蒙，《保罗·瓦莱里和精神的诱惑》，巴克尼埃版，1946 年，第
　　105 页。
⑤ 马塞尔·雷蒙，《保罗·瓦莱里和精神的诱惑》，巴克尼埃版，1946 年，第
　　130 页。

的诱惑。雷蒙将其指责为反精神的罪过:"瓦莱里使意识的自主性成为人的主要要求、使命和最高的诱惑。"[1] 他又说,"把自身当作目的的人的最高的诱惑,最高的罪孽的诱惑。"[2]

因此,只有认同的意识才是真正的、"好的"意识。这里,谈论列维-布吕尔所说的参与还不够,因为这不是简单的信仰,而是别的东西。重要的实际上是柏拉图所说的参与,即世界与精神的形而上同一,因此也就是根本二元性的取消。在源自唯心主义的各种思想中,此种二元性使意识与它的对象相分离:

> 如何能肯定诗人没有在一刹那间悟到一种共同的本质、一种神奇的同一性?[3]

> 一种不可抵抗的冲动促使他去获得一种原始的状态,在这种状态中,个人的灵魂摆脱了限制,在一种神秘的陶醉中从宇宙里恢复了它的力量。[4]

> 想象力预感到,一个巨大的任务在呼唤着它,这任务是要通过"奇特的"形象揭示一切事物之间的本质的亲缘关系,揭示这些事物对融合了物与灵的精神的参与,对一

---

[1] 《从波德莱尔到超现实主义》,第 19 页。

[2] 同上,第 172 页。

[3] 同上,第 26 页。

[4] 同上,第 38 页。

切"混沌而深邃的统一体"的参与。[1]

　　因此，形而上同一不是一种偶然的奇迹，而是任务，是征服。"主观的感觉和客观的感觉之间的边界消失了。"[2] 但是，如果这些边界消失了，那是因为一种起作用的力量成功地使它们消失了。这种变化的原动力乃是语言或言语。雷蒙说："在改变我们自身、粉碎我与非我之间的障碍这个范围内，语言的魔力是有效的。"[3] "言语力图把我们引进到某种生存方式中去，我们在其中感到与 le carmen poeticum[4]、与一切具有艺术价值和独特风格的文学作品具有一种或多或少的完全一致。"[5]因此，诗以同样的方式成为一种语言的行动，诗人通过它而加入它所表现的世界，批评家则通过他自己的言语的作用参与他所"批评"的诗。在雷蒙那里，语言作用的巨大重要性即源于此。还从未有一位批评家如此关心其语言，这不是由于对"优美语言"的简单的喜欢，而是因为言语乃是不可或缺的中介，由于它，"批评的"认同才得以完成。于是，通过符号的统一功能，批评家也像诗人一样，同时成为主体和对象。不再是事

---

① 《从波德莱尔到超现实主义》，第 285 页。

② 同上，第 13 页。

③ 马塞尔·雷蒙，《为了诗》，《在场》，1935 年 5 月，第 32 页。

④ 拉丁文：诗歌。——译注

⑤ 《品质的意义》，第 37 页。

物为一方，他为另一方了。他面对的不再是事物的世界了。他
在事物之中，如同事物在他身上：

> 为了参与到事物本身中去，参与到它所展现的心理真
> 实中去，语词不再是符号了……一个魔幻世界的梦，人在
> 其中将不再感到与事物有分别……①

5

> 我们和宇宙深深地联系在一起，对它打开毛孔，不断
> 地从它那里获得信息，因此，我们服从所有那些触及我
> 们、我们也在不间断地加以模仿的事物对我们的绝对
> 权力。②

布朗肖的批评封闭在书本中令人眩晕的反复循环之中，雷
蒙的批评与此不同，它与宇宙相连，向事物的世界开放。在这
一点上，它与贝甘的批评相近，贝甘是雷蒙的朋友，年轻时则
是他的弟子。在写于一九三四年三月的一篇关于《从波德莱尔

---

① 《从波德莱尔到超现实主义》，第14—15页。
② 《占星家雨果》，"法兰西天才"丛书，第173页。

到超现实主义》的书评中，贝甘承认这位学长给予他的馈赠。他说，对于雷蒙，诗"在精神和事物之间建立起一种不断的交流；正是通过事物本身、通过事物变动不居的存在，精神试图发现通往不变的真实的道路"[1]。

从贝甘的这一看法中，人们有可能看出使他成为雷蒙的后继者的因素，同时又看出他也是一个很不相同的人。一方面，这两个人都是杰出的，他们所创建的学派是杰出的，他们将批评构想为诗性思维的延长和深化，这也是杰出的。这种诗性思维在"进入事物中心"[2]之前不会停止，在内化而进入一种"参与的根本运动"[3]、体验事物的具体生命之前也不会停止。然而，对于贝甘来说，他一旦走出自身，参与就同时成为最迫切和最困难的义务，而对雷蒙来说，似乎正相反，精神和事物的融合总是一种自然的倾向，是周围的现实和在此现实中自得的人之间的某种快乐的婚礼。像卢梭或盖兰一样，雷蒙不仅经常处于幻想的边缘，也经常处于沉思的恍惚的边缘。就是由于这一倾向，如果事物的世界不受抵抗地向他开放，摆脱了它的天然的不透明，这个世界对他却不像对贝甘那样，也形成众多的可分离的实体，其间产生出清晰可分的联系。在雷蒙那里，

---

① 贝甘，《〈从波德莱尔到超现实主义〉述评》，《南方手册》，1934 年 3 月。

② 《品质的意义》，第 24 页。

③ 《保罗·瓦莱里和精神的诱惑》，第 105 页。

对事物的意识变成对事物的总体的意识、对整个自然的意识，变成对一种普遍统一体的宇宙感，而对这个统一体，更多的是与之融合，而不是与之建立联系。两种批评观之间的这第一个区别又引出了第二个区别。对贝甘来说，如果事物是重要的，那无疑首先是因为事物在精神的面前形成了一系列可以触摸的、与精神不可混同的在场；但也还因为事物在其自身之外表明了一种无限的真实，这种真实超越了事物，在其内在性上反映出来，但绝不放弃它的超验性。

　　然而对于雷蒙来说，事情就完全不同了。在他看来，外在事物的世界只有在他可以在自己身上将其内化的情况下才具有重要性。在雷蒙那里，事物不抵抗、不肯定它们在外界的生存权，而是拥有一种使自己精神化、被移入它们的内在等价物之中的特别义务；反过来说，为了更好地与事物结合，批评家的语言的使命是"模仿"感性生活的形式。事实上，雷蒙的思想受到一种双重危险的威胁。它只有在与对象混同的时候才可摆脱因意识到与对象分离而感到的悲哀，然而另一方面，当它与对象混同的时候，它又有可能作为意识消失。这就是为什么雷蒙必须有一个"格式化"的原因。每时每刻，思想都即将消失在纯粹的感觉中；然而仍然是每时每刻，这种朝着难以确定之物的滑动都受到 la vis formatrix① 的作用的牵制。精神在极端

――――――――――

① 拉丁文：构形力。——译注

的流动性和极端的严格性之间摇摆，产生的摆动很像那种给巴洛克艺术以活力的摆动，甚至在风格中都可找到它。

另一方面，如果说自然呈露出一种超自然的存在，那么，对雷蒙来说，这种超自然也并不在一个与自然本身不同的地方。它就是自然，只是被看得更清楚，被感觉得更强烈，就像它出现在精神的眼睛中那样。换句话说，贝甘和雷蒙之间的巨大分别是，对于前者最为重要的东西，对于后者几乎完全不在话下，这种东西就是超验性。[①] 因此，他们之间有一个至少是潜在的分歧，而很长时间内他们未曾清楚地想到过。这样，在一九三七年《浪漫派的心灵和梦》出版之际，雷蒙对贝甘的这部大作作了评述，他竟支持一些当时的贝甘可能只同意一半的论点，而这些论点与贝甘很快就采取的方向根本对立。谈及秘术，雷蒙写道：

自十八世纪末叶以来，多少诗人在不自知的情况下畅饮这股隐藏的泉水。这种玄秘的思想与所谓的"原始"思维的某些形式相似，东方哲学在其能力上建立起它所说的

① 雷蒙先生在写出这些意见后，在《神学和哲学杂志》发表了一篇重要的文章，题为《疾病和治疗》，类乎 50 年代及其后一段时间的日记，人们在其中可以看出一种对超验性的很个人的、很崇高的忧甘。关于这一点如同关于其他各点，首先应该参阅雷蒙写的《盐和灰烬》，他在这本书中对他自己的存在提出了令人佩服的自省式的概括。

"形而上的实现"，对这一大堆事实，有朝一日应该考察其一切后果。或者有一个"普遍的灵魂"，或者我不知道我们的精神参与什么"精神"；在"主体"的最深处可能有这个无限的"客体"；自然对我们可能不是陌生的；我和非我可能不是势不两立的；通过我们的感觉和我们自身中心的那种"亲密感"来与这些形式和这些所谓外在的本质进行交流不是不可能的，对它们来说，"一切事物都由肚脐连在一起"。①

真应该引述全文，这是最能显露雷蒙隐秘思想的文章之一。并非雷蒙的思想与马丁主义和东方的玄秘有什么关系，而是雷蒙想在这些学说中揭示出超自然。不是在自然之上，而是在事物中心的超自然，它与精神的中心相一致。而且，还应该走得更远些。对雷蒙来说，问题在于使事物不再是事物，对象不再是对象，使融为一体的意识和事物成为一种普遍的非二元性，神圣的内在性在其中四下炸开。

总之，在雷蒙那里，有一种关于原初的神圣统一体的普罗提诺②式的古老神话再现，这种原初的神圣统一体有一天丢失

---

① 马塞尔·雷蒙，《关于阿尔贝·贝甘的〈浪漫派的心灵和梦〉的思考》，伊格德拉西，1937 年 9 月 25 日，第 89 页。

② 普罗提诺（Plotinus，205—270），古罗马哲学家。——译注

了，跌落在分裂和隔离之中，在这流亡之后，又在其初始的不确定性中重现。也许对雷蒙来说，最重要的是这样一种运动，他通过这一运动，抛弃主客二元论，试图使自己和世界变化为一种内宇宙，在这个内宇宙中，思想不再与它的对象有分别，意识到某物，就是看见此物在精神中展现，仿佛它梦见了自己。世世代代，新柏拉图主义从未停止过产生此类思想。但是应该承认，新柏拉图主义最后的宗教形式是一种批评思想。因为如果回到统一的伟大原则是建立在主体和对象之间的融合之上的话，那么，对于这样一种融合来说，除了使批评意识得以与再生于它身上的东西相结合的那种行动之外，还有什么更好的例证呢？

八、阿尔贝·贝甘

1

　　已经五个星期了，近在咫尺的森林使我与世隔绝；时间缓缓流逝，季节已朝秋天倾斜。读读书，有时试着写一篇文章或未来的书中的一个章节，然而更多的是把那种目光投向事物：它变成那种它永远不停成为的东西。①

　　我所以开头便引述贝甘信中的这一段，不是因为人们可以从中发现他的行为的习惯性特征。恰恰相反。据我所知，在贝甘所写的东西中，没有一篇类似的文章。他从未在别的地方谈

---

① 《贝甘致居斯达夫·鲁》，拉勒夫，1939 年 8 月 18 日，《罗讷河手记》，《随笔与见证》，1957 年，第 208 页。

及时间的缓慢和近处的森林。他的目光从未带着这样一种单纯
的意图停留在物上，此种单纯在这里反映出精神与自身相安、
与环境相谐的一种运动。

我们还应注意这封信的日期。一九三九年八月十八日。相
隔数日，战争就爆发了。他当时正住在拜里松，还享受着安
详、物我一致、度假的幸福感，其精打细算具有一种近乎痛苦
的反讽意味。很快，假期就要结束了。那时将要开始急迫任务
的循环，要接二连三地去完成，一直到死。

这样，贝甘将得而复失一个也许是唯一的机会，直接地与
自然相契。他能够这样将目光投向物，是第一次，也是最后一
次。因为贝甘并非那种能够一下子并且没有困难地与对象建立
起和谐的关系的人。他不是"一个认为可见世界存在的人"。
像许多说法语的瑞士同胞一样，尤其像贡斯当、阿米尔一样，
用贝甘自己的话说，他"与世界隔绝"[1]，也就是说，他被封
闭在自己当中，由于腼腆而不能不守护着他所说的"封闭的灵
魂的秘密"[2]。像许多人一样，他本可以自甘于这种状态，他
本可以设法没有过多遗憾地生活在内心的牢狱之中，专心致志
于一种文学的创作，那将是自传性随笔和描写个人生活的
小说。

---

[1] 贝甘，《拉缪的耐心》，巴克厄埃版，1950年，第20页。

[2] 同上。

　　的确，贝甘在年轻时有一个短时期似乎已经接受了这种"孤独的宿命"①。我们知道，他曾计划写一部小说，其主要人物是这样一个人，他"不能系于一物，总是看见自己在看着自己"②。

　　这样，差不多在同一时期，他在给他兄弟的一封信中这样谈到自己："总是关注自己，不能为了一些更无利害关系的事物而从自身中解脱出来，这真是一种不幸。"③

　　这两段文字中，最为突出的是思想排他的内在性。同时，思想转向内在，就意识到它被外在排斥，而它怀念及梦想的正是这外在。

　　终其一生，贝甘都在努力与外在世界进行交流。他从未完全地做到。他的目光始终无可避免地专注于内。然而他仍然耐心地、有时甚至笨拙地试图避免他那个不可救药的主观论的后果。他想，如果他不能走出自我，触及对象，与之建立直接的、平易的关系，他至少可以与之建立亲密的、间接的关系，这正是我们和文学领域呈现于我们的那些东西所建立的关系。因为文学首先是这种东西：一个人不必走出自我，不必放弃自

---

① 贝甘，《拉缪的耐心》，第 22 页。

② 1926 年的一封信，转引自《精神》，1958 年 12 月，第 909 页。

③ 给皮埃尔·贝甘的信，1925 年 11 月 17 日，《罗讷河手记》，《随笔与见证》，第 153 页。

己的内在性，他"沉浸"在阅读之中，因此就深入到第二个内在性的深处，而他的精神则与之重合，并居其中心，他有时惊奇地、感激地发现他自己的"自我"所没有的东西，即那个充满着物的花园。

也许这就是贝甘酷爱文学的原因？也许这就是他成为批评家的原因？批评家，即一个能够钻进他人思想之中的人，他甚至能够钻进他人的身体，钻进其感觉之中，尤其是钻进其目光之中：朝着物开放的目光。

因此，批评家是这样一种人，他借助一种"神奇的认同"[1] 和有选择的接引者，能够完成他单靠自己不能完成的事情。贝甘曾经说过，批评乃是"与诗人之精神冒险相重合"[2]。因此，为了与这种精神冒险相重合，批评家应该与几乎总是先于或者伴随着这种精神冒险的感觉冒险相重合。这样，"与世界隔绝"的贝甘就看见从内部打开了一扇通向世界的门。

在这个意义上，人们可以说，贝甘的批评活动使他得以摆脱内心的冷漠。

因此，他热烈地爱着那些向他打开了世界的诗人们：勒维尔迪、蓬日、圣琼·佩斯、埃马努埃尔、凯洛尔，尤其是苏佩

---

[1] 贝甘，《夏尔·杜波斯和文本》，《南方手册》，1941 年 11 月，第 544 页。

[2] 贝甘，《浪漫派的心灵和梦》，科尔蒂版，第 XII 页。

维埃尔。对他来说，他们的诗首先是一种"对象的诗"①。可感的对象的诗，目光可停于其上，手可合于其上。

　　自一九三四年起，在他早期的一篇文章中，即关于他的朋友雷蒙的《从波德莱尔到超现实主义》的一篇述评中，他袭用雷蒙本人的用语写道："诗发生于精神和物的结合部。"②

　　后来，谈到莫里斯·塞佛③的诗兴，他写道："它之获得，不是通过感性之分散，而是通过全神贯注于观照对象和具体世界之碎片，它们被精神'穿越'，但更被精神抓住，总之是被完全地理解。"④

　　贝甘认为，这就是他所说的"诗人的根本行为"⑤。因为这的确是一种行为，也就是说，是一种向前的运动，诗人借以冲向外界的冲力。而这种行为也的确是根本的，其含义是：如同笛卡尔的我思，它是精神生活的基础。但是，与我思不同，这种运动绝不被引向一种对于自我的感知。这里涉及的不是一个思想着的人，在思想的同时在内心里觉察到自己的存在，而是一个感觉着的人，在感觉的同时在外部世界中发现了物的存在。理解乃是感觉，而感觉乃是抓住，他喊道："抓住，这是

---

① 贝甘，《关于在场的诗》，《南方手册》，1957 年，第 265 页。
② 《南方手册》，1934 年 3 月，第 168 页。
③ 塞佛（Maurice Scève，约 1510—1564），法国学者，诗人。——译注
④ 《关于在场的诗》，第 84 页。
⑤ 同上，第 263 页。

语言的最美的动词呀!"[1] 他认为，与抓住这一行动相对立的
是这种人的态度，他们"在飞逝的物中承受、反映、逃遁"[2]。

不是精神默默地退入孤独，而是感觉走向具体的、殷勤的
实体，这些实体既不躲避目光，也不躲避触摸，不是主体和客
体双双逃遁，而是两者相对，共同呈现。贝甘知道，诗，构成
诗的词，诗启示或披露的真理，随着诗的发现而来的批评的发
现，所有这一切都"始于同物质世界的接触"[3]。

然而，诗人的精神和批评家的精神所接触的、并与之相周
旋的这个物质世界究竟是什么？贝甘差不多到处都这样说，那
是"这个大地上的物"的世界。他用不可穷尽的一连串用语来
表明：可见的、具体的、地上的、真实的、可感世界、世界之
具体的形式、尘世的事物等。所有这些用语归结为一个用语，
即现实。精神借以与物相联系的行动是这样一种行动，它使精
神走出它的内在的模糊的理想性。这样，诗人就向批评家指出
一种淳朴的、原初的现实主义，即物是存在的。物存在于外，
其处所非它，乃是世界。

物存在于世界之中，其存在是一种在场、物的在场！这里
要停一下，思考一下在场这个用语的意思；因为在贝甘的著作

---

① 给皮埃尔·贝甘的信，1925 年 4 月 14 日，《罗讷河手记》，第 147 页。
② 给马塞尔·雷蒙的信，1925 年 2 月 17 日，《罗讷河手记》，第 144 页。
③ 贝甘，《谈文学批评》，《精神》，1955 年 3 月，第 450 页。

中没有什么用语出现得更为频繁，在他的思想的各阶段中也没有什么用语更为不可缺少，在他所坚持的辩证法中介入得更为积极。因此，这篇论文像所有那些试图再现批评家的思想的运动的论文一样，可以题为《论贝甘著作中的在场主题》。

那么何谓在场？我们说，一切在场都意味着对存在的一种显示。仿佛确定的现实的一种涌现，本质似乎借此在它所处的时间和地点中安身立命。它在，并在其所，证实它的在场。它只是满足于在并在其所，这就证实了它的在场。在场不仅仅是一种在（das Sein），而且是一种此在（das Dasein）。就是在其具体的现时之中，在其展示的自身的显然之中，并且迫使同为在场的我们为它提供见证。因为本质不仅仅在此，在我们面前，当着我们的面，它的在场也同时依靠着我们的在场。这是一种力量，一种重力。

论及克洛岱尔，贝甘写道：

　　诗人的语言坚实，充满着尘世间物的滋味。令人愉快的、坚实的、在其坚实中被人钟爱的物，它们在其词语的展现中保留着全部的在场的力量、全部的重力。①

贝甘又补充道：

————————

① 《关于在场的诗》，第 227 页。

这正是首先引起克洛岱尔的读者注意的地方，这种使物质性的感觉保留其完整的活力的非凡的能力。[①]

根据物借以触动我们的这种力量，物使我们能够认出它们来，并使我们喜欢它们。然而我们且莫以为贝甘（和克洛岱尔）对感觉之作用的强调使这种理论发生某种感觉论的变化。没有人比贝甘距离伊壁鸠鲁主义或克兰尼派[②]的印象主义更远了。这里，感觉并非因其心理学的丰富而重要。它只不过是一种手段，靠了这种手段，在物与我们之间有了一种联系，而人们只能称之为在场、共在场。

感觉的活力使一种东西出现在我们身上，而这种东西在我们身外，在物之中则为在场的力量。

让我们承认物的这种在场。让我们喜欢贝甘所说的物的坚实、其"存在之重"[③]，其"具体的重力"[④]，因为这种重力既告知我们对象之近，又告知我们不可能与之相混。

这样，贝甘认为一切都以对于物的在场之发现为真正开始

---

① 《关于在场的诗》，第 227 页。
② 公元前 4 世纪希腊哲学派别，主张幸福、快乐和道德是一致的。——译注
③ 贝甘，《洞观者巴尔扎克》，斯吉拉版，1946 年，第 44 页。
④ 同上。

所持的主要理由就显露出来了。因为在此在场之前一无所有：只是在尚未与外在世界接触的精神中有一种模糊的形象、梦幻、观念，它们对思想绝无抵抗，在其面前绝对形成不了一个真正的客体。一种封闭于自身的思想始终是一种根本上主观的思想。它永远不与物、而只与物之观念发生关系。

这就是为什么贝甘痛恨几乎所有形式的理想主义，尤其是美学理想主义，因为理想主义不是抓住物，而是代之以概念。这是一种取代了在场的不在场。

在这方面，最为清晰的是贝甘在莫里斯·塞佛的诗和马拉美的诗之间所建立的对立。前者是有关在场的诗，而后者是有关不在场的诗：

> 塞佛诗中的物是具体的，马拉美诗中的物则不然，它们被一整张词语的网裹住，其种种否定监禁着物，使它们刚刚被说出来就立即被毁掉，只留下它们的"观念"。Délie[1]的十行诗中很可观的一部分是关于具体和特殊的诗。尘世间的事物远非消融在不在场（或在其纯粹的外形）之中，而是因其可亲的有血有肉的在场而被展示和被

---

[1] Délie 是塞佛的诗集名，由 I'ldée（观念）一词改变字母位置而成。——译注

喜爱。①

贝甘认为，马拉美的诗由一种非存在意志构成，同时又在其内里受到这种非存在意志的侵蚀。代替具体化了的本质的，只是一种概念的外形，肉体现实的丧失剥夺了一切使之显然存在的力量，其结果是这种没有血肉的本质注定要消失在不可触知者之中，或者经受最彻底的本体倒转，而经由此种倒转，再转化为非在，具体则转化为抽象。

因此，没有诗人或思想家比马拉美受到贝甘更为彻底的否定，因为马拉美正是一位关于不在场的诗人。奇怪的是，贝甘不喜欢的这种不在场，在同时代的另一位批评家即莫里斯·布朗肖眼中，却成了马拉美诗歌的主要优点。

在特别针对马拉美的一段文章中，贝甘写道：“诗人刚刚展示，随即就立刻系统地否定了一切具体的存在，从而一个一个地取消了物，以便建立起先在的纯粹的洁白无瑕的统治。”②

与马拉美相对，贝甘也提出了“具体的诗人”，其作品给予地上的物大量的位置，他们是雨果、贝玑、克洛岱尔。

例如贝玑：

---

① 《关于在场的诗》，第 67 页。
② 贝甘，《谈马拉美和克洛岱尔》，《文学》，1948 年 3 月，第 212 页。

　　　那不会是一种逃避，一种对于肉体的脱离，也不会是
获取一种纯粹精神性的纯洁，在人世间，厌恶尘世之物的
目光是不能触及此种纯洁的。①

　　因此，真正的诗人不会脱离物，不会代之以抽象，而是在
一种充满了爱的目光中拥抱之，包裹之。

2

　　与物的被钟爱的在场相对应的，是钟爱物的人的爱的运
动。不仅仅有物的消极的在场，还有面对物的积极的在场，这
种在场是由确认和爱构成的。

　　我们在陪伴诗人的时候，是能够跟随他的运动的。

　　然而这时就出现了一个严重的问题，即：当我们不断看到
物的这种珍贵的形式特征在我们的眼皮底下蜕化，同时其新
鲜、力量、透明又在丧失的时候，我们如何才能在我们身上维
系我们对物的巨大的爱呢？这是一个普遍的现象。爱物，这相
对于爱摆脱了时间的理想。这乃是爱并不持久的在场，这种在

---

① 贝甘，《贝玑的祈祷》，《罗讷河手记》，1942年，第33页。

场沉入时间，就像摩西的摇篮①随波逐流。因此，这乃是眼看着物蜕化变质。就仿佛是自然受到一种运动的裹挟，这种运动带着组成自然的一切客体远离了自然的原初的完美，而自然从此再也找不回这完美了。贝甘也许比别人更深刻地意识到这种普遍堕落的现象。他深感痛苦。他常常将他白日甚至黑夜的思想即他的梦幻的能力引向这种现象。像他所钟爱的浪漫派作家那样，他很愿意把世界的蜕化设想为一种神话。世界有过黄金时代，后来堕落了。在最初天堂的纯粹自然和堕落了的自然之间，存在着时间的距离，这种距离由分离感造成。因此，如神学家所说，不是有一个自然，而是有两个自然，然而看起来只有一个自然值得我们爱，这就是那个遥远的、最初的、不在场的自然，即失去的自然。

更有甚者，如果在场的自然显示出不值得爱，我们仍然是失去了我们的爱的能力。再说，自然堕落了，错误在我们。我们犯了错误，拖着自然和我们一起堕落。最后，我们跌得如此之低，以至于我们再也不能看见它了，看不见它曾是什么模样，也看不见它现在是什么模样。随着我们远离我们的起源，横在物和我们之间的那块习惯的灰色帷幕也越来越厚。我们再也感知不到物了，我们只能感知到我们加于物的行动以及我们

---

① 典出《旧约·出埃及记》，摩西降生后被置入一蒲草箱，丢弃在河边……——译注

从对物的摆布中获取的利益。终于，贝甘说，取代其"可亲的有血有肉的在场"的，只有"在场之无结果的行动，这使我能够遇见人和物而不感到惊奇，然而我们眼前没有什么东西是新的了，我们的目光也不再是淳朴的了"①。

在贝甘的著作中有许多论述在场这一主题的篇章，其中《浪漫派的心灵和梦》介绍德国人哈曼的有关理论的章节也许是最重要的。全书到处是对黄金时代和原始世界的影射。但是，贝甘通过利用和移植北欧的占星家的思想首次把在场的主题和黄金时代的主题联系起来，却是在论哈曼的那一章里。

　　　　哈曼将原始时代我们的先人的状态想象为一种与"令人眩晕的舞蹈"交替出现的深沉的睡眠；他们在"惊奇（字体变体为贝甘所加）和沉思的静默中"久久地伫立不动，然后突然张嘴说出一些"有翅膀的话"。开头没有行动，也没有实用权力的获取，而有的却是观照，对宇宙的另一种把握。面对世界的惊奇，这是第一个创造物的惊奇，也是"创造的第一位历史家"的惊奇，就是说，这是对于圣经神话的惊奇：自然的出现和人因此而感到的快乐在语言中得到表达：Fiat Lux!② "这是物之在场第一次被

———————

① 《关于在场的诗》，第126页。
② 拉丁文：就有了光！语见《旧约·创世记》。

感觉到"。（字体变体为贝甘所加）。①

贝甘这样评论上述这段话：

　　这样，哈曼就求助于神话，就像求助于最富披露性的
材料一样，并且以一种完全类比的理解来加以处理。因为
他自己就具有这种惊奇的能力，他才在圣经的叙述中感知
到第一个创造物面对光的第一次迸射时所感到的令人震惊
的撞击，突然，物出现在那儿，全新，充满着完全的含
义，就像它在一些特殊的时刻呈现给我们的那样，就像它
呈现给诗人的那样。②

　　多亏哈曼，贝甘现在才知道，他身上具有那种与外在于他
的物之在场正相对应的东西。这就是惊奇。从这时起，"面对
被创造之物的惊奇"这一主题就不断地出现在贝甘的著作中。
无论看起来多么奇怪，这个主题是和萨特的《恶心》主题完全
相等的。因为萨特的《恶心》也是与物接触时的一种最初的感
觉。当一切与外部世界相联系的传统或习惯的方式都被摧毁的

---

① "希米特捕捉到事物的在场的感觉。"——哈曼著作集，柏林，第 2 卷，第
　259 页。
② 《浪漫派的心灵和梦》，第 53—54 页。

时候，当人突然面对自身仿佛第一次有此感知这一事件的时候，在物的这种不曾被预料的存在面前，就仿佛我们的祖先亚当第一次看到他周围的那种存在，人就体验到一种根本的感觉，对萨特来说，这是一种荒诞感，具有不可承受的性质，而对贝甘来说，这种感觉变成一种惊奇或陶醉的感觉。从两方面说，这种最先出现的东西就是人们称之为偶然感的那种东西。因为荒诞感和惊奇感都意味着直觉到一种不可预料的、没有理由的现实，在这种现实面前，精神陷入惊愕。然而，这种惊愕在萨特那里具有一种真正骇人的性质，在贝甘那里则不然，成为某种赞叹。为了找到准确的情感等价物，这里不应考虑萨特，而应考虑蒙田，或者《遐想》的作者卢梭，也就是说应该考虑善于描述外部世界经验、并且是在意识觉醒时发生的外部世界经验的那些人。在物的面前的这种最初的惊奇很像这样一种人的印象，他从睡眠中醒来，仿佛降生在一个本质上崭新的宇宙中，如同年轻的命运女神①一样。这恰恰是贝甘关于梦和醒说过的话：

> 当物刹那间突然闪出其最初的新鲜时，人将体验到一种陶醉，而从梦中归来时，人的目光能够感到这种陶醉。我在物的面前诞生，物也在我的面前诞生。交流仿佛在存

---

① 马拉美写过一首诗，题为《年轻的命运女神》。——译注

在的最初时刻再次发生；惊奇从世界那里又索回它那奇妙的童话般的表象。①

　　因此，对贝甘来说，梦不是在想象的空间中进行的徒然的远足。这是一种不离开现实的世界而能返回那个世界之新与初民之惊奇尚相对应的时代的手段。实际上，这正是贝甘的梦首先所取的不可抵抗的方向，即向着过去和源头，也即是想象力向源头回溯的运动：

　　　　（精神）可以重新处在淳朴和惊奇的状态之中，其存在与自然之和谐可以被感知到：不是我们现时所知道的那个自然，而是时间之初、处于原初的混乱之中的自然……②

　　于是，这种朝着源头的回溯就成了诗所完成的东西。对于这一点，贝甘做过多次肯定：

　　　　在流放的、分离的世界中，艺术家借助于一种真正的往见而能够获得已然失去的东西，体验到一种圆满的陶

---

① 《浪漫派的心灵和梦》，第402页，《关于在场的诗》，第131页。
② 《浪漫派的心灵和梦》，第208页。

醉，并且在尘世的家园后面觑见我们的起源的花园。①

这时，诗人重新进入惊愕的状态，看见一切的物都如尘世的存在之初那样新鲜、奇特，于是他呼唤着创造。②

现代诗试图借此达到人类经过长时间才获得的那种理性的认识，即与物之间的直接的、直觉的交流，如原始人那样的交流。③

因此，诗无比珍贵，不仅仅因为它告诉我们物的重要性，还因为它唤起我们——再度唤起我们——对物应该有的那种正确的感觉；这就是说，未曾蜕化的感觉，堕落之前我们的先民自发地体验到的那种感觉。贝甘的深层的感觉乃是重新发现甚至恢复人与物之间的那种古老的和谐。如同圣-马丁④、诺瓦利斯或奈瓦尔一样，在贝甘的文章中，对光辉往昔的怀念和重建它的热烈愿望不断地交织在一起：

……在其原始的统一性中恢复这世界……⑤

---

① 《拉缪的耐心》，第 28 页。
② 《洞观者巴尔扎克》，第 68 页。
③ 《关于在场的诗》，第 16 页。
④ 圣-马丁（Louis Clauclede Saint-Martin，1743—1803），法国神秘主义哲学家。——译注
⑤ 《浪漫派的心灵和梦》，第 201 页。

……恢复物的纯洁性。①

……恢复惊奇的观照和物的最初在场的完整性。②

这最后一句话很重要。它把前面指出的差不多全部特点浓缩为一个惊人的表述。在一个蜕化变质的世界后面，还有一个原初的、无损的在场，那就是原始世界中物的在场；与物的这种原初的在场相应，有心灵面对物的原初的在场。两者相互依存。于是，要"恢复物的纯洁性"就必须相应地恢复人的心灵，这将使人的心灵回到它的原初的无邪，并还它以面对物的那种古老的惊奇的能力。那么，这种自然和人的双重恢复是否可能呢？世界不是已堕落到一切使之恢复的努力终属徒劳的程度吗？原初错误的后果不是深远、可悲到一切关于人之再生的希望也终属徒劳的程度吗，除非有一种绝对到不是恢复而是再造的程度的超自然的救援？

贝甘竭尽全力呼唤一种神圣的救援，然而为的是这世界继续下去并得到恢复，而不是要这世界被取代。他自问道："如何还大地以它的创造的品质？就是说，精神从中得到具体化和得到表达的那种物质的品质？人们可以达到永恒，重新与原初

---

① 《贝玑的祈祷》，第 35 页。

② 《浪漫派的心灵和梦》，第 54 页。

的纯洁性进行交流的那个地方在哪里?"①

　　如何还大地以它的创造的品质?贝甘无时无刻不在考虑另一个大地,另一个创造的可能性。因此,人们在贝甘的著作中找不到严格的或者缓和的继续创世说,尽管这种理论流传甚广。对笛卡尔来说,上帝在相互独立的每一时刻都在彻底地重造世界,不断地重复这世界之新,而对贝甘来说,世界之新绝非如此。贝甘非常关心时间的每一刻和创造的最初一刻之间的联系,他不能不厌恶一种时间的不同时刻相互独立的体系。实际上,在他身上丝毫也没有那种基督教的本体不足之感,这种感觉是造物面对使这种感觉时刻存在的那种创造的恩惠时所能体验的。同样,对于贝甘来说,无论自然的蜕化和灵魂目前的腐化多么严重,也不需要重新开始创造。当然,纯洁的自然和堕落的自然之间的鸿沟是很深的。然而至少能梦想能希望的思想可以跨越这鸿沟。并非任何相似都被抹去,并非任何联系都被切断,并非任何接触都已消失。换句话说,对贝甘来说,丝毫不曾有过对自然和人的这种彻底的否定,而这正是冉森派的思想体系的基础。在这个意义上,没有人比贝甘更反冉森派了,或者说,没有人比贝甘更莫利纳派②了。

　　通过这种莫利纳恩宠论,贝甘与贝玑紧密相连:

---

① 《贝玑的祈祷》,第 27 页。
② 莫利纳派,基督教神学恩宠论学说之一,流行于十六世纪。

对于贝玑来说……无论处于怎样倾斜的斜坡上，自然、时间都还保留着某种初始的透明。尽管因堕落而受到损害，这种透明仍然是上帝的创造。而诞生以后的人并没有不可救药地被切断于他的精神的源头。[1]

因此，超自然的救助暂且不论，人身上还有回想起源头的能力，并且可以在对失去的过去的观照中汲取再生的力量。因为人身上还继续存在着对旧日之伟大的回忆和使他那时与一种未曾堕落的自由融为一体的神奇的联系：

某种回忆深藏在一切造物身上，在某些人身上尚可突然地复活，这告诉他们，曾经有过一个时代，极为遥远，那时造物自身更为和谐，不那么分裂，顺利地处在与自然的和谐之中。[2]

人在其内心深处保留着他的最初命运的残片和对于黄金时代及原始天堂的模糊记忆。如果他能够倾听给予他的内心的征象、重新潜入内心，直至通过一种纯粹精神的魔力再度抓住灵魂中孕育的萌芽，他将在上帝身上实现他自

---

[1] 贝甘，《贝玑的夏娃》，门槛出版社，1948年，第93页。
[2] 《浪漫派的心灵和梦》，第397页。

己的再生，同时，他将在原始的统一性中恢复全部的
创造。①

　　这里贝甘明显地想要概括圣-马丁的理论，在别处他以同
样的方式概括诺瓦利斯或哈曼、贝玑或雷翁·布洛阿②的思
想，这并不重要。实际上，除去某些重要的差别之外，我们在
这里想的是，应该将这一段文字看作是一种理论的表述，这种
理论既是作者的，又是批评家的。没有任何一位批评家能像贝
甘那样把他人的思想当作自己的思想，这不是因为他像圣伯夫
那样具有一种特殊的能力，把别人的思想据为己有，而是因为
从他认为他人的思想是真理的那一刻起，他就有效地接受之，
乃至于这种思想一丝不差地变成他自己的思想的一种先在的表
述。其结果是，在阅读这一研究各种人物的重要的批评著作
时，人们惊奇地发现，它远远不是让这些人和那些人表达的东
西彼此孤立的不同论说，而是组成一个体系，其独创性虽不总
是很明显，但却具有高度的协调性。正如马塞尔·雷蒙指出的
那样，贝甘的思想具有自身的持续一致性③。杰拉尔·德·奈
瓦尔（贝甘曾多么深入地研究过他，并喜爱他）总是不可抗拒

---

① 《浪漫派的心灵和梦》，第 52 页。
② 布洛阿（Léon Bloy，1846—1917），法国作家。
③ 《论一种精神历程》，《罗讷河手记》，随笔与见证，第 29 页。

地在他的言论中看出他个人命运的象征，同样，贝甘也总是在到处都看出他自己的理论痕迹。其重要的理由存在于这样的事实中，即他的理论恰恰是一种关于痕迹的理论，也就是说，这理论是建立在一种对原始真理仍然片段而普遍地残存着的信念之上的，而精神仍可在这种原始真理的源头上解除其干渴：

> 如果人类在如此专注于本质、重获终于可以解释的精神被动性的同时返回到过去并试图使之再生，这不是出于简单的好奇心和对于更广泛的知识的需要，而是仿佛回到源泉，或者在回忆中追寻一种童年的旋律。人们在其中看到的绝非关于成人的德行的初次嗫嚅的宣示之见证，而是不可替代的黄金时代的痕迹。①

所以，理解乃是回忆。然而此种回想毫无智力性。这是一种纯粹的记忆恢复，是对于一个时期中曾经经历过的状态的模糊回想，像在奈瓦尔或诺瓦利斯那里一样，这时期既是个人的童年时代，又是世界的青年时代。

贝甘在《浪漫派的心灵和梦》中谈及莫里茨时写道，

> ……人们在这里已经发现他定然可以通过童年的最初

---

① 《浪漫派的心灵和梦》，第Ⅱ页。

印象来与先在的一种存在的未知领域进行交流。①

在别处，贝甘还写过这段最纯净的、令人钦佩的文字：

> 关于初生的世界和正在形成的存在的诗，其中不断地隐隐显示出一种怀念，这是呼唤灵魂向着一个失去的天堂，向着原始的黄金时代，所有的神话都是如此。童年的、梦幻的、回忆的诗，就像一片广阔的天，云彩画出了瞬间的形状。②

在贝甘的著作中，童年的怀念的主题就这样出现了。在几乎所有他喜欢的作者那里，他都发现了这一主题。

在诺迪埃③那里："他再造了童年的天堂。"④ 在贝玑那里："这始于对失去的童年的怀念，深藏在无情的岁月中的天堂，永远离去的纯洁。"⑤ 在魏尔伦那里："如果要用几个字界定魏尔伦，我想我可以提出儿童这个词，然而是一个饱尝苦涩的经验、对人类具有一种非常成人的认识的儿童；但从未失去对童

---

① 《浪漫派的心灵和梦》，第 40 页。

② 《关于在场的诗》，第 18 页。

③ 诺迪埃（Charles Nodier, 1780—1844），法国作家。——译注

④ 同上，第 173 页。

⑤ 《贝玑的祈祷》，第 36 页。

年的怀念。"①

还有贝尔纳诺斯和阿兰-傅尼埃：

在贝尔纳诺斯的全部作品中，没有一个人物不在某一天转向他的童年，不模模糊糊地，甚至在其最严重的堕落中保留着对生命之纯洁的黎明的怀念。②

阿兰-傅尼埃的位置似乎首先在那些咏唱失去的童年、对童年的怀念的诗人当中，从德国浪漫派直到法国象征派，他们形成了一个动人的精神家族。③

在大量的文章中，引人注目的是看到贝甘在他人身上只关注一种感觉，这种感觉在他无疑是高度个人的。然而，如果仔细想一想，同样令人惊奇的是看到这种感觉表现为一种怀念。因为，用贝甘自己的话来说，怀念乃是对另一个地方的欲望。这种怀念不是指向此地，而是指向彼地。简言之，这是对一种不在场的感觉。不足为怪，人们看到对于达到外部、实在、具体和即刻的欲望转化成它的反面，而在幻想者的精神中关于在场的诗则变成了关于不在场的诗。

①　《关于在场的诗》，第 202 页。
②　《贝尔纳诺斯论贝尔纳诺斯》，瑟伊出版社，1956 年，第 5 页。
③　《关于在场的诗》，第 187 页。

　　贝甘对于这种矛盾具有最高度的意识。在给马克·艾杰尔丁格①的信中，他写道：

　　　　对于诗也许并没有一个放之四海而皆准的定义。相反，也许应该将其定义为投向人类命运的最现实主义的目光……而另一方面，这目光用对于"彼处"的怀念从反面界定尘世的命运。②

　　诗同时是关于此处的诗和关于彼处的诗，或者更确切地说，在场之中关于不在场的诗。

3

　　何谓在场之中的不在场？——此乃言语也。

　　任何物都不满足于存在。它还要负载一种超越它的意思。它还要说话，它还得是一个符号。

　　有物的地方，就有符号。有意识到物之在场的人的地方，一种意思就出现，一种话语就诞生。所以，言语开始于物，因

---

① 艾杰尔丁格（Marc Eigeldinger，1917—1991），瑞士文学批评家。——译注

② 1943 年 10 月 9 日，《文学评论》，1958 年第 6 期，第 29 页。

为物除了具有它们通常的功能，即在场，还具有允许精神驻足并且表明含义的无限珍贵的能力。

人们看到，在贝甘的全部著作中，有着一种为了能在处处辨认出物之在场的重复不倦的努力。但是，如果认为这种努力止于物，那就大错特错了。贝甘的全部思想都是为一步步地接近一种理想而构设的，而假使思想胆敢直接把握这种理想，它就会在其理想性本身之中消失。他在进一步展开雷蒙的一个见解时写道："正是通过物本身，通过其变化不定的存在，精神试图找到通向永恒的真实的道路。"① 同样，批评家的思想为了达到物，就把诗人的思想作为中介，而诗人的思想则利用物的真实以达到精神之永恒的真实。没有物，没有物提供的支持和居所，任何精神的真实将永远漂浮在思想的地平线上。它注定要被抽象化，将永远不能在场于世界的 hic et nunc②。不在场的它将恰恰只能存在于"彼处"。

因此，关于物的言语是对于精神在物之中的具体化了的在场的一种永远的影射。一种象征不是一种远远地指示着与尘世之真实无限地相分离的精神之真实，相反，它是一种标志，标志着精神的真实并不与尘世的物相分离，因为它在后者身上发现了显示和适当呈露的途径。

---

① 《南方手册》，1934 年 3 月。
② 拉丁文：当下此刻。

　　同时，贝甘满怀激情地关注其中反映出物之存在的任何人类的思想，也怀着同样的激情注意从中察看这种思想所蕴藏的象征含义之出现。无论是对拉缪还是对布洛阿，对巴尔扎克还是对阿兰-傅尼埃，对克洛岱尔还是对絮佩尔维尔，他都不断地超越作品在其客观的真实中呈露给读者这一阶段，不断地深入内在性，辨识出表现为作品所表达的象征的某种作品的透明。不仅如此，他还须达到和揭示出作品的象征性，也就是原则或规律，普通地确定的真实依据这种原则或规律不停地转化为象征。

　　因此，最终使贝甘感到高兴的只是那些对他能起中介人作用的作家。通过他们，他可以在他的实践与训练中源源不断地感知到一种"对于宇宙的类比的理解"。

　　他写道："贝玑把这些人选作他的模特和接引人，对他来说，这些人最好地代表了圣灵在尘世之物中的在场和把尘世的忠诚统一到对上帝的忠诚上去的那种神秘的联系。"[①]

　　贝甘做得完全与贝玑一样。他选出的那些人，那些诗人，布洛阿、贝尔纳诺斯、拉缪和贝玑本人，他们都首先是他的中介人。他很高兴在他们身上发现了两种根本的运作，并且据为已用，这两种运作是对物的观照与对象征的创造。

　　下面就是几个例证：克洛岱尔的诗是"一种幻象，其中每

————————

① 《贝玑的祈祷》，第47页。

一种物除了其特殊的存在之外，还从它在巨大的整体中所占的位置中获得其含义"①，同样，在絮佩尔维尔的诗中，"任何物都神秘地变成了围绕着它的那些物的形象"②。贝甘看到，"通过所有的物，布洛阿奋力发现它们所代表的东西"③。最后，贝甘说，拉缪是这样一种人，"他们认为物具有一种神秘的在场的功能，一种充满了含义的形象的功能"④。

很难想象一种思想方式比这更像中世纪的艺术家或诗人的思想方式。贝甘本人清楚地意识到了这一点。他盛赞对圣杯的追寻和克雷蒂安·德·特洛亚⑤的小说的象征主义。他写道：

现代思维和中世纪思维之间的重大分别是，对于后者来说，一切感情的真实都由象征构成，并要求不断地被翻译出来。或者更进一步说，它认为物的表象及其"含义"是如此地不可分割，以至于它不可能将世界的具体形式看作是自身封闭、完整的真实而不包含着直接意思之外的其他意思。中世纪同时用同一种目光看见物及其意思、感性

---

① 《关于在场的诗》，第 228 页。

② 同上，第 296 页。

③ 贝甘，《心急者布洛阿》，艾格洛夫版，1944 年，第 26 页。

④ 《拉缪的耐心》，第 26 页。

⑤ 克雷蒂安·德·特洛亚（Chrétien de Troyes，约 1135—约 1185），法国诗人。——译注

对象及感性以外的东西。[1]

贝甘本人也是用同一种目光试图看见物及其意思、对象及对象以外的东西。在现代作家中，没有人比他更意识到自然的两重性。同时，包括贝玑和克洛岱尔在内，没有人像他那样对作为神圣的造物的自然具有如此清晰的感知：

> 问题不在于想象物，而在于强迫物在场，并且不单单是物，仿佛它自身就有其完全的存在及其意思，而是在它作为精神的负载者和上帝的创造物所具有的那种圆满的含义之中。[2]

强迫物在场，这乃是强迫它在外部显现，面对目光，首先在其自身的真实之中、在其特殊的显然之中，随后则在其与创造的紧密联系之中，最后在它所意味着的东西的真实之中，亦即在它与创造精神的联系之中。从对物的直接理解到对一个进入物的上帝的把握，其间线没有断，运动不曾中止，而直觉亦未遭断裂。一切都仿佛是贝甘在写作一系列有关文学批评的论文的同时还有着另一个意图，即完成一部作品，其目的是经由

---

[1] 《关于在场的诗》，第 43 页。

[2] 《贝玑的夏娃》，第 12 页。

一条须臾不离具体的土地的道路将造物引向创造者：一篇帕斯卡式的护教论，然而是二十世纪的。在这篇护教论中，贝甘的独特之处在于赋予物的作用，首先是其自身，然后是作为"上帝的造物"。是上帝的造物，不是人的造物。我们看到，贝甘对于他所谓的马拉美的"反创造"是不宽容的。他谴责它，不仅仅是因为它只包含"观念"而从不包含物，而且还因为它成为一种遁词，诗人借此试图"逃避上帝的创造"。

　　然而人是不能逃避上帝的创造的。人不能逃避正视它、接受它、颂扬它的义务。同马拉美的反创造一样，贝甘也憎恨冉森派所提出的创造的形象：乱糟糟一堆易逝的、变质的材料，上帝的任性使之不可解释地停留在虚无之上。相反，贝甘不断"意识到创造作为创造者的肖像，作为通过它说话的精神之永恒显现的居所而具有的高度尊严"①。

　　从物之在场到物中上帝之在场，这就是贝甘走过的道路。然而，思维的运动并未结束，分析还不够充分。物之在场意味着人对于物的在场，同样，物中上帝之在场意味着上帝对于人和人对于上帝的在场，当然是通过物。

　　这就是贝甘论及贝玑时所进一步阐明的东西。在上文引述的那一段文字中，他说，他的诗

---

① 《贝玑的祈祷》，第93页。

首先当被称作*在场之祷告*。它在每时每刻，在任何被叫出名字的对象上，都呼唤、确认和安置唯一的在场；面对这唯一的在场，它也像一切虔诚者在祷告的时刻那样*表示它的在场*。上帝对世界和人的在场，人对他的宇宙的在场。这乃是一种诗所提供的三重的见证，这种诗在神秘的认识中有着深刻的现实主义。①

因此，依照贝玑的观点，贝甘的现实主义是接近"神秘的认识"的。像在神秘主义者那里一样，人们也在其中发现了有关中心、有关 Sintillamentis② 的理论，即人的灵魂中上帝出于偏爱而居住的地方，在那里，灵魂在某些特殊的时刻反身自视，可觑见神圣的在场。贝甘在写作《浪漫派的心灵和梦》的时期重复神秘主义者的说法："上帝存在于心中"，宣称在某些异常的梦和状态中，"我们自身有一部分屈服于另一种控制，我们成了一种在场的居所了"③，这时，他提起的不就是这种理论吗？因此，我们可以称为关于在场的神学的那种东西，在贝甘那里是和神秘思想联系在一起的。不过，它并不与后者混同。人们知道，贝甘曾经多么有力地强调将诗的经验和神秘的

---

① 《贝玑的祈祷》，第 93 页。

② 拉丁文：灵魂的闪光。——译注

③ 《浪漫派的心灵和梦》，第 76 页。

经验分开的那一切。后者意味着最终泯灭一切可感的形象，而前者正相反，我们已经看到，正如贝甘界定的那样，诗的经验是以物的具体形式为依托的。它通向的不是对一个没有形象的上帝的把握，而是对存在于它的创造之中的上帝的直觉。

4

然而创造既是时间的事，又是空间的事。被创造的世界是有深刻的时间性的。说物之在场、灵魂（或上帝）对于物之在场，就意味着灵魂（或上帝）和物是相互在场的，不仅在空间的某一处，而且还在时间的某一刻。因此，与对于物的在场这一主题紧密相连的，还有对于物存在于时间的某一刻的在场这一主题。

而我们知道，在这一点上，谁都不如贝甘离笛卡尔那么远（也许夏尔·杜波斯除外）。对贝甘来说，在场于时间的某一刻，不是在场于自身存在的某一孤立的时间单位，而是在场于和所有其他时刻相联系的某一时刻。而这并非经由一种抽象的联系，像人们根据时钟上的时间刻度盘所设想的那样，正相反，是通过一种尽可能具体的关系。所有的时刻都是互相连续的。真实的时间、具体的时间，乃是连续发生的事件的总和，其变动不定的繁多性持续不断地影响着与其发展紧密相连的人类。真实的时间乃是历史的时间。人借以定位的，其在场使我

们能够与时间的其他时刻进行交流的这一时刻，乃是一个历史
的时刻。

贝甘在皮埃尔·艾玛努埃尔①的诗中所欣赏的正是这种对
于历史的时刻和时间的在场。他很高兴在关于战争和抵抗运动
的诗中发现了这种在场，他在《罗讷河手记》中赋予它一个表
现它的声音。他写道："战争及其前情后事要求每一位诗人在
时间中采取立场，具有一种历史的意识。"于是，他说出了这
句话，这是他的本质的宣言："诗是有其在场的，诗的在场在
时间中。"②

还应该以同样的方式说：贝甘的灵魂和思想之在场也在时
间中。在本篇论述中，我们第一次看到一个"人"出现了，他
不再通过中间人来进行思维了，而是他自己决定性地去实践他
之所想，总之是自主地行动了。贝甘是有一种现时性的。这远
远地超越了文学和批评的领域。他在《罗讷河手记》中的创建
者的作用，他与抵抗运动的联系，他多次的旅行，他作为《精
神》杂志主编的行动，所有这一切意味着他愿意越来越深入地
参与其时代的历史现实，像他的前辈艾玛努埃尔·穆尼埃③一
样，但是以他自己的名义。

---

① 艾玛努埃尔（Pierre Emmanuel, 1916—1984），法国诗人。——译注
② 《关于在场的诗》，第258—260页。
③ 穆尼埃（Emmanuel Meunier, 1905—1950），法国哲学家。——译注

然而，他在表明他与他的时代休戚相关的同时，他也表明了他与所有的时代休戚相关。终于，暂时的在场不局限于任何时间，而应该囊括时间之全部。贝甘越来越感到他与整个时间相连。与时间的这种关系还伴随着一种与所有参与时间流逝的人相应的关系，也就是与人类相应的关系。

这种关系首先以一种悲剧的、怀念的面貌出现。我们知道，人的历史首先呈现为失去的天堂、堕落及其后果的历史。从这一点看，贝甘的历史感和雨果的历史感一样，应该被设想为这样一种形式，即从光辉的初期存在出发，一步一步地向黑暗深入，然而"尘世的历史"不仅仅是一时堕落的历史——堕入时间的那一时刻！——还是拯救的历史！"为了拯救它那落入时间中的造物，上帝只能自己进入时间，在其中成形，拯救暂存的世界……"① 所以才有神圣的不寻常的介入，它突然进入时间，改变时间，扭转注定的方向。鉴于此，不再仅有人对时间的在场了，而且还有神圣本身在时间之中的在场。上帝"在暂存的每一分钟中"②。无疑，它首先是作为每一时刻的创造者、暂存的创造的作者而在场。但是它也以化为肉身的上帝的形式存在。从它之化为肉身开始，就在等待和希望的每一时刻中有了一个新的时间显现。其结果是历史变成了"更新的、

---

① 《贝玑的夏娃》，第43页。

② 《贝玑的祈祷》，第37页。

发展的、渐进的化身之处所"①。

贝甘说:"在历史的视野中建立一种持续的在场行动。"②

这种在场的持续行动乃是上帝在人类时间中化为肉身的历史行动。然而这也是人的集体祈祷针对具体化的精神所完成的在场的持续行动,因为正是这精神在全人类中"建立了一种相似、一种一致"③。

有一种人对物的在场,同样也有一种人对人的在场。这种在场和全体圣徒的神秘相联系。所有的人都通过历史,甚至超越历史、超越时间地直接相互联系:"当人祈祷的时候,他就在其周围,在救世主的在场之中激起了所有人的在场。"④

由于这一事实,不在场是没有的。死亡本身并非一种不在场。它是另外一种东西,可以说是一种新的在场。在祈祷和丧礼中,人们意识到所爱之人的死亡,这时,人们没有感觉到这死亡是一种空虚,一种消失,相反,人们感觉到的是一种在场的扩大。

这正是贝甘在一封令人赞赏的吊唁信中所陈述的,以下是此信开头两段:

---

① 《帕斯卡论帕斯卡》,门槛出版社,1953 年,第 109 页。

② 贝甘,《事件和信念》,《精神》1952 年 5 月,第 863 页。

③ 《拉缪的耐心》,第 52 页。

④ 《贝玑的祈祷》,第 80 页。

亲爱的朋友：

　　日内瓦报……带给我你父亲去世的消息。你正在度过的时刻正是几个月前我经历过的时刻，其回声至今仍每日在回忆和梦中响起。你也将学会体验心灵的联系在被扯断之后所进行的这种无限的深化，学会认识一个人单独面对生命时生命所具有的这种未曾料到的含义。这是一件很大很大的事情，一个人突然独自走在路上，他的前面不再有上一代的人，而他们的在场给人的安定感如此巨大，人们不曾想到，也不知道如何加以证明。你将渐渐感到这一点，一切都变了，尤其是你将感到我们又有了某种责任感。有各种各样重要的事情，过去我们曾依靠父亲的判断，而自己却没有意识到，现在则要靠我们自己了。有一些孩子，对于他们，人们更明确地感到需要履行为父的责任，而这种责任从未得到相称的报答，因为我们只会感谢孩子们返还给我们的同样多的馈赠。

　　我希望最后的时刻不会过于艰难，你不曾像我那样眼看着一个被剥夺了可感的存在的身体如何同死亡进行一场隐约的斗争。临终的形象在当时使我很痛苦，但终于被最后安宁的大和解战胜，这些形象现在仍不断地追随着我，仿佛是对于秩序的持续的呼唤，仿佛是哀求。我真心地希望你至少可以免于这一切。这样你就只会看到死亡的庄严以及它给予一个人的伟大。这要比任何痛苦都强大。他曾经只是一个变化中的人，像我们大家一样总可能有弱点，而现在则进入了他从此完成了的形象的圆满之中。从此他比过去更加在场，感谢上帝，对于这在场，我们再不能表示不忠了，因为它已经留在我们的实体之中了。①

这样，在场这一主题似乎就在聚集在拯救者周围的人、死人与活人之间超自然地团结的意识中完成了。不过，还有最后一个阶段要完成。为了理解这一阶段是如何地不可避免而贝甘又是多么努力地去避免，必须再次简短地回顾一下所走过的诸阶段：物之在场、物中上帝之在场、时间和人之在场、时间中和人中的在场。这最后的末世学的阶段似乎仍是一种在场，全体圣徒之中的上帝之在场。贝甘希望的上帝是一个被其造物证实并指明的上帝，是一个经由它处于其中并化身于其中的众多现实而为心灵所感的上帝。这就是这种在场神学的结果。贝甘用了一个无愧于帕斯卡的说法加以表达："在具体中摸到不可见之物的在场。"②

——然而，如果说到底具体不能承受这种在场，那将会怎样呢？

---

① 贝甘给马塞尔·雷蒙，1942 年 4 月 12 日。这实际上引的是让-保尔的一句话（第 8 卷，第 348 页，魏玛版）。
② 《关于在场的诗》，第 95 页。

　　无论贝甘做了多少努力去增加不可见之物周围的具体的真实，最后总有后者的某种逃脱。"完善的在场"支持不了聚集在它周围的不完善之物的在场。在不可言喻的在场面前，其他一切在场皆黯然失色。在贝甘的著作中，不止一个段落影射过上帝的这种最终的孤独。他知道诗的抱负不仅仅是在物中观照上帝，它还想达到"一种无物的观照"、一种"不可言喻的纯粹的在场"。① 贝甘写道："只有当诗达到它自己的不在场、其存在只是为了否定，而同时又进入它使之成为一种光明的黑暗中时，诗才能证明它的在场。"② 在这段话中看到向马拉美主义的回返，那将是一种错误。这里，对象之不在场其目的不是要达到一种无对象的在场，而是要达到一种唯有最高的对象存在其中的诗。对主体也是如此。如同面对上帝的在场，一切客观的真实都要退避一样，主观的真实也要相应地退避。因为说到底，是在灵魂的内在空虚之中神圣才肯自我认证。只有当自我放弃表示在场，不可言喻的在场才能完成。"深入到自我为了它在自身上感知到的一种在场而自弃的那个地方"③，"让满足心灵呼唤的那个在场深入到内在的空虚中去"④，这是贝甘

---

① 《浪漫派的心灵和梦》，第 401 页。
② 《关于在场的诗》，第 298 页。
③ 同上，第 22 页。
④ 《贝玑的祈祷》，第 35 页。

为了确立对透明的最终肯定而使用的两个很美的说法，而此种
确立是在对于一切非透明的东西的普遍排除中进行的。

　　对于此种被不在场所包围的在场来说，最动人、最准确的
证明莫过于贝甘在改宗①之后立即写给古斯塔夫·卢的信中的
一句话：

　　　　只是在那一天，我实在受不了了，我终于喊道，只有
　　完全放弃自我才能使我感到满足，于是空虚完成了，神圣
　　的在场安置在其中。②

　　因此，人们不能不承认，贝甘的事业仿佛是被一种失败的
阴影缠住不放。如果这一事业为了使不可言喻者显现，事实上
是使其周围充满它的创造，并且将具体化的在场置于具体的思
想中心、时间的中心和物的中心，那么如何能不想到一旦超验
之面目在空虚的深处冒出，则此建构将倒坍、此组合将解体
呢？为了使神圣之在场更为明显，贝甘竟认为在其周围堆积如
此多的其他在场是适宜的！其实，是在这些在场之不在场中，
神圣才能找到它最高的表现。

　　然而，如果谈到贝甘最终的失败，应该同时把他自己的这

---

① 指贝甘改信天主教。——译注
② 1941 年 6 月 7 日，《罗讷河手记》，《随笔与见证》，第 52 页。

句话用在他身上："诗在其失败中找到了它的伟大，这是真的吗?"①

① 　贝甘，《接近不可言传者》，《精神》，1946 年 12 月，第 888 页。

九、让·鲁塞和加埃唐·皮贡

　　贝甘绝非一位"客观的"批评家。通过一系列接引人，他所追寻的是他自己的冒险、他个人的探索。借用他用在他的一位同道身上的话，他是"有所关心的、介入冒险的、在其熟悉的诗人的指引下进行一种持续不断的寻求的批评家的典型"[1]。

　　然而，另一位操法语的瑞士批评家的作品与贝甘的作品显得多么不同！此人叫让·鲁塞，是雷蒙的朋友和弟子。贝甘的批评是急切的、热烈的，它强烈地感到"与己相关"，倾向于行动，并且越过行动，倾向于一种末日论的、超自然的真实；而鲁塞的批评则具有一种远非那么急迫的节奏和无所用心的性情，他在分析中细腻地关注艺术家的作品和不同的思想面貌。也许是由于这种对形式的巨大关注，人们试图把鲁塞的批评和阿纳托尔·法朗士或儒勒·勒迈特的享乐主义的、兴趣主义的

---

[1]　贝甘，《贝玑或冉森主义的终结》，《世界一周》，1947年3月22日。

批评拉在一起，当然并非没有怀疑，但至少人们是把它和那种打上克兰尼派①标记的感觉主义的静观式批评拉在一起的，人们可以在夏尔·杜波斯所钟爱的伟大的英国批评家沃尔特·佩特那里发现这种批评。事实上，在鲁塞所取的面对艺术作品和文学篇章的最初态度中，具有一种虔敬，一种让观照对象深入自身的少见的能力，一读到它，我们就常常想到佩特那些最美的随笔。在鲁塞身上，一切都从静观开始，这就是说，像雷蒙一样，一切都始于全部个人特性的暂时泯灭和目光面对对象的排他性的观照。鲁本斯②或丁托列托③的画、蒙特威尔第④的歌剧、波洛米尼⑤的雕塑、豪华的消遣、巴洛克诗歌轻盈或深刻的语句，所有这些美的不同的形象都像他在博物馆中漫步时一样与他的目光相遇，并且留住。一切都取决于这最初的碰撞：形式之绝非粗暴的呈现、对于它们的含义之耐心而从容的寻求，最终是对于既为对象所掩又为对象所彰之创造主体的发现。其结果是，此种批评成为一种持续不断的行动，面对作品的批评据此而在其客观实在中深入之、占有之、理解之，而其

---

① 见本书第 181 页注 2。——编者注
② 鲁本斯（1577—1640），佛兰德斯画家。——译注
③ 丁托列托（1518—1594），意大利文艺复兴后期威尼斯派重要画家之一。——译注
④ 蒙特威尔第（1567—1643），意大利作曲家。——译注
⑤ 波洛米尼（1599—1667），意大利建筑师。——译注

特有的目的是察觉一个最初隐而不彰的主体之介入。然而，为了这样从客体走向主体、从形式走向实体，这种批评思维必须穿越一定数量的阶段，在一定的时间内实现一种可被感知的进展。鲁塞从来也不显示出他立刻就占有了他的宝物，似乎可以说，对他最有影响的东西是以一种极度的缓慢让人感到其作用的。首先，对于意识来说，一切都被简化为对于一种在场的确认。一个对象只满足于被人看见，然而被人看见已经是不少了，因为这乃是向观察者显露它的外观能够提供的不可穷尽的丰富联系。因此，最先有的是：对象在其不可胜数的细节中的出现，这时，静观者仿佛不再存在了。至少是暂时地，他被他所感知到的东西否定了：

> 作为读者、听众、静观者，我感到身临其境，但也感到被否定了；面对作品，我不再像平时那样感觉和生活了。我被拖进一种变化之中，目睹了创造前的毁灭。[1]

对批评家个人的否定，对首先是完全客观的实体存在于他面前的肯定：正是在这些用语中，鲁塞的批评开始形成。

然而这种实体并非是永远不可触知的。如果静观者发生变化，静观的对象中就会呈现出一种同样的多变性。它会使肌理

---

[1]　鲁塞，《形式和意义》，科尔蒂版，第 III 页。

或形式产生可感的改变。静观者将衡量这一变化的幅度。在今日所有的批评家中，让·鲁塞最为关注在他眼前完成的这一变化。比之形式的静态，他更关注形式的动态，他特别喜欢那些文学或艺术的运动之表现起着一种根本作用的时代。这就是为什么让·鲁塞喜欢巴洛克艺术的伟大时期。他就这一主题完成过两本重要著作——《巴洛克时代的文学》和《法国巴洛克诗歌选》，他无疑是其特约批评家。

鲁塞在巴洛克诗歌中指出若干主题。它们的名称清楚地表明它们所要表现的现象的连续性质。普洛透斯①代表着"白色的不稳定"主题和"黑色的不稳定"主题。水泡、鸟、云这些形象最好地表现了一个始终变化不定的世界。但是，由于一种也许出自他的本性的偏爱，让·鲁塞尤其喜欢突出诗和艺术所表现的水的运动：大海、江河和水泉的运动，反射在闪光的水中的光的运动。这就是巴洛克世界的基本主题，这些主题又重新出现在批评家的世界中，它们通过一种无尽的反射和共鸣的现象而互相涵容、延伸和重复。主导的形象是一个本质上不稳定的世界的形象，这个世界远非其形式的囚徒，而是不断地更新其形式，自己则总是处于持续的孕育之中。批评家是其所见的镜子，是一种绝非固定在框架之中的现实的直接反映，因这种现实所具备的不稳定性，与其说它是物质世界的面目，不如

————————

① 希腊神话中的神，海神之子。——译注

说是一个与精神认同的纯然内在的世界的象征。因此，毫无疑问，批评家在这里不再是对象之存在的见证。代之以对象的，是他所发现的感觉、思想和精神状态。他借此而接近另一个世界，精神和主观生活的世界。

谈及巴洛克诗人，鲁塞提出如下的思考："他们竭力超越的这个世界，他们是将其作为一种连续的繁复、一系列变化、一种流动来体验的。"[1]

于是，外在的繁复变成了内在的繁复，这种繁复是从内部被体验到的。

鲁塞还说："人物和场景中的这种流动性意味着一种关于间断和变动的心理学；本质只能在其表象的瞬间的反映中被抓住，并在其躲避中呈现。"[2]

谁在这里说话？谁在表象的反映中被抓住？是诗人还是批评家？刚才说的心理学应用于谁？人物、作者、整个人类还是批评家本人？说到底，这关系不大。重要的是，越过对短暂的形式的观照，现在有了一个人，他意识到形式之短暂。意识依仗着对象和形式，但也最终摆脱对象和形式，终于把握住自己，尽管这种把握是最为短暂的行为。我们不再被固定在对稳定的对象的观照之中，相反，我们参与了一种运动，我们被解

---

① 鲁塞，《巴洛克时代的文学》，科尔蒂版，第121页。
② 同上，第44页。

放了的思想通过这一运动投入到精神生活的波动之中，由此在相接相续的诸种精神状态中认出自身。

没有对象，意识将不能开始此种经验；不摆脱对象，意识也将不能感知到自身。

因此，形式的生命导致意识的生命。

事实上，只满足于形式的生命是不可能的。形式的泯灭是为了重新出现和再度消失，形式不断地显示出：它听命于精神的活动。

让·斯塔罗宾斯基说："没有具有结构能力的意识，就没有结构。"让·鲁塞是可以将这种说法据为己有的。没有有意识的结构化，就没有结构。这种有意识的结构化使批评思维会参与其中的创造思维显示出作用。理解一部作品，乃是理解一种天才的意图如何创造出它为了自我实现而需要的那些手段。简言之，研究客观性所能发现的东西乃是主观性，这种主观性既是原则又是结果。

因此，从客观性到主观性，这中间有一种积极的关系，有一种应和，批评家应予以重视。然而客观性和主观性之间也有距离，批评理应使之突出。例如，一个生命的诸种事件首次被体验，而这些事件又在意识中被重新思考，在这两个时刻之间就可能会有距离产生，有两重性出现，于是就出现了被鲁塞称为"双重语调"的那种东西。经验几乎总有好几个阶段。鲁塞的批评的长处就在于，它让我们看到作品如何一个阶段一个阶段地接近它的终点，这终点只能是一种理解行为。"作品指明了作品之外"①，这个"作品之外"不是别的东西，乃是作品的意识。简言之，鲁塞的批评最终调和了一切作品的形式面和精神面。它描述了一种运动，借此，意识通过形式渐渐地实现对它的本相的一种适宜的表达："如果形式是一种包装的反面，那么它既非'客观的'，亦非外加的，它属于创造主体借以向自身呈现的那种运动本身。"②

作为精神的有结构的创造，作品来源于精神。只是自它有了自身的存在那一刻起，它才存在。谁说到结构，谁就在立即承认他面前有一个在某种程度上立足于其独立性并囿于其准客观性的实体在场（也许这在场完全是排他的）。当然，我们在此之前讨论过的那些批评家有一个共同的特点：从作品过渡到作者，在作品之内寻找发生意识。于是，为了触及作品所源自的主观性，这些批评家就倾向于忽视作品独立的、特殊的生命。在他们看来，作品不如创造精神重要。然而，这样回溯到主体、回溯到主体有望借以取得形态的那些客体的不在场之中，这乃是弃形式而取非形式，是破坏一种秩序甚至一个世界。也许唯有让·鲁塞才能成功地立于调和与交换的位置而不倒，而正是在这里才显现出自我和作品之间的相互依存。这里

---

① 鲁塞，《巴洛克时代的文学》，科尔蒂版，第 222 页。
② 鲁塞，《马塞尔·雷蒙德著作》，《法兰西信使》，1963 年 7 月，第 465 页。

提供了一种结构主义立场的可能性。然而还有另一种可能性，即抛弃作者的意识，肯定作品相对于作者的独立性。这无疑是加埃唐·皮贡所取的立场。他和英美新批评一样，认为作品只能在其自身的生命中被把握。皮贡距离雷蒙和杜波斯相当远，却接近他依靠鲍里斯·德·施劳泽而得以认识的俄国形式主义。他肯定了作品的自律原则：作品始于自身，批评行为应该把握的正是这种绝对的开始。当人们关注一部作品时，他首先看出的不是别的，而是作品在开始时借以同时完成其开端的运动，以及它与作者相分离的那种没有历史的运动。作品的开始乃是抛弃精神生活的一切不良习惯。作品远非一种先于它、却也是它使自己得以延伸的思想之忠实的、相似的后代，它通过一种分裂和抵抗的行动而反对那种几乎不可避免地构成内心生活之底的混乱和模糊。某种东西存在，或者开始存在。它不是一种以不存在任何特征为特征的精神存在之永久延续，而是精神对现时形势提出——有时是相当粗暴地——的确定的问题之回答。皮贡说："每一本书都是应时之作，都是对一种确定的情况的回答。"[1] "作品是一种起源，不是一种终结。"[2]

　　作品是其自身的起源，是逐渐被创造出来的，它一边塑造

------

[1]　皮贡，《贝尔纳诺斯》，第212页。在此，皮贡所指的是贝尔纳诺斯，但人们可赋予它更普遍的意义。

[2]　皮贡，《阅读的效用》，第1部，第12页。

着自己的未来，一边朝着它前进。批评家的特殊使命在于跟踪这种创造的进程，指出作品的绝对独特性，尤其是针对写作者的那种独特性。例如，在《阅读普鲁斯特》中，皮贡的判断力是何等准确，他向我们展示出普鲁斯特的伟大小说的发展，但他不是在其中发现那些在作者先前的作品中已隐然可见的原则之应用，而是跟踪这部新作品借以获得一种语言、一种形式、一种不曾料到的深刻——最后一种创造比其他的创造更令人钦佩——的那种创造的运动。实际上，这就是皮贡的批评思维的奇怪的结果。它忽略或者抛弃那种初始的意识，而大部分批评家则从中看到了作品的发生原则。由于皮贡让一切都从作品中、在作品中开始，批评思想归根结底是转向一种作者而非作品所固有的思想。不过这种思想并非初始的，亦非先于作品本身，而必然地表现为一种终结。它是一种自我意识，它随着作品成形并获得一种精神性，在作品中诞生和成熟。这样，皮贡的批评在开始时是那样强烈的形式主义，因此也与大部分当代批评那样不同，最终却在对意识的同一种意识中与这些当代批评混为一体。

十、乔治·布兰

　　乔治·布兰的批评著作大家是知道的。如果不算相当数量的，其中大部分尚未结集的评论文章，他的著作可分为两大部分，一类是关于波德莱尔的：《恶之花》的注释本（先与雅克·克雷佩合作，后与克洛德·皮舒阿合作），《私人日记》的注释本（与雅克·克雷佩合作），令人钦佩的《波德莱尔》，三十年前由"新法兰西评论"出版，迄今仍是关于这位作者的最透彻的论文之一，还有《波德莱尔的虐待狂》，此书在萨特为《私人日记》写的著名引言发表后不久出版，以其反萨特的立场而轰动一时。另一类由关于司汤达的两篇博士论文组成，一本题为《司汤达和小说问题》，另一本（遗憾的是尚不完整）题为《司汤达和人格问题》①。布兰的渊博是通过两位特殊的作者司汤达和波德莱尔表现出来的。这一选择的理由很重要。

---

① 科尔蒂版。

乔治·布兰善于突出的不是一种思想的严格的决定论，这种思想强迫人们无论愿意与否，都要遵循某些指示，听命于一种一劳永逸的计划（例如巴尔扎克），而是一种思想所具有的选择的能力，这种思想始终是自立的，能够不断地修改它的根本计划。

几个月前，乔治·布兰的一本新著出版。如果先前的著作是实际的，研究一些投入到未来中的作家，那么最近出版的这部著作则正相反，它本质上是理论性的，也就是说其目的在于向我们提出一种批评的总体理论，或者说，是关于一般批评行为的一种思考。

这部著作的题目是《筛麦子的女人》（根据库尔贝的一幅同名画，现藏南特美术馆）。筛选者乃是使作品的实质通过筛子的人。她分离出含义和意图。

乔治·布兰的批评思想在其源头上明显是与胡塞尔和梅洛-庞蒂①相联系的，故自然是处于他称为"意图批评"的那个框架之内。然而它却更好地，也就是说，更细微地区分出一种思想依据辩证法在走向其结局的过程中所具有的不同阶段、回转、重复和各式各样的分支。实际上，任何作品都首先具有一种"目的论方面"。它想要满足一种欲望，形成一种精神的

---

① 梅洛-庞蒂（Maurice Merleau-Ponty，1908—1961），法国著名哲学家。——译注

指向。例如，波德莱尔的《邀游》是什么？它只能是一种行为，诗人的旅行的念头通过这种行为并借助于"一种计划的抒情性"而成形。同样，如果司汤达在其小说中完美地实现了作者、主人公和读者之间的认同，其理由是："他的创造的运动和主人公的激情的运动是如此奇妙地重合一致，我们的同情亦同时紧随其后。"

因此，这是创造作品的作者的创造运动和激情的目的性调动起来并赋予不同的人物的那些特有的意愿之间的重合，也是作者的指导思想和读者（尤其是批评家这特殊的读者）的精神导向之间的重合，这读者虽然经受同样的撩拨、驱动、转向和袭击，却仍然迈着同样的步伐向着同一个目标前进。关于波德莱尔，布兰说他在研究的时候主要是想突出他的"一种悲剧的目的性"，关于司汤达，他认为其作品和思想提出一个双重的问题——是人格问题，也是小说问题——在任何情况下作为本质活力向他呈现出来的都是多种意图的配置和多种倾向的交汇发展："在决定作品之目的性和似乎需要这作品之目的性的交汇处寻求作品的意义"，在布兰看来，这就是批评家的职能。

这意味着在被如此考察的作品中有好几个意图，它们彼此并非不相似，并非矛盾，而是相应于一种极力想达到目的的精神在作品的进程中依次具有的彼此间既相异又相似的种种企图。仿佛蒙田的随笔，作品沿其设定的路线被感知，呈现出一种线的形式，犹豫、曲折、有时甚至破碎，这是一种不得不尽可能紧地抓住某种生活计划的精神通过不断的调整而产生的一系列连续的行动。没有有意图的思想，没有一种试图通过确定针对其对象应采取的立场以确定其对象的意识，就没有意向性。这样，由于一切意图批评都具有的一种悖论，客体变成了主体的呈露者。作品将其表面真实大白于天下，并且暴露其对象之花园，在其范围之内变得越来越可感的是这些对象被选择、被喜欢，首先是被向往的理由。研究作品中的、属于作品的对象，这乃是突出确然主观的行动，可以说，这种行动在将自己有倾向的意志引向对象的同时，也从外面和后面赋予对象最终的形式。简言之，意向性分离出结构，而结构又揭示出精神的习惯，即偏爱。如果说世界被揭露，那不是在其自身上被揭露的，其被揭露是相对于一种多少被承认的倾向、一种预先的评价而言的，这种评价将自身献给它所选择的世界。

　　布兰所进行的批评是最为言简意赅的一种。甚至是，由于他的精微、他的极度的精神张力、他的目标所决定的精神场的狭小，他的批评常常能够将作为他的本分的那种对对象的追寻远远地推出正常的界限之外。在批评家的展望中，主体乃是一位乞求者，他仿佛被拴在他的任务上，比实际上更难以摆脱。他的处境恶化，更加成问题。在布兰那里，对某些倾向的赞同，对某些追寻的坚持，批评家与被批评者的意图的认同，这一切在批评家身上产生的结果仿佛就是再度提出所有的问题，而且有那么多的思考，那么多的各种各样的"区别"，以至于

批评思维显得像是一种以被批评的思想为出发点和跳板的令人
眩晕的、思辨的细致描述。由此而来的是布兰不能在批评行为
中发现达到一种深刻的一致、一种松弛、一种理解中的澄明的
安宁的机会，这是与其他一些认同批评家如雷蒙、里夏尔、斯
塔罗宾斯基等不同的。对于雷蒙来说，面对一种在作品中完成
的神秘，没有智力的泯灭，或者至少是分析的、离析的智力的
泯灭，就没有批评，而此种神秘就是作品，要做的只不过是将
其完成移进一个新的精神场所，这新的精神场所就是批评家的
谦卑的意识。结果，批评家几乎全部地排除了这种对自我的
爱，这乃是对于任何批评性理解和任何神秘的理解的大障碍。
然而布兰的批评思想从来也不是一种纯粹非功利的行为。相
反，批评家通过这种行为承担并为了自身的利益而进行艰苦的
思想劳动，而被批评的思想只不过是激发了这种劳动。他就这
样承担了内在的困难，仿佛他从第一个承担者身上卸下了令人
痛苦的重负。这重负变得无限地难以承担，因为无数的问题更
加大了它的重量，而这些问题在第一个承担者身上还不那么
重。这样，作者的意向性在进入批评家的思想中时就经历了一
种变化，这种变化是一种真正的加剧。还有，在布兰那里，相
对于被分析的作者的思维来说，自反的思维之无休止的推论变
成某种如此不成比例的东西，以至于人们可以说，精神的活动
在从一种思想过渡到另一种思想的同时也进入一个迷宫似的世
界的无尽的圆圈之中。布兰的经过思考的思想在变化和加剧之

后就再没有间歇和松弛了。它变成了一连串演绎出来的建议。与亚里士多德不同，目的在这里绝无一种基本的形式所具有的那种说到底使人平静的面目，这种形式从一开始就主宰着它与之相连的那个对象的进展，并在各种不同的蜕变中支持着它，而它为了逐步地实现自己就必须经历这些蜕变。相反，一种越来越严峻的张力出现在处于不同的精神力量之间的乔治·布兰的批评世界之中。这种批评可以说总是投入到一种令人心碎的辩证法之中，而这种辩证法在每一个意识中将任何欲望、任何对缺失的感觉、任何思想都固有的悲剧推向极致。其结果是，这种批评距离让-皮埃尔·里夏尔的批评要多远就有多远，而对于里夏尔来说，批评的唯一目的是向我们分享存在于作品的中心和人类经验的中心的那种真正的幸福感。这在一位像居斯塔夫·福楼拜那样的小说家身上尤其是一目了然的。无论爱玛和弗雷德里克·毛漏①的意图目标是什么，它们总是朝着一个根本上不确定的对象，并且随着它们的区别和集中而失去这目标。对于福楼拜的主人公来说，重要的不是精神的全部活动汇集其上的一个固定的目标，而是那种波涛的运动，这运动通过将精神的意图移往一条过于宽广的战线而耗尽和打乱这些意图。在福楼拜那里（如同在柏格森那里），梦只有在松弛的时候才能够深化。这正是让-皮埃尔·里夏尔善于感觉到并且也

---

① 毛漏是福楼拜的小说《情感教育》中的人物。——译注

使我们感觉到的东西。然而一种意图批评如何能这样呢？这种批评从定义上说既不能给运用这种批评的人以安宁，也不能给因其批评而只想在他人身上突出其意图的人以安宁。因此，说布兰的批评注定就是一种忧患意识的反映，是一种对于精神的一切经验所具有的必然是忧患的、性质特别敏感的批评，这并非完全没有道理。何况这种批评像斯塔罗宾斯基的批评一样，能够享有一种美妙的晶莹性，而某种优良的智力则可用以装扮其对象。然而，布兰的智力或等于或优于其他人的智力，却是一种没有透明之快乐及安详的智力。它不是在光明中、也不是在完全的自由中运行，它是它的意图冲动的、它自己一环一环地锻造的无尽的锁链的囚徒。它有时竟一眼就看尽整条锁链！但是，如同在利科①的现象学中一样，它只能一个阶段一个阶段地前进，在每个阶段中估量着那种使探寻者失去对目的的把握的东西。

---

① 利科（Paul Ricoeur，1913—2005），法国哲学家。——译注

十一、加斯东·巴什拉

1

意识的意识！——直到现在，当代批评看起来最引人注目的，是它竭力要使自己置身于他人的意识之中，然而又不被意识散发出来的、难以脱离的流动而稠密的形象淹没。杜波斯、里维埃、雷蒙、贝甘在这一点上很相像。无可怀疑，对他们来说，若想在最良好的条件中完成批评的内向化，则他们所关注的作者的思想必须不为感性经验的波涛所淹没，并非他们中间有人想在纯粹智力的很稀少的领域中达到瓦莱里魂萦梦绕的那种对于赤裸意识的感知。例如，对杜波斯来说，意识在其最高点上自己就向着潮涌般的精神财富开放；如果雷蒙梦想着一种非智力的、尽可能接近无意识的意识，那是为了在其中发现一种自我感觉的圆满，这种圆满只有在脱尽其他一切对象的时候，才能充满灵魂。总之，对于我们这个时代的相当一部分批评家来说，他人的意识只有在既远离其原初的虚空，又远离阻塞一切的形象和感知之流在它身上引起的拥挤之时，才是可以被把握和被穿透的。因此，许多批评家注重某些特殊的时刻，陶醉、梦幻、情感回忆之浮现和准记忆状态，当其时，思想发现自己并未跳进其普通经验的水流中，而是跳进一种半透明之中，这种半透明使它变得广阔而悦目，并且不曾因过度的明亮而使人眼花缭乱。

也许只有雅克·里维埃出于幸运并几乎是摸索着发现他人的意识中存在着一个边界不清的边缘地区，其质料确实是感性的，触到即显；然而，对他来说，这个模糊的、芜杂的、在精神的边缘碰到的地方更多地具有一种栅栏和障碍的性质。这正是批评思维在一种近乎盲目的运动中撞上并有可能深陷其中的东西，而它原是试图借此运动到达一个不那么混杂的地区。

加斯东·巴什拉的独特贡献亦在于此，他在其他批评家多少弃之不顾的地方获得了一种新的意识，建立了一种新的批评。在他之前，至少对一种非精神分析的（以及非马克思主义的）批评来说，意识是一种物质性最少的东西，恰恰是应该在这种非物质性中来把握它。但是从巴什拉开始，不可能再谈论意识的非物质性了，也很难不通过相选的形象层来感知意识了。因此，巴什拉完成的革命是一场哥白尼式的革命。在他之后，意识的世界，随之而来的诗的、文学的世界，都不再是先前那副模样了。他是弗洛伊德之后最伟大的精神生活的探索者。然而他走过的道路却大异于弗洛伊德的道路。

2

巴什拉在《火的精神分析》一书的开头写道："应该更为清晰地区分沉思的人和思想者。"[①] 本章的目的在于阐明这种根本的区别，故其开头以在巴什拉的作品中寻找两种人——一种人思想，而另一种人梦想——的对立形象为宜。

我们肯定可以认为在哲学家[②]的生活中，首先表现出来的是一位梦幻者，这是不会错的。读过《梦想的诗学》或《烛火》的几页，我们不难回想出巴什拉的童年，那是一个高度沉思的童年，充满了永远不能忘怀的梦幻。然而巴什拉的这些著作较为晚出，写于暮年。老人的梦连上了孩子的梦，尽管有时间相隔，两个想象的运动却交织在一起。但是，在这些时间之间，在结束和开始之间，在巴什拉的成年生活中，梦幻者的形象是否也占主导地位？应该承认，情况完全相反。简单地浏览一下巴什拉的科学著作，我们就可以知道，在很长时间内反梦幻者占据了舞台的中央，而其沉思的对手则退入暗处。一个人

———————————

① 巴什拉，《火的精神分析》，第 13 页。
② 指加斯东·巴什拉。——译注

专心致志地在想象中营造他的世界，继之而来的是一个全然不同的人，野心勃勃，渴望着确实性。这种野心并非与他个人有关。很难想象出更加无功利的希望了。这位新勒南①一心考虑的不是他自己，而是"科学的未来"。他只有一个目的，即走上通往真理的道路。他的早期著作的口吻是坚决的、热烈的、权威的。读过这些书的人可以想象出一个热烈地执着于理想主义的信仰，决心确定与这些信仰生死攸关的方法的巴什拉。总之，巴什拉开始时是一位科学的改革者，其不妥协性与笛卡尔毫无二致。当然，他自己的思想与笛卡尔哲学毫无相似之处。然而，一开始就有一种意图表现出来，他对于纯粹性的苛求不能不使人想到《方法谈》的作者②：即试图向精神要求一种科学，当然也并非完美无缺，否则就是非分之想了，但无论如何要排除普通知识、甚至学者的知识中的一切模棱两可之处。思想一下子冲向一种摆脱了掩盖其上的假对象的知识，巴什拉说他主张的这种纯科学的思想是一种"焦虑的思想，寻求对象的思想"③。在另一个地方，他在界定他自己的研究时，将其称为"客观探索的任务"④。

---

① 勒南（Ernest Renan，1823—1892），法国作家。——译注
② 指笛卡尔。——译注
③ 巴什拉，《新科学精神》，第 177 页。
④ 巴什拉，《当代物理学的理性主义活动》，第 3 页。

　　事实上，如果说有一种原初的冲动，有一种将巴什拉的思想抛向前方的初始动力的话，其方向确实是指向未来，同时也是指向对象。研究者这里探求的不是他自己，而是一种外在的、非个人的真理。然而，既然学者考虑到不致因赋予对象一种先在的意义而使之变质，从而不愿提出任何的界定，那么我们就可以问一问，这对象究竟是什么。奇怪的是，为了一步步认识对象，必须防止认识它，无论如何也不能给予它一种可以认识的表现。这就是巴什拉的思想之最初的要求。一方面，这种思想走上一条使它远离对其活动本身的任何内在感知的道路，因为它完全转向对象，它不能不忘掉作为主体的自我；但另一方面，它自许的这种绝对的客观性可以说是一种被剥除了对象本身的客观性，而这对象本应是它的中心，因此，这是一种其对象退避、并注定要永远隐姓埋名的客观性。"正在客观化的思想"①，这是巴什拉为确定一种理想的科学的特点而使用的一种说法，这种理想的科学的要求是如此苛刻，以致于似乎思想者一旦达到他所寻求的对象时，他就必须抛弃它，否定它，摆脱它而逃向一种想象对实在的不断地感染。作为纯客观性的捍卫者，巴什拉不能不成为一切非纯客观性的反对者。

　　他的思想是那种只有在表示出反对、对它之所弃说"不"的时候才能获得冲力的思想。这是一种否定的哲学：

---

① 《新科学精神》，第 177 页。

　　科学精神应该在反对自然、反对自然在我们身内和身外的冲动和指示、反对自然的驱使中形成……①

　　似乎在二十世纪开始了一种反对感觉的科学思想，应该建立一种反对象的客观理论。②

　　事实上，只有当人们同直接的对象一刀两断时，科学的客观性才是可能的。③

　　但是不要弄错，与对象一刀两断，针对它展开一种解脱和斗争的运动（思想正是依靠这种运动才在客观化的道路上前进），这并不是与对象中的客观性一刀两断，而是抛弃对象偷偷摸摸地具有的主观性。这里，对立思维与反驳是明确地反对一种客观性的，这种客观性在浸透了主观性的同时就失去了它的真正客观的性质，因此也失去了它的科学价值。

　　自有科学之初，这一点就很明显，或者应该很明显。教授科学，就是使受教者警惕那些肤浅的解释，其中隐藏着某种源于主观性的形象：

---

① 巴什拉，《科学精神的培养》，第 23 页。
② 同上，第 250 页。
③ 《火的精神分析》，第 9 页。

一个施教者应该总是想到使观察者脱离其对象，在大量的情感性面前保护其学生，这些情感性集中于某些过于迅速地被符号化的现象上面……①

因此，由于不断地脱离其对象，净化其精神，空无其自身，以便在未来的某个不确定的时刻使那种他不可从现在起就去想象的新对象在他身上立足，巴什拉式的思想者就处于一种很特殊的地位；他一方面不能想象他另一方面又竭力去思想的东西。在巴什拉那里，一切都开始于被超越的思想和尚未被把握的思想之间的距离。科学认识从来也不是某种被获得的东西。它永远是思想要去追寻的那种东西。彼处，现时之外，有着精神要探求的东西。真正的客观的思想对它给它自己确定的对象是一无所知的。它因不知道它将会发现什么而与那种没有形象的潜在性很相像，这是未来赋予它的唯一真实的面貌。因此，如果在巴什拉的思想中有一种需要阐明的初始因素，那就是这思想中没有任何先在的规定，仿佛认识行为不能满足科学的最正当的要求，仿佛它不是针对一个看起来已由精神确定了的对象，而是企图超越对象，进入思想的一种纯粹的客观化之中。

简言之，不可设想所追寻的对象，然而同时又将精神的一

_____

① 《科学精神的培养》，第54页。

切活动引向对于对象的追寻。而且还要同样严格地禁止这一活动须臾离开它以其为终点的那个既排他又不可设想的对象。其结果是，除了不可给予探究的对象一个名称外，还须禁止过问探究者的思想。探究的对象可以不论，然则探究者为何？其愿望是什么？其思想的动机是什么？这思想如何把握自身，能否在其自身的深处达到其行为的动力源？这动力源乃是认知力，它在实现自身的同时把追寻一个它毫无所知的对象作为目的。这些就是学者在开始时没有提出也不能提出的问题。简言之，似乎巴什拉的思想是以一种我思的反面为开端的：在它之所思之前，它拒绝在思想者的本质之中获得支撑。在其思想之客观的、意图的指向呈现于思想者之前，一切都仿佛既无思想者亦无思想，巴什拉写道："在其针对客观认识的本质行动之外，如何能希望把握简单的、赤裸裸的自我呢?"[1] 这是将现象学的客观主义一直推向也许与原则背道而驰的后果。

　　然而，如果在它进入"客观的认识"的领域之前无法（亦无必要）"把握简单的、赤裸裸的自我"，那么，当这自我由于此种行动而在其对象身上得到理解、或者至少在它借以开始其追寻对象的运动中得到理解时，是否有可能把握它呢？尽管巴什拉的精神严格地竭力阻止感情在其思想的发展中有所干预，它仍不能完全把自我的侵入排除在思想之外："经历和再次经

[1]　《新科学精神》，第 10 页。

历客观性的时刻，不断地处于客观化的萌芽状态"①，这种精彩的言论对学者②来说是一种信仰声明和纲领，其语气之热烈不允许在一篇鼓吹对对象之专一崇拜的文章中引入与之相反的成分。不难在其中看出一种自我激励的主观性，而这正存在于这主观性借以全力颂扬客观性的行动之中。因此，在思想的最初时刻，在"客观性的萌芽状态"中，不仅有一种客观化的活动，还有一种形成于客观化的行动本身之中的意识的萌芽状态。而这一点巴什拉是理解的，赞同的，并且径直将其包括进他的客观主义之有力的天主教性质之中，不惜冒削弱其纯洁性或缩小其范围的风险。不，不单单是有一种消融于对象之中的思想，还有一种通过寻找对象而能够向自身显现的思想，此乃显露于科学认识之过程中或结束时的自我意识，仿佛一种补偿，一次快乐的机会，一种行动的准确的保证，此种行动意外得到一种额外的收获，思想在运作中意识到它的行动本身。走向对象，乃是走向自身；这种对自我和外在真实的双重发现是在一种清醒的时刻完成的，在这一时刻中精神发现它上升到一个顶点：

　　　　无论它来自痛苦还是来自欢乐，任何人在其生命中都

① 《科学精神的培养》，第248页。
② 指巴什拉。——译注

有这一充满了光明的时刻，这时他突然理解了他自己的使命……精神的勇气，乃是使这一认识的萌芽时刻保持活跃和生动，使之成为我们的直觉之不断喷涌的源泉……①

因此"认识的时刻"是与"客观化的萌芽状态"相连的。一个来源于另一个。一个与另一个合为一体。这就是为什么对于巴什拉来说，科学思想的展望运动倘若不结束于一种他所说的"理性化的意识获得"②，就永远是不完全的。他说："在我们看来，从主体方面说，个体的发生应该与科学文化在客观上具有创造性的力量相应。"③

怪哉，客观性的一端又出现了主观性！当人摆脱了他最熟悉的形象，最隐秘的梦，他借以使其秘密的自我在客观的思想之中心发生影响的时候，主体就作为一种创造的、并且意识到它的假设的力量出现在这个难以想象的世界上，眼下这是一个受没有对象的客观化统治着的世界。在一条通向最纯粹的客观性的道路的尽头，呈现在精神面前的仍然是一种形式的主观性：

---

① 《瞬间的直觉》，第 9 页。
② 巴什拉，《当代物理学的理性主义活动》，第 3 页。
③ 同上。

　　类比的梦幻正是在这里而不是在别处产生，它一边思想一边冒险，一边冒险一边思想，寻求思想对思想的阐明，在被告之的思想之外发现了一种顿悟……①

　　因此，说来不合情理，在科学思维的尽头，当它摆脱了一切形象，一切情感和梦幻的痕迹时，学者的意识中就冒出了一种梦幻的活动，一种"被动性"，这种被动性是深层梦幻的反面，同时却又是其对称物，而巴什拉则通过一种把他从精神生活的一极抛向另一极的跳跃同时成为这种深层梦幻的探索者和主体。于是，巴什拉在相对立的两端发现和进行两种梦幻，一种是黑暗中的梦幻，一种是白日梦。

3

　　但是，如果我们离开客观的静观，回到我们内心的经验上去，那么一切就变了，朦胧的性质变成清晰的性质，内在动力的经验走上第一线，而我们的运动之体验则成为派生的、次要的……②

---

① 巴什拉，《否定的哲学》，第 39 页。
② 《绵延之辩证法》，第 68 页。

这就是数年之后将逐点实现其纲领的那个人①事先以一种出奇的精确描绘出来的大变化，巴什拉的思想因此而有朝一日抛弃"客观的静观"，不经过渡就进入精神生活的最远点，即诗的静观。

人们可以将这种变化设想成一种不知不觉的渐弱，从一极一步步地过渡到另一极。谁也不曾比巴什拉更确切地揭示出智力如何在染上万千种感情色彩，与神话的万千种秘密形式结盟时发生蜕变并向反面转化，而其顺利又是多么的虚假。然而巴什拉的令人惊奇之处是丝毫也不妥协。对他来说，一方面有诗之轴，另一方面则有科学之轴。巴什拉说："梦想梦幻和思考思想，无疑是难以平衡的两种训练。"他又说："那是两种不同的生活的训练。我觉得最好是将其分开……"② 他在另一篇文章中更明确地肯定："在概念和形象之间，没有综合。"③

从此，对巴什拉来说，从一个极端到另一个极端的过渡，其间并没有程度的区分。如果有变化，那只能是突然地、彻底地完成。谁存在于一个世界中，谁就立即被带进另一个世界。谁存在于对象之中，谁就发现自己成了主体。用圣经的话说，原来在上的现在在下，原来在下的现在在上。很少能在一位作

---

① 指巴什拉。——译注

② 巴什拉，《梦想的诗学》，第 152 页。

③ 同上，第 45 页。

家那里发现如此彻底的跷跷板现象的例证。而在一位哲学家那里发现这样的例证则更不可能，因为他的思想恰恰是要防止这样的变化。人们可以想到某些政治家的演变。以一种政客的敏捷，从左派变成右派，通过类似一种不可理解的障眼法的变化，作为客观思想的捍卫者的巴什拉突然乔装打扮，成了诗歌思维的代表。那么，这种价值的颠倒从何而来？如何解释？是出尔反尔吗？难道是学者如此清晰的思想被诗搞乱了吗？被自己的研究带进一个他比任何人都清楚其魅力的世界中，他是不是终于被美人鱼的歌声征服了呢？

这样看就大错特错了。把这个具有双重天才的人看作是一位跌进诗人行列中的学者，这既荒谬又不公正。在使巴什拉从一极到另一极的摆动中，不可能找出最微小的模棱两可之处。一切都是直接地、明确地、在一片光明中发生的。最后，奇怪的是，无论支配着巴什拉的思想的那种交替显得多么干脆，却绝不导致改变旗号或抛弃先前所取的立场。巴什拉并未为了成为诗人而停止做学者。他始终同时是两者，这当然不是由于精神的一种同时的行动，而是由于一种钟摆的运动，这使他在其思想的两个基本处境之间有节奏地往返。总之，在一个犹豫的阶段（留待下文再谈）之后，这一思想发现自己不是单一的，而是双重的，既可以是此，亦可以是彼。变化，就是交替；而交替，就是在先前所取的立场之极端取用另一个立场，同样丰富，同样受到英勇地维护，但却不那么严格，接近者完全不必压制其原有的信念。

一句话，在巴什拉身上，两种不同的立场间有着绝对的对立，而丝毫没有辩证法。在这里，相互对立的观点之间的冲突绝不会导致一种相互调和的综合。其结果更多地是使思想的两个相对立的方式之间不存在任何妥协的机会。

"我把我的生活分作两个部分！"巴什拉的好友们是多么经常地听见他说这句话啊！这两个部分，这种存在的两重性，不应被设想为在不同的观点之间增加联系的途径，而应被设想为一种具备不同原则的双重存在，其中的主角始终是对其忠诚的，尽管这种忠诚意味着赞同一些彼此不相容的意见。简单地说，对巴什拉而言，调和不可调和的东西是无足轻重的。相反，倒是要在自己身上画一条分界线，像在一切思想的内部一样，这条分界线被一个唯一的控制中心严格地制约着，永远不致模糊。在巴什拉看来，最坏的莫过于精神边界的消失，因为这会带来高级精神概念的不精确。

但是，当巴什拉还是一位专注于科学真理的学者，尚未采取他后来的那种双重的终极立场的时候，他就已经意识到在将其精神生活截然分作两块的那条界线的另一侧进行冒险会有的风险，即受到感染，受到一种活动的欺骗，而他说这种活动的"源泉是不纯净的"①。首先，他唯一的意图是进行考察，可以

---

① 《火的精神分析》，第9页。

说是就地的考察，即在他的内心深处考察主观性引起的损失。
如同一位热情的海关官员跑遍边境地区、直接了解在相邻但敌
对的领土间的贸易中有何违法的事情，巴什拉不无恐惧地深入
他的自我的隐秘之处：他激励着自己去如实地抓住想象的邪恶
的行动，但他同时也承认这种任务的危险性。谈到他去过的那
些既凶险又熟悉、既奇特又可憎的地方，巴什拉称之为"个人
直觉和科学经验混杂处的不纯洁的客观的地域"①。关于他想
完成的计划，他写道："我们的任务不是现场地研究自我之心
理，而是跟随寻找对象的思想之积习。"② 这是一个使人不安
的任务，不是要行善，而是跟随恶，当然是揭露它，但也并非
不是亲切地体验它。恶，乃是在自我内部用寻找自我来取代寻
找对象。巴什拉写道："当我们转向我们自己的时候，我们就
背离了真实。当我们进行内心的体验时，我们就一定与客观的
经验背道而驰。"③

因此毫无疑问，巴什拉把目光投向自我，探索内心生活的
暧昧世界，甚至是怀着最好的意图，这时，他并不觉得做了一
件危险的、精神上可疑的事情，会危及他的精神之完整性和他
的幻象之安宁。跟随恶的积习，这难道不恰恰是一种离开真理

---

① 《火的精神分析》，第 12 页。

② 《科学精神的培养》，第 98 页。

③ 《火的精神分析》，第 16 页。

的行为吗？巴什拉作为主观的思想之揭露者难道不应该首先检验一下他的天性中必然固有的一种神秘化的能力对他自己的危害吗，既然他从中分辨出——并非没有引起纷纷议论——一股流向他内心深处的活水？他是一定要区分思想的两个相互对立的类型的，于是他在他的内心深处发现它们混在一起，恰好如假与真混在一起一样。他之想要修正、选择、删减、揭穿谎言，其源盖出于此。在他看来，精神的全部生命都是含混的、隐蔽的和下意识的，他必须坚决地予之以净化："这就是我们的目的：使精神克服其幸福感，让精神从原初的事实使它产生的自我陶醉中解脱出来。"[1] 以解除自我梦幻来医治自我，让精神中只留下一种非主观化的思想，这就是巴什拉提供的治疗方法，他多次将其称为客观认识之精神分析：

> 一种客观认识之精神分析应该驱除一切不是在客观的经验中形成的科学信念。[2]

> 一种客观认识之精神分析即使不用于消除这些天真的形象，也应用于抹掉其色彩。[3]

> 在投入任何一种客观的认识之前，精神应该接受精神

---

[1] 《火的精神分析》，第15页。

[2] 同上，第142页。

[3] 《科学精神的培养》，第78页。

分析。①

　　这样，任何科学文化……都应以一种精神的和情感的
净化为开端。②

　　那么，为了满足他对客观认识的理想，巴什拉的要求若不
是放弃他自己的理智又能是什么呢？请弄明白，这里说的是放
弃理智的"特有的"、个人的、与实施此种放弃的人的精神本
身相一致的那种东西："没有这种明确的放弃，没有这种对于
直觉的剥除，没有对于这些特别喜欢的形象的抛弃，客观的探
求不仅将很快失去其丰富性，也将失去其发现的媒介本身。"③
这种剥除颇像神秘主义者施行的那种剥除，它将理性主义者巴
什拉引向一种对自我的真正舍弃。为了让一个神——眼下就是
理性真实的神——降至他的身上，巴什拉希望精神做到完全地
克己，这不难使人想到一个人向一个没有色彩、失去感觉、除
尽一切个人的倾向和特征的自我的变化，此种变化人们可以在
居庸夫人一类的寂静主义者那里看到。当然，和他们那里发生
的事情不同，巴什拉并非要将精神化简为本质的消极。不过，
思想转化为一种绝对非个人的精神力量，这种行为意味着一种

---

① 《否定的哲学》，第 25 页。

② 《科学精神的培养》，第 18 页。

③ 同上，第 248 页。

要求，也许是一种理想，这种要求之严、这种理想之高并不次于虔信者的宗教。无论如何，这两方面中使人产生强烈印象的是净化之彻底性。在巴什拉的认识论著作中，从《论近似认识》到《关于非的哲学》，字字句句都显露出如下意图：使精神摆脱其情感的和想象的东西，以便通过这种切除达到一种经过精神分析而变得纯粹客观的思想之完全的澄澈。

这是巴什拉的理想，他借助于众多的陈述、揭露和斥责不断地努力给这种理想以最为明确的清晰性。谁也不能像他那样成功地使精神生活的对立的两端分开。然而在实现这种分裂的时候，在从他自己的两副面孔出发的时候，他得到了一个不曾料到过的结果。对客观的生活进行精神分析，这也是对主观的生活进行精神分析。不可能净化一个而不净化另一个。如同一个混合的、由分析使之分离的两种成分构成的实体，思想者的生活突然分裂为重要性不等的两种活动形式，净化活动在使之分离的同时又使之突现出来，在其自律中得到发展。并非只有经主观性净化、扰乱的客观思想，也还有——在巴什拉那里，这种效果是不自觉的、不曾料到的，然而更为丰富——一种卸掉了科学的客观化之责任和义务的主观思想带着其全部的光辉显现。

这样，巴什拉就像拇指姑娘的父母一样，原想把他的思想的孩子们丢在大森林里，却看见他们满载财富回来，说出的话充满了令人惊奇的启示。

4

　　巴什拉曾经评论过埃德加·爱伦·坡的几篇作品，他说他当时自觉有一个"实证的灵魂"，后来他承认了这些评论的不足，并且说："后来我们明白了，如果某一篇章没有任何客观的真实，它至少有一种主观的意思。"①

　　包含在这些意见中的这种告白可以帮助我们衡量他所走过的道路。在这里，巴什拉已不再满足于在抛弃对世界的某一种表现时指出它在科学上是错误的。除此之外，还有某种东西有待说出，这种东西和主观的某种残余有关。当一个作品的表面的主观性消失的时候，仍有某种东西残留在思想中，就如同某种化学物质在与单体分离之后仍残留在试管中一样。巴什拉承认，如果将精神现象和它呈现给观照者的客观性分离，那么就有一种主观基质留下来。现在吸引他注意力的正是这种东西：不再是一种完整的客观性，它只有在主观性的一切痕迹消失的时候才呈现于精神；而是一种内心的生活，只有当精神在中断或放弃追寻客观真实后，反在自己身上静观主观现实的时候，人们才能在其本质的简单及其统一性之中理解其含义。

　　也许，为了更深入地把握这种内心的生活，最好是向后

---

① 巴什拉，《水与梦幻》，第 85 页。

退，退到过去，退到一切现时的、随后的客观性之内。因为有时候，原初的主观本原存在于先于经验的某个点上以及某种发生的深度上，然后从这一点开始，某一形象或某一神话才在客观性中浮现出来。因此，巴什拉指出，"为了阅读波赫姆①，永远要置身于隐喻的主观源头，置身于客观的词语之前"②。

简言之，巴什拉现在探索的正是他在其生平的另一阶段或另一部分作为探索规则的那种东西的反面；因为现在居先的不再是客观性了，而是主观性。在一系列文章中，巴什拉提醒其读者注意客观化的危险：

> 客观地描述一种梦幻，这已经是使之减弱并中止了。③
>
> 声称客观地研究想象力，这是毫无意义的……④
>
> 如果想独立地关注想象主体的一切活动，那就应该丢弃对于客观描写的兴趣。⑤

---

① 波赫姆（Jacob Bohme，1575—1624），德国哲学家，神秘主义的代表人物之一。——译注
② 巴什拉，《气与梦》，第 138 页。
③ 巴什拉，《空间的诗学》，第 143 页。
④ 《梦想的诗学》，第 46 页。
⑤ 巴什拉，《土与意志的梦幻》，第 290 页。

倒转是完全的。然而这是不是说，在主观现实的世界中应该以纯粹的主观化为目标，如同在科学认识的世界中应排除一切主观因素？人们倾向于认为如此。然而何谓纯粹的主观化？主观世界之存在能够没有对象吗？有可能构建一种不需要形象而能自思和自现的思想吗？

这正是巴什拉不相信的东西。对他来说，只有经由基本的本相现实的世界展示、支持和说明的主观性。主体的呈露全赖对象及对象中之实体：

> 在梦见实体的秘密的功效的同时，我们梦见了我们的秘密的存在。①
>
> 一切在内心深处被梦见的实体都把我们引向我们的无意识的内心深处。②
>
> 大地上的物使我们听见我们对于活力的允诺的回声。③

同样，面对着火的梦幻可以揭示梦幻者的存在。与睡眠者

---

① 《土与休息的梦幻》，第51页.
② 同上，第333页。
③ 同上，第9页。

的梦不同，"它总是或多或少地指向一个对象"[①]。

这是被梦幻思维把握、转换和主观化的对象，是丝毫不失其物质性及其对感性生活之冲撞的对象，它摆脱了它的外在的确定地点，变成一种自识其精神、自观于其上的形象。与外部对象不同，形象呈现出一种开放的、亲切的、几乎是驯顺的面貌，令主体放心，它随时准备与之建立关系。而这种关系因梦幻而不可穷尽。我们不再处于主客对立成为首要且不可违反之规律的那个世界之中了。或者说，在科学认识的世界中，任何主观都是不被允许的，对象最后不得不在匿名和孤独中反思自身，而在梦幻的世界中，主体无一时是孤立的、囿于自身的，相反，它被大量的梦幻的对象包围，它在其中认出自己，并且安静下来。

在某些受到偏爱的形象中呈现的正是这种主客之间的统一。

例如，在诗人所咏唱的鸟的形象中：

> 一个纯粹的诗的对象应该同时吸收整个主体和整个对象。雪莱的纯粹的云雀因其无形的快乐而成为主体的快乐和世界的快乐之总和。[②]

[①] 《火的精神分析》，第36页。

[②] 《气与梦》，第104页。

或者在艾吕雅的诗的蓝天之中：

> 面对蓝天，一种非常柔和、轻淡的蓝色，面对被艾吕
> 雅的梦幻净化的天空，人们将有幸在萌芽状态的勃勃生气
> 中把握住萌芽中的主客之合一。①

还有湖的形象，比蔚蓝色的天空更能暗示一个主客泯除对立、满足于和平共处的世界：

> 那里有湖，有池塘，它们有在场之特权。梦幻者渐渐
> 进入这种在场。在这种在场中，梦幻者之自我不再有对立
> 物。没有什么东西与它对立。宇宙失去一切对立之功能。
> 在建立在池塘之上的这个宇宙中，灵魂处处为家，沉静的
> 水容纳一切，宇宙及其梦幻者。②

在这样的篇章中，使人惊奇的不仅仅是一种思想的难以置信的变化，这种思想在最抽象的客观化中变得僵硬之后很久，终于让自己沉浸在一片松弛、和谐和幸福的气氛之中；而且还

---

① 《气与梦》，第 194 页。
② 《梦想的诗学》，第 169 页。

有这样一种事实，即对应于精神实体的变化有一种言语上的转变。仿佛在越过上面讲过的、分享其精神生活的那条不可见的边界之同时，那个语词滞重、像过去的巴什拉那样多少有些学究气的人突然像使徒遇见火舌一样，变成一位文思奔涌气派恢宏的作家，其语言在描述主客统一时自发地具有温柔、深沉和雄健的种种声调。但是这样说还不够。言语和思想的结合在这里具有一种共鸣力，使人不能不想到那一长串浪漫派的作品，其中崇拜自然的陶醉呈现出同样的统一：纪德、福楼拜、莫里斯·德·盖兰、塞南古的作品，尤其是卢梭的作品。对某些人来说，物的生命之缓慢然而可以察觉的运动和话语的悄悄声在一个神奇的时刻仿佛协调一致地流淌。可以说，就在思想和所思之间的古老分别消失的那一刻，语词所呈现的习惯上的障碍也同时不再存在，其结果是选词用词变得容易，因为思想是在一个物质不再构成抵抗的世界中运动。因此，思想能在这种极易穿透和表达的物质中热烈奔放地传播，而这种思想将在话语的喜悦中"思索物质，梦想物质，生活在物质之中，或者——这是一码事——使想象物物质化"。[①]

　　有时，与对象的接近达到一种具有融合作用的互补性，其程度可以使人面对两种力量如此协调的合作竟不能说是否有一方还能保持任何的自律。

——————

① 《气与梦》，第 14 页。

　　深入地体验植物的生长，乃是在全宇宙中感觉到同样的树的力量，在自身上形成一种威严的树精意识，这种意识集中了一个无限的世界的植物强力意志。[1]

　　"深入地体验植物的生长""在自身上形成一种树精意识""生活在物质之中"，这些说法都表明在巴什拉那里有一种朝向对象的精神进展，但是更多地，仿佛是超越对象，则是表明一种对于物质生活的越来越深入的参与，两种自然的认同以及自我对一种它与之混同的普遍实体的最终突入。

　　思想在其斜坡上朝着自定的终点缓慢地滑行，因为在巴什拉那里也像在雨果那里一样，有一个"梦幻的斜坡"；自我在物或物的形象中流动，其结果是，如果说从物的方面对由思想开始的这种深入运动没有任何阻力的话，那么，思想对于这种流动、它自身在对象中的流动也没有任何阻力。在某种意义上说，这是巴什拉的一种了不起的成功。在他身上，和对物的无限深入相对应的是精神的无限可塑性。思想和它滑行的目标融合得如此彻底，以至于它有可能作为思想而消失，作为物质的一个组成部分而淹没于物质之中。

　　因此，人们在阅读巴什拉的著作时，竟多次置他所怀有的

————————

[1] 《气与梦》，第 254 页。

巨大的乐观主义于不顾，而产生一种濒临深渊的焦虑感：准备跳进夫，消失在其中，颇似自杀行为，自杀者更多地是要进入一个基本的世界，他梦想着被接纳，而自我不留下一丝痕迹。返回不确定性，沉入原始物质的同质性，这就是巴什拉的愿望。这实际上是对于无意识的愿望，如阿米尔所言，是希望在任何区别、任何记忆和任何意识之内重新进入一种也许交织着梦的原初朦胧之中。然而这却是一个巴什拉背离的世界，尽管对他有吸引力，因为这是一个任何意识也不再残存的世界。与其他梦的生活之伟大探索者如诺瓦利斯、舒伯特、卡鲁斯①、奈瓦尔和他们的历史家阿尔贝·贝甘不同，巴什拉是带着一种不信任甚至公开的保留来看待睡眠者的梦境的。可以说，巴什拉差一点屈服于一个人们在其中不知所措、失去意识、变成想象物的世界的吸引，然后他才明白，在这个世界中，一种形式的排他性的客观性又一次胜利了，靠着摈除或淹没主观性原则而胜利了。关于睡眠者的梦境，他说："主体在其中失去其本质，这是一些没有主体的梦。"他在另一处表达得更为明确："夜的梦者不能提出一种我思"②。"夜梦无助于我们表明一种非我思"③。

---

① 疑指德国哲学家卡鲁斯（Karl Gustav Carus，1789—1869）。——译注
② 《梦想的诗学》，第 20 页。
③ 同上。第 128 页。

5

　　如果没有一种关于梦的我思，至少还有一种关于梦幻的我思。将一切主观性都排除在外的精神之原始傲慢，对主体之追踪，对自我各种形式的迫害，将一种至上的主观性置于一个科学思维不可企及的世界之中心的那种视野转换，最后还有在主体与其对象们相联系的角度上对精神生活之确认，这一切在巴什拉的思想中都导致通过自我来把握自我，也就是说导致一种真正的我思。当然，这与笛卡尔的我思大异其趣。这里没有丝毫的傲慢或不宽容。巴什拉的那个幻想有一种在其自身泯灭一切个人思想之痕迹的客观意识的时期已很遥远。这也绝不是那种对于精神孤独的可怕的笛卡尔式的苛求，这种苛求使得那种夸张的怀疑在信仰的泯灭中只留下一种裸露的思想，而这种思想在其自身上只能远远地看见它自己。相反，让我们想象一种不苛求的、可亲的，而且来得很迟的我思吧，因为其作者是在许多次迷路和不可避免的幻灭之后才在暮年完全地体验到它，而这些幻灭对那些理智的人的作用就是使之从此满足于很少的东西。这就是巴什拉很晚才置于他那些珍爱的形象中心的自我意识。这种意识不是一种客观认识的孤立原则，不是一种使人衰竭的光，也不是一种对其世界行使不分层次的统治的权威力量。它是一种谦逊的意识，没有很高的奢望，喜欢生活在它的形象之中，并使之聚在自己周围，如一群共餐者一般，简言之，它不想同对象进行主体的那种无休止的战争，反而满意于和它们保持良好的睦邻关系，而且它首先从中获益：

> 梦幻者之扩散的我思从其梦幻对象那里得到一种对于它的存在的平静的肯定。[①]

巴什拉的我思就这样被固定在对于它的存在之深刻确认之中，然而它感到的强度如此微弱，以至于存在意识勉强从非存在中浮现出来，故巴什拉的我思更像卢梭的我思，而不像笛卡尔的我思。最纤细的感性经验都能使它满足，仿佛为了使精神能从原始的感觉滑向确实是存在的感觉，只需在世界和它之间有最低限度的关系。最后，一切紧张状态都停止了，灵魂进入沉思，在一个它到处所遇皆为透明的宇宙中品味着它的内在在场之平静的保证，而没有任何外在的对象前来与这种保证相对立；"在一种顺畅的我思中获得没有张力的意识，在一个令人欣悦的形象出现时给予存在之确实性……"[②]。

在巴什拉那里，没有什么感觉比这种在梦幻中体验到的谦卑的存在感更为动人的了，仿佛重要的是在夜的无意识和一片

[①]　《梦想的诗学》，第 143 页。

[②]　同上，第 150 页。

光明之中的意识的正中间的某处发现一个意识点。一个正好具有足够的光亮以从无意识中浮现出来的意识，一个对于可能的最小存在的意识。这就是梦幻者巴什拉喜欢寻求和描述的状态："从本体论上说处于存在之下、虚无之上的状态。在这些状态中，存在和非存在之间的矛盾得到缓和。一个不及存在之物试图变成存在。"①

　　因此巴什拉认为，一方面，意识的初始行为是无意识的近邻，另一方面，它也并未失去它的意识的品性。这正是梦幻的状态，因为这种状态不具备没有意识、没有主体（这主体是夜间睡眠的梦幻自我）的自我的那种全然否定的特性，也不具备白日的、为能反思自身而与所思相分离的意识的明确肯定性。可以认为，巴什拉的这种偏爱的理由源于这一事实：与清晰的意识不同，模糊的意识与世界保持接触，不孤立自我。然而，梦幻，至少某种梦幻的特性乃是在对象和自我之间积累一个越来越浓厚的朦胧区域，使梦幻的灵魂终于倾向于半失其对于所思的意识，却又不间断地思想和反思自身。于是，在它身上苏醒或活动的，就成了一种几乎处于纯粹状态的思想，这种思想永远具有想象力，却已从其形象中解脱，而这些形象，犹如无言的证人离开它进入黑暗。为了使这样一种自我的把握成为可能，实际上必须让思想继续发挥其想象的力量，然而并不使作

━━━━━━━━━━

① 《梦想的诗学》，第 95 页。

为它的活动之结果的形象停留在它的视野中，巴什拉说："这是对于外我的意识，是某种地下的我思，是我们自身的地下室的我思，是无底之底。我们聚集起来的那些形象正是迷失在这种深度之中。"①

这些形象也是在这种深度中再度形成。因此，当精神退出通常由它产生的那些形象中时，它就进入一个内心和平的区域，即"休息的梦幻"，在那里，它的行动和想象的原则还保持着警觉。尽管如此，意识仍在深化中简化，而这种简化，如同巴什拉所说，并非如笛卡尔的夸张的怀疑那样是从外面强加的，而是更为确实的，因为它"自己也有梦幻的斜坡""可以降至想象者的最低限度，也就是说，思想者最低、最低的限度"②。

这是一种我思，它"从黑暗中走出，还带着一线黑暗，它也许就是黑暗的我思"③。

一种无限细微的意识被一种其实体也是无限细微的存在支撑着，这就是巴什拉的思想之极端退行点。很难设想有一种思想在通常只属于无意识的地区里深入得如此远而深。不过，这种最低限度的我思，黑暗的我思，因为它是我思，一种意识行

① 《土与休息的梦幻》，第 260 页。

② 《水与梦》，第 194 页。

③ 《梦想的诗学》，第 108 页。

为，故仍出自并摆脱了黑暗，巴什拉上面的那句话就包含着这种意思。这乃是"意志的梦幻"，在休息的梦幻之后。这种梦幻向着黎明开放，因为有意识而很像从睡眠中醒来。在重新出现的白昼的光明中，一个世界呈现出来，随着意识一边被照亮一边得到加强，这世界的边界也逐渐扩展。

这种双重的面貌就是巴什拉的意识的特征。它深入一片死水的深处；它浮现出来并且占据其表面：

> 形象把我们从迷迷糊糊中唤醒，而我们的觉醒成为一种我思……梦幻在其梦幻者周围聚集存在。它给予他一些幻象，使他以为他超过了自身。梦幻在其中形成的那种松弛状态是一种不及存在之物，正是在这种不及存在之物的上面出现了一种凸起，诗人将使之膨胀，直至一种超存在。[①]

于是，松弛让位于"存在的觉醒"[②]。在形象的作用下，梦幻开始活动，变得更加自觉地活跃，拥抱着大群它曾一度冷落过的对象。巴什拉说，这是因为意识有两个方向。有一种

---

① 《梦想的诗学》，第 130—131 页。
② 《烛之火苗》，第 8 页。

"走出去的我思"，也有一种"返回自身的存在的我思"①。

走出去的我思朝向外界，朝向物之新奇和未来之不可预料性："空灵的诗人体验过某种早晨的绝对。"②

在巴什拉那里，有时似乎对于觉醒的经验不显现为存在和世界的一种兰波式的新鲜，而是像在普鲁斯特那里一样，显现为过去了的时间的一种复活。巴什拉也描述过自己如何受到不自觉的记忆的某些现象的影响：

> 孔狄亚克是在气味中发现原初宇宙和第一意识的，如果我必须重温关于他的地位的哲学神话，那么我不会像它那样说："我是玫瑰的气味。"而要说"我首先是薄荷的气味，水薄荷的气味"。因为存在首先是一种醒的状态，它在对于一种不寻常的印象的意识中苏醒。③

因此，水薄荷具有和玛德莱娜小点心一样的作用。它恢复失去的时间，给予灵魂往日的芳香。但是，这里说的还是过去吗？还是一个已经度过、记载为记忆中的一个日期的那个时刻吗？巴什拉式的过去，那个复活了的时间，更多地不是某孩童

---

① 巴什拉，《空间的诗学》，第 132 页。
② 《气与梦》，第 192 页。
③ 《水与梦》，第 10 页。

昔日闻着薄荷气味那个特殊的阶段，而是存在的任何时刻，从这一时刻起，对精神保持着同样的刺激力的那种嗅觉形象重新激起他再次启动时间并且孕育未来的愿望。使我们如此清楚地感觉到未来的方向的那种特征实不多见，而此种方向在巴什拉那里是如此明确，他甚至能用过去造成未来。

他对童年有一种特有的爱，其源在此，那不是对纯真的崇拜，对黄金时代的怀念，在思想上回到一个不像我们的时代距离"盛开着美的昔日天空"那么远的时代的一种愿望，而仅仅是返回力量的源泉，重新开始生活的行动的一种意志。

如果说巴什拉很愿意回到童年，在其言论和梦幻中很愿意回到某种形象的宝库——他引以自傲的家私，那无疑首先是因为，与普鲁斯特不同，这些形象对他来说是可以直接触及的，更是因为与其不断重复的在场相联系的是第一次感知到它们的精神的运动。没有人比巴什拉更能够在其中年直至晚年自发地重建年轻时的意识之原初我思，一个这样的人的我思，以一种新的眼光看一个新的世界，从其新奇中提取一种对自我的不能忘怀的感知。例如，发现一个鸟窝①，这乃是发现我们自己，我们感到惊奇、震颤，面对这一隐秘的东西我们充满一种伟大的钦佩感，其理由不得而知，但这打动了我们个人。巴什拉说，由于这样一个对象，或更确切地说，由于我们从中得到的

---

① 《空间的诗学》，第95页。

形象，其象征价值年复一年地不断有效地影响我们，我们才成为"理解存在之惊奇"① 的人。感到惊奇的人乃是"赞叹这个动词的真正的主语"②。惊奇确实地将他召唤到存在上去。这种惊奇不是悲剧性的，与混杂着恐惧的惊愕有着深刻的不同，而后者正是帕斯卡式或雨果式的人所体验到的最初感觉。对巴什拉来说，感到惊奇的人乃是充满了赞叹之情的人，而没有一种相应的幸福感就没有赞叹。

从惊奇到感到幸福仅一步之遥。一切想象的快乐都源于使我们沉浸在原初的陶醉之中的那些对象，而这种陶醉是我们在感觉到我们存在时所体验到的。存在，感到存在，发现系于体现它的物的那种感觉，这就是巴什拉式的人从最初一刻起就怀着无可比拟的天真所成就的事情。时而那是牛奶的形象，这在他的思想中表现为一片月光，人们沐浴其中，仿佛"在一种如此实在、如此肯定的幸福之中，令人想起最古老的舒适，最甘美的食物"③。时而又是舒适之原始的标记，那乃是封闭于自身及居住者的家族之"纹章"，它这样在成人的意识中重复着存在出生之前的感觉，"其中，存在乃是舒适地存在，或者人

---

① 《梦想的诗学》，第 100 页。

② 同上，第 109 页。

③ 《水与梦》，第 163 页。

被置于一种舒适的存在之中，首先与存在相联系的舒适之中"①。

或者，为了幸福，巴什拉式的人不像普鲁斯特的人物那样需要在醒来时发现阳台上一抹阳光。他只要感到身子暖和的舒适惬意就够了。"温暖乃是幸福意识的源头"。有一种"对于暖乎乎的幸福的深刻意识"②。

感觉到身体暖和，有住所庇护，裹在月光之中，乃是滑进一系列被一些情结所美化的梦中，而这些情结并没有弗洛伊德式的情结所具有的那种丑恶和被折磨或阴险的性质。这就是约拿③的情结，一种对于封闭的宇宙的感觉，在其中心一种绝对的内在性被体验到了；这就是诺瓦利斯的情结，在这种情结中，仿佛一个孩童接触到细腻的皮肤时就通过热感的最初表现而产生一种满足。巴什拉式的幸福是一种无法描述的具体的幸福，从存在的开始就与成为其象征的某些感觉相联系，而幸福确实在时间上是第一种感觉。梦幻恢复了幸福，如同它充分展现的那样，至少那种健康的梦幻、把梦幻者引向他对自己所具有的最初感觉的那种梦幻是如此；因为"人是在快乐中而不是

---

① 《空间的诗学》，第 26 页。
② 《火的精神分析》，第 84 页。
③ 《圣经》故事，约拿曾在"鱼腹中三日三夜"，事见《约拿书》。——译注

在痛苦中发现了他的精神"①。把握自身，把握世界，是同一种感觉使之统一，使之满足。"梦幻者是其舒适和幸福的世界之双重的意识。他的我思并不在主体和对象的辩证法中分而为二。"②

关于休息的梦幻，在其圆满的平静中徐徐展开，关于意志的梦幻也是一种令人愉悦的梦幻，然而是一种动态的愉悦，急于扩散，据巴什拉这位极勤奋的人说，这就是在工作之有节奏的完成中体验到的愉悦，整个的人都沉浸在欢乐之中。因为在这种欢乐之中，"原始的人发现了自我意识，这种自我意识首先是自信"③。

自信，但也是相信一个与自我分享幸福之特权的世界。如何能不这样呢，既然这个世界是一个形象的世界，也就是说是一个对象的世界，这些对象的唯一职能就是使主体受到这个世界的感动？因此，这些对象具有同样的情感的性质。从我到它，从主体到对象，就是在外激起得之于内的快乐的回声。在其《忏悔录》或其《遐想》中，卢梭已经多么经常地描绘过一个被思想侵入和占据而毫无抵抗的世界，对他来说，这种内与外、中心与外缘之间的一致就是幸福的定义。然而这是一种短

---

① 《火的精神分析》，第 39 页。
② 《梦想的诗学》，第 136 页。
③ 《火的精神分析》，第 63 页。

暂的、虚幻的幸福，继其消失而来的是感到了受到一个与梦幻
世界相反的不透明的世界排斥和威胁的痛苦。相反，对于巴什
拉来说，梦幻的幸福乃是一种扩散的、延伸的、持续的幸福。
可以说，在他的世界中，闭塞、不透明、致密从未给予物以一
种威胁的或不幸的面貌。因此，他是我们这时代唯一一位其想
象全然乐观的思想家。他写道："哲学家沉浸在一个没有障碍
的地方，其中没有任何存在说'不'。他在一个与他的存在同
质的世界中以梦幻为生。"①

　　在这个世界中，没有非我，一切存在着的东西都对我说
是，"不"不起作用。如果说在巴什拉的早期哲学中，对对象
的追寻导致一种"关于否的哲学"，也就是说导致一种对主体
思想之绝对的拒绝，那么相反，在巴什拉的富感情的、稍晚些
的思想中，则如科莱特·欧德里所说，发展出一种赞同的普遍
行为，一种关于是的哲学②。

　　与我同质的世界只能与我一致。也许更准确的说法是：一
个首先在情感上是中性或空虚的世界从自我所播散的情感浪潮
中获得它的圆满。正如巴什拉指出的那样，人们只能装满他首
先发现是空的东西。精神以形象进行传播，并在形象之中进行

---

① 《梦想的诗学》，第 144 页。
② 《论巴什拉的思想》，《汇合》第 18 期，1953 年 8 月，第 44 页。

传播，这种传播不过是一种填满。这乃是从虚到实的过渡。①

　　这种过渡已经可以在我们夜间的梦之最低层上被区分出来。我们已经知道，这些梦处于意识层之下。我们对于在我们身外完成着的东西之不在场，我们在梦的无名形式面前之消失，都证明了存在的一种初始的虚无，巴什拉说："绝对的梦将我们沉入无的世界。"

　　然而他立刻补充道："当这无被注满水的时候，我们已经又活过来了。这时我们睡得更好了，摆脱了本质的悲剧。我们沉入一场香甜的睡眠的水中，我们就与一个安宁的世界达成平衡。"②

　　因此，一场香甜的睡眠，更进一步，一场好的梦幻填平了我们可能陷入的悲惨的深坑。它们给我们带来一种圆满。因为梦幻乃是精神之空虚的反面。然而，为了达到存在的圆满化，同样应该从一种不在场或一种不完全出发，更准确地说，从生命的持续之问题出发。存在并不是那种延续的，并与它自身相似的东西。存在是那种冒出来，迸射出来，从它自己的虚空中浮现出来的东西。

　　人们知道，巴什拉的梦幻是多么频繁、多么热情地变化为一种具有创造力的活动。他的思想一旦走出休息，可以说是喜

① 巴什拉，《绵延之辩证法》，第9页。

② 《梦想的诗学》，第125页。

欢卷起袖子，将其梦化作一种"努力工作的梦幻"①，一种劳动的梦，当然，我们也可以看到，他的思想也不讨厌在休息中松弛一下。这样，面对初升的太阳，巴什拉的人物与尼采式的人一样，第一个感觉就是行动的要求，"意愿之内在感觉"。巴什拉这样展开他的想法："对于有活力的想象来说，对于使世界的运动景观充满活力的想象来说，初升的太阳和早晨的人是相互感应的。"②

　　让我们看看这动力感应吧，就像它在一特殊时刻最清晰地表现在主体上那样，巴什拉将这主体称为"揉面者我思"③ 或"面团我思"④。对于萨特来说，面团属于忧患意识的心理。因被胶一样的物质粘住，因感到自己陷入一种元素并逐渐变成物质而忧伤，这种元素不但是吞没他，还要消灭他。然而在巴什拉那里却丝毫没有这些东西。在他看来，面团是最好的实体，其理由实属惊人，因为面团是一种未完成的东西：一种尚未成形的原材料，劳作者——梦幻者在摆弄它的时候将通过创造给予它一种形象："勤劳而急切的手在加工一种如同既爱恋又反叛的肉体一样既抵抗又屈服的物质时，学会了真实之本质的兴

---

① 《梦想的诗学》，第 156 页。

② 《气与梦》，第 179 页。

③ 《土与意志的梦幻》，第 79 页。

④ 同上，第 83 页。

奋。"① 简言之,揉面团,乃是通过一种同时是塑造和抚爱的行动赋予物质以形式。像雕塑家捏黏土一样,揉面者给予他的对象一种形式,这形式就是作为创造者的他的形式。他以他的形象创造世界。

在完成自我的这种外在实现的时候,可以有一种特别的温情。因为如果物质有所抵抗的话,那么它很快就屈服了。在梦幻者的手指下,它随其所欲而变,随其本相而变。因此,他感到对象迎合他的意志,符合他的本质。从对象方面说,没有任何精神之梦、任何物质的现象表现出对于意图、对于主体思想之自动创造原则的更为完全的赞同。故面团比任何其他实体都更有机会成为梦的深层陶醉和精神的吉祥物。所以,巴什拉总是不失时机地投入这种他最喜欢的梦幻:"哪里有可塑性,哪里就有梦幻。在孤独中,只要有一块面团在我们手指下,就足以使我们沉入梦幻……"②

因此,在巴什拉那里,对于"有控制的黏度"③ 的梦的经验表明了物质对于揉面的主体的令人陶醉的驯服,并且,它在主体借以在所揉之物上打下印记的那个行动中表明了该主体的

---

① 《水与梦》,第 19 页。
② 《梦想的诗学》,第 145 页。
③ 《土与意志的梦幻》,第 122 页。

"力的帝国主义"。① 揉，这不仅仅是行动，而且也是感到正在把自己的力量向外投射。初看之下，揉的行动和喊的行动如此不同，但是对于后者来说情况是一样的。喊一声，就是向空中投出振动的波，又回到喊者的耳中，这和形式一样，乃是自我在回响于外时所取的听觉形式。故在喊中和在揉中一样，也有一个我思，巴什拉说："有声的和有力的我思：我喊故我是力。"②

主观的力向四面八方传播，充满客观的空间。一切梦幻都具有扩大的作用。"想象的投射力"③ 之结果是意识占据了外部地域；因为假使说形象膨胀而"变成世界的形象"④，则是因为自我借助于形象的膨胀而感觉到自己变成了世界。

与这种对于空间的占据相对应的是一种对于时间的类似的占据。巴什拉的绵延不像柏格森的时间那样经由一种规律的、不间断的发展过程在人的内心中进行。《现时之直觉》和《绵延之辩证法》的作者⑤之"能量的现时化"过于清晰，不能容忍一种运动将成为纯粹，并且通过将在场淹没在绵延之流中的方式掩盖在场。对于巴什拉来说，在梦幻的世界中如同在行动

① 《土与意志的梦幻》，第 122 页。

② 巴什拉，《洛特雷阿蒙》，第 112 页。

③ 《水与梦》，第 156 页。

④ 《梦想的诗学》，第 182 页。

⑤ 指巴什拉。——译注

的世界中一样，经常有时间前后的中断，以致于每一出现中断的时刻之中，都会建立一种源于这一时刻的新的绵延。① 因此，梦幻者的思想所产生的形象常常像石头落进水塘，成为一种逐渐创造自己的绵延的广阔运动的源头。"精神也许本质上是一种开始的因素"②。在梦幻者的世界中和在劳作者的世界中，这都是真实的：因为巴什拉最理解这两种人的深层自我。这两种人都在产生自身的变化的同时走向未来。如同巴什拉在索邦大学的最后一次讲课中所说，人是"一种更新的意志，是一种永远想不到的变化"③。

6

　　唯有现象学——在个人的意识中研究形象的起点——能够帮助我们恢复形象的主体性。④

　　巴什拉对精神分析的逐步放弃和对现象学的最终接受，这是我们要研究的最后一个因素。从《洛特雷阿蒙》和《火的精

---

① 《绵延之辩证法》，第 12、51、79、125 页等等。
② 同上，第 41 页。
③ 《让·莱居尔访加斯东·巴什拉》，《法兰西水星》，1963 年 5 月，第 129 页。
④ 《空间的诗学》，第 3 页。

神分析》之后，他渐渐离开精神分析方法，这是无可否认的。原因很清楚。我们已经看到，随着巴什拉深入地探索主体生命，他渐渐地置身于主体、具有想象力的主体的观点上，也就是说置身于意识之中，或如他所说，置身于"形象的起点"上。如果说意识是一个真正的出发点（甚至可能是唯一真实的出发点），如果说形象的命运、至少它在思想中可以被感知的存在以及此存在与有意识的主体之间的关系之结果都始于意识，那么由此引起的是，形象的生命以意识为源泉，正如所产生的对象以发生主体为源头。在意识行为之前没有形象，同样，在形象的涌现之前没有意识，也没有对自我的把握。因此，一切都始于一种我思，换句话说，始于一种精神的自律的行为，此种行为将形象抛入存在，甚至在其全部以后的生涯中一直陪伴着它，重塑着它，重新使它充满力量和意义。无论什么时候抓住形象，一种初始的力总是在场的、有意识的。此种初始的力乃是作为形象之施动力——甚至是自动施动——的意识本身，而这些形象非它，乃是意识之表现。这里，一切都被组织为一种创造其世界的原则，直至物质和构成物质的（想象的）形式，其方式和神秘派的神在原生主体和被生形象的循环中产生其实体的方式并无区别。主体原则的至上性和初始性在这里是绝对的；如果人们还记得巴什拉的主观主义只是形成他的思想的两个方面中的一个方面，而他也称毫不想借此达到客观现实（相反，他明确否定这种可能性），那么，他的主观主义的哲学就和这种那种的唯我论或万有在神论几无差别。我们这里不是在一个实存的、由一组外在的成分组成的世界之中，这些成分被感官感知并由智力协调，我们是在一个非实存的世界中，由一种主观的力量构设、而这种主观的力量之特征恰恰是在其内制造想象物。因此，唯有从一想象者出发并且再度做出和他一样的想象行为，才能理解这想象物。

展示巴什拉的方法在其通过精神对精神所做的创造进行研究这一范围内是多么清晰有效，那是多余的。这一方法建立在下述公理上：除非在构成其实质的主体原则本身之中把握主体的活动，否则不能理解这些活动。主体一旦被"客观地"理解，它将不复为主体，什么也不是，甚至连一种谎言都不是。主体者，为了被理解，应该被一种思想主观地体验，而这一思想本身也是主体，并且小心勿将与它本性上毫无差别的主体性客观化。这一点，巴什拉理解得极为透彻。这就是为什么他最后只能抛弃一种试图在主体性中寻找客观的此岸的精神分析方法，这也是为什么他的主观主义只能始于一种我思。

这里也许有必要指出，巴什拉的方法不仅仅在通过意识对意识进行的探索中具有无限的丰富性，而且也是（虽已说过许多次，还应该再说一次）在文学上对于现象学的绝妙应用。因为文学在其所有意义中——也许是最重要的意义上说——正是巴什拉的方法达到并加以探索的那种东西：一组形象，必须就在具有想象力的意识产生这些形象的行动之中加以把握的一组形象。这样，巴什拉的方法就成了文学批评中最准确的方法。实际上，批评之所为若非承受他人之想象，并在借以产生自己的形象的行为之中将其据为己有，又能是什么呢？一个主体替代另一个主体，一个自我替代另一个自我，一种我思替代另一种我思，这种替代如若进行，只能在它所研究的想象世界引起的赞叹中、在一种与最慷慨的热情无异的一致的运动中无保留地和这想象世界及其创造者认同。一切都开始于诗思维的热情，一切都结束于（一切又都重新开始于）批评思维的热情。首先要赞叹①，永远要赞叹！对于巴什拉式的批评家来说，面对诗人的创造世界所开放的，乃是一种最后的我思，即"赞叹意识"。②

7

　　在梦幻中看见世界，就是在梦幻中看见自己。在梦幻中看见火、水、气、土，就是在自我与基本的伟大物质的认同中梦幻般地意识到自我。通过对其世界的神话式的再创造，主观的思想把握住自身，不是在某种初始的裸露之中，而是在形象的全部热情之中，主观的思想依靠这些形象给予自己生命和实

---

① 《空间的诗学》，第 163 页。
② 同上，第 1 页。

体，并在其中幸福地映出自己。因此，巴什拉的意识行为取决于形象，或者说取决于使这些形象得以诞生的想象力："梦幻者的我思"与思想者的我思（例如笛卡尔的我思）不同，并非不可救药地使精神与其对象相分离。这是一种愉快而乐观的我思，因为在形象中发现自我，就是在一个由我们根据我们的尺度创造出某种意义的世界中发现自我，这个世界使我们愉快，因为我们在其中认出自己，我们在其中感到自在。最好的批评行为是这样的行为，批评家借之在一种慷慨的赞叹的运动中与作者会合，而且在此种运动中颤动着一种等值的乐观主义："怀着与创造的梦幻发生同情的意愿进行阅读……"诗人是通过他借以在想象世界时与世界相适应的那种同情来意识自我的，批评家则通过他对诗人怀有的同情在内心深处唤醒一个个人形象的世界，他依靠这些形象实现了他自己的我思："我们与作家交流，因为这是我们与深藏在我们内心中的形象进行交流。"故依仗诗人的接引，在自我的深处找到深藏其中的形象，这不再是参与他人的诗，而是为了自己而诗化。于是批评家变成了诗人。简言之，当巴什拉的思想纵情于同情的冲动时，批评家的想象活动就汇入诗人的想象活动，其目的在于与之混而为一。对于两者来说，这乃是同一种具有同情的激动，同一种创造神话的能力。诗人和批评家共同追寻的是同一个梦。

十二、让-皮埃尔·里夏尔

1. 第一本书的序言

作为二级文学，文学批评乃是以文学为对象的。这值得人们进行一番思考。从一部作品的边界被越过的那一确切的时刻起，就应该向白天和对象告别了。当然还有一些熟悉的形式出现，被一种新的光照亮，但要注意，这些形式只是显示它们通常习惯于表现的那些存在之不在场。因为无须说明，文学是一个全然想象的世界。这是一种行为很纯粹的结果，作家通过这种行为在将其对象转化为思想时使一切非思想的东西化为乌有。于是一种思想留下了。它存在着，可以被穿透，可以被检视。它朝着一系列的洞穴开放，这些洞穴个个不同，又虚又实，其中回响着对于存在的同一个排他性的肯定。深入者不仅要离开对象的世界，还要离开他自己的人格。因为思想一旦成为思想，就想独处，不能容忍任何陪伴。这时就应该甘于成为地点的一部分，甘于住下来，并被思想占据。对于批评家来说，只剩下这种意识，而这种意识甚至不是他人的意识，它既孤独又普遍。首要的也许是唯一可能的批评，乃是意识的批评。

例如，今日之莫里斯·布朗肖的批评在其极端的赤裸中就是如此，没有更纯粹的批评了，也没有更文学化的批评了。文学的文学，意识的意识，在批评的领域中，这正与马拉美在更高的领域即诗的领域中所实现的东西相对应。

然而人们也可以问一问批评是否一定要专门地反映意识，既然我们现在认为意识乃是对某物的意识，那么是否可能再度于批评的尽头发现这某物，即思想的对象呢？马塞尔·雷蒙说，"我们看到了意识正在孤立自己……当它同意让一种快感深入，同意在外部的光明中寻求它的幸福，同意欢迎感觉的时候，一切就都变了。"因此，在意识深处的某个地方，在一切都变成了思想的那个地区的另一侧，在与穿透点相对立的那一点上，仍然有光亮，有对象，甚至有觉察到这些对象的眼睛。批评不能满足于思索一种思想，它还应该通过这种思想一个形象一个形象地回溯至感觉。它应该触及一种行为，精神通过这种行为在与肉体及他人的肉体结盟时使自己与对象联合，为自己创造一个主体。

我以为这就是让-皮埃尔·里夏尔的批评的极度重要性。

意识在其中出现时并非是空的，而是有所接触的，它致力于把一个具体化的世界转化为精神材料。一种新的批评于是产生，更接近初始的原因和感性的真实。这也是经过近二十年批评努力的长期准备才出现的新批评。首先仍须回到那本独特的、本世纪最伟大的批评著作《从波德莱尔到超现实主义》，马塞尔·雷蒙以某种耐心的魔术在作品之外发现了它们与物的接触，对象和主体之间边界的消失。阿尔贝·贝甘的伟大著作《浪漫派的心灵和梦》几乎同等重要，也出自热情的沉思这种同样的地域，把自然描绘为精神所追寻的物质本身。不过，在这些狭义的批评著作之外，还有其他的著作。近期的全部哲学都处在与批评相邻的领域内，这是一种先哲学的领域，哲学和文学在其转向对象的第一个行为内显示出深刻的相似性。这样，加布里埃尔·马塞尔就描述了与其肉体即经验中心相联系的人的处境，并将其定名为体现。萨特把意识作为意识到自我之外的某物来把握。长久以来，在当代最机敏的一部著作中，让·瓦尔依次描述了一种"自然现实主义"的不同变种，其中思想总是"对准某物，并来源于某物"。更近些则有梅洛-庞蒂的著作阐明融汇于感知的含混性之中的对世界之原始默契。最后，在涉足批评的哲学中，以加斯东·巴什拉的哲学最富成果。这种哲学以其四元素律表明了"深入之惊人需要，即超越形式之想象力的诱惑、思考物质、梦想物质、在物质中生活，或者——实为一码事——将想象物物质化"。

　　上述比较对于这本书来说并非沉重的负担。我甚至想说这本书呼唤着这些比较，因为它自然地源于我谈论的那些著作。很少有思想能如此恰当地从先于它的思想中获益，也很少有应用能如此准确地与原则相应。这里涉及的绝非哲学，亦非孤立的意识。所有可能存在其中的一般而抽象的东西仿佛从未被构想过。唯一存在的是一种思想，不仅绝妙地适于深入作品的实质，而且绝妙地适于回溯到构成作品的源泉甚至结构的那些感性经验。在作品以内有存在，在存在以内有世界。这是他人的世界，要与他人的世界进行交流。例如那个时而过于清晰时而过于模糊的世界，那个认识与温情相交替的地方，司汤达若想与之取得一致，只能将其用阴影遮住，将其置于目力所及的深处。在龚古尔兄弟那里，则是一个更近些的世界，一个表面的、皮毛的世界，一个适于轻触浅抚的世界，其下则有另一世界，厚而不可触及。或者，还有那非凡的《福楼拜》[①]，它占据著作的中央，打开一个深远的世界，展示全然物质存在的逐渐转变，"感情流进一个混乱的协调之中"。自这本书始，批评就难以封闭在意识之内了，内与外在相沟通的地方相互渗透。正如萨特谈论弗朗西斯·蓬热所说的那样，"这里唯物主义和唯心主义已然过时。我们远离了理论，我们处在物的核心。"物之核心，精神之核心。

————————

① 指里夏尔的著作《司汤达与福楼拜》，出版于 1970 年。——译注

2. 巴什拉和里夏尔

　　巴什拉的批评广阔、繁复，充斥着它所发现的财富，只有一个缺点，即在到处都试图重新发现同样的丰富。结果它给予所有的人同等的诗的天才。于是，巴什拉为在想象力之间作出区别并根据个人的喜好（如对火、水、气、土的喜好）建立等级的努力相当快地让位于一种相反的努力，即借助于一切可以研究的想象力构想一种共同的想象方式，并使之成为一种普遍的诗的遗产。这真是一桩惊人的事情，巴什拉研究的对象变得如此广阔，其发现具有如此的普遍性，以至于这研究不能再局限于个别情况的研究，无论它们是多么独特。一句话，这种批评因为不再以达到一切存在都具有的诗的根基为目的，而显示出特别适于触及诗，而不适于触及各种诗的特殊性。

　　无疑，正是在这一点上让-皮埃尔·里夏尔的批评清晰地有别于他的老师的批评。他的批评并不上升到一般。它的目的不是通过想象来认识一切想象的根基。它无所为，亦无所向。像一切开始存在的朦胧意识一样，这种批评至少在开始时满足于承受这种存在之初始所给予它的基本经验。从一开始，一切就都与巴什拉的批评不同。得到强调的不再是产生形象的那种主动的能力，而是体验激动和感觉的被动能力。在这里充任意识的，不再是一种塑造世界并在其中显现的创造思维，而是一种被世界塑造和改变的模糊感觉。人们只有首先意识到其起点的谦卑，才能理解里夏尔的批评著作。与里维埃不同，这里思想开始于对其不足的焦虑感觉。在里夏尔看来，像在雷蒙看来一样，最真实也许最有利的初始境况似乎是某种精神的不透明：一种半明半暗或暗室，其中感性的事件将在光明中显现。批评家不是走出自我迎向他人的某个人，而是等待着一定数量可以触、可以摸、可以据量的对象被置于手下或眼下的某个人：

　　　　一切都始于感觉：肉体，对象，性情，对自我构成最初的空间，厚而令人眩晕的远景。①

　　一切都始于感觉。但是这开始之外有什么？人们可以想象精神之创世的发展，类似人们在洛克或孔狄亚克那里发现的那种。在感觉之后，在感觉的继续中，在可以说是感觉的流动中，紧接而来的是比较，思考，观念。然而里夏尔批评的特征之一（也是其本真性的证据之一）是它极为讨厌用确属精神的经验取代感性的经验。在他那里，感觉之后仍然是感觉。只有感觉，并无其他。这里所发生的一切都好像感性经验本身就是一种不可穷尽的东西，它所显露的事物很丰富，它的内容有细

―――――――――――――

① 《文学与感觉》。

微的差别，竟使得感性所具有的记录能力永远没有机会停止起作用。这真是一种可钦佩的坚韧，无论何等单调，都不能使它放弃它的任务！没有人比里夏尔更善于表达感性肌理的这种持续性，它页复一页、行复一行地在一位作者的所有作品中永不间断，使这些作品虽然呈现出不同的经验，却仍然具有一种从高处望下去的丛林的千篇一律的面貌，从各方面展现出同样的看起来极为茂密的植被。

简而言之，里夏尔极为擅长的是把握和再现那种复杂的感性领会，这乃是他研究的作家所创造的想象世界的基础。这样，他的《马拉美》就成了对一部诗作不断汲取的活的、具体的、地上的、非常实在的源泉的发现，而迄今为止人们强调的只是其抽象的、理想主义的、否定的一面。因此，里夏尔在开始时并且在作品的实质中（仿佛在作品与之融为一体的那种创造思维的运动中）只想看到一种对于本质上是物质的、紧密依赖于肉体的存在的感觉。

下面引用几段与此有关的话，取自《斯特凡·马拉美的想象世界》：

> 正是在感觉世界中，最纯粹的精神性经受了考验，确定了它的品性。[1]

---

[1]　里夏尔，《斯特凡·马拉美的想象世界》，第 20 页。

马拉美的作品被从其有血有肉的一面接触，并且慢慢地在目光下展开，于是为了穿透它而付出的努力就得到它的酬报。①

今天我们知道意识有许多方式和程度，它不仅仅以自省的状态存在于我们身上，它也能以前自省或超自省的方式生存，通过感觉、情感、梦幻显示出来。②

然而，在里夏尔的世界中，感觉从来也不是静态的，总是不断有某种事情发生，使感觉在任何时候都不是一种纯粹的感觉。像在巴什拉或者梅洛-庞蒂那里一样，它发生转化，变成对真实的感知或想象。也正是在这里，里夏尔的批评优于巴什拉的批评，因为没有任何一种批评比它更适于用文字符号描述诗人通过何种个人的创造丰富其解释并从物中获益。于是有批评家的语言加入诗人（兰波、马拉美、蓬热或佩斯）的语言，然而并不与之混同：其声音更丰富，更多采，更别致，并在同一音区以同样的音色，在一种等值的上升中增加诗人的语言。然而，另一方面，在诗人和批评家这两个对手的二重唱中，人们绝不能在终于占据上风的模仿的激情中觉察到批评家跟随诗人超出感性生活的区域，所谓超出乃是指精神、宗教或哲学的

① 里夏尔，《斯特凡·马拉美的想象世界》，第22页。
② 同上，第17页。

生活，诗人在其中有时是根据一系列分层的平面继续他的经验。这又是里夏尔的一个基本特征。也许他把精神生活的最高层面看作是不那么真实的，或者不那么可以直接经验的，甚至是不可企及的，反正他拒绝超出感觉和形象的水平。对他来说，人只是在其"基本计划"中，即像他解释的那样，"在最基本的水平上"[1]，才似乎是存在的，或重要的。人的认识的高度受限也就只能从某个事件唤醒他的那个时刻开始存在。在其安宁的内心，在灵魂摆脱了感觉，沉思于主观性之中的这个地方，绝无人的内部意识，也绝无从其感性状态中解脱出来、试图采取某种行动的人类活动的外部意识。在其连续的、不间断的一系列面貌之中，只有感性意识的经验之横向的继续。

然而在这种混乱中，有一种秩序原则介入，这就是作品的常数。感觉的队伍无论多么丰富多样，精神很容易发现某些面孔周期性地出现。这些回返的面孔或形象可以说是强迫性的，里夏尔说："我认为观念不如顽念重要。"[2] 同样，人们也可称之为主题的（里夏尔引用了罗兰·巴特的话，巴特说他的目的是"发现一个主题，或者更正确地说，发现一个顽念网"）。

---

[1]　里夏尔，《诗与深度》第 10 页。
[2]　《诗与深度》，第 10 页。

因此，在批评家（或者列维-斯特劳斯①那样的人种学家）那里，作为感性生活的回返形式的顽念或主题变成了诸相交或相接之点的总和，从这些点开始，存在之网可以被重建，并且泄露出其组织结构的秘密。然而还不止于此。人们可能会以为在里夏尔那里，这种严密禁锢在感觉之中的存在具有一种绝望的或愁苦而单调的面貌，其实远非如此，它丝毫也不显得悲哀。恰正相反。也许在里夏尔的批评中最动人最慷慨的，乃是它认为文学甚至几乎只有文学才是"幸福关系的入选领域"②。处在感觉层面的人看到物的世界、物质的世界呈现在圆满之中，如何能不享而用之？回归本原，乃是一种向着幸福的回归。

---

① 列维-斯特劳斯（Claude Lévi-Strauss，1908—2009），法国著名人类学家。——译注
② 《诗与深度》，第 10 页。

十三、莫里斯·布朗肖

1

在几乎一切想象文学的后面，目前的批评（其实它与前者的差别要比人们所以为的要小）寻求的一方面是在一种自我意识的行为中沉思，另一方面则是在一种与他人认同的行为中异化。几乎所有的批评家都魂系梦绕地想获得一种更澄澈更深刻的自我意识，他们可能在他们的思想借以探索一个不同的意识的那个运动的尽头接近它；而同时，也许是矛盾地，在他们身上又显露出一种需要，即超越他们的探索所进行的那个内界，进入一个有血有肉的、物和物质的世界，批评思维自己不能达到这个世界，必须经由可以说是当地主人的引荐。批评，乃是思想，乃是思想自身，同时也是借助于所读之书，如论文、小说、诗等，与人之诸多具体的面貌发生联系。主体性和客体性，把握自我和把握物，这就是批评家交替发现和进行的事情，实与其对手——诗人或小说家无大差别。

还可能走得更远些吗？能指望批评家在完成他人已有的经验的同时使自己置身于一个比此人更为有利的处境之中吗？如果说一切文学活动的目的乃是对表面上不可调和的诸多倾向的一种调和，那么它们不是在批评者那里比在创造者那里有更多的调和的机会吗？常常是，一位作家的作品尽管经过种种努力，仍是不可救药地七零八落，却仍有唯一的、最后的救援存在，那就是批评家的介入，他重建、延伸、完成这作品，从而在事后给予它一种未曾想过的统一性。

无论如何，人们十分惊奇地看到，大多数批评家寄希望于一种精神的行为，这种行为是同时把握自我和把握世界，是自我对自我的在场和自我对世界的一切显现的在场。

然而这种融合的希望是现实的吗？如里维埃、杜波斯、雷蒙、贝甘、巴什拉、鲁塞、里夏尔诸人所想，从思想到对象之间可能有一种亲密的关系吗？可能有一种泯灭距离的相互渗透吗？例如很难设想一种意欲比让-皮埃尔·里夏尔的思想更少被虑及的思想，一种更为谦卑地引导精神满足于接受物质的呈露的精神努力。可以说整整一部分批评的目的都是在文学中并依仗文学发现存在的那个唯一的点和时刻，在此地此时，思想和人之间的一切距离都泯灭了，主体和对象因确认其接近而震动。

然而今日之批评也同样可以与这种接近背道而驰。梦想着内在性的人也往往是那种对不在场有过清醒的经验的人。如果说以雷蒙、巴什拉、里夏尔诸人为代表的那部分现代批评试图实现批评家和作家、文学和世界的双重认同，那么还有另一种极为相像的批评，但看起来相反，其意图在于随处揭露一切认同的谎言，肯定距离的唯一在场。

莫里斯·布朗肖的批评就是这种批评。像前面说过的那些批评一样，这种批评的唯一目标也是一种"接近"，不过它从距离对象无限远的地方出发，似乎注定要不停顿地走它的路，却不能朝它不断奔向和渴望的会合地靠近一步。

事实上，在布朗肖那里，一切都始于不在场：

> 我说话时，我否定我之所言的存在，我也否定言者的存在，我的话如果在不存在中披露了存在，也就根据这种披露表明它之形成始于言者之不存在，始于其远离自身以及成为非其存在者的能力。这就是为什么，若使语言果能开始，必须使负载这语言的生命经验其虚无。[1]

经验我的虚无，经验我的非存在。我一说话，我一思想及想到我自己，我就发现我不存在或者我不再存在了。我的话剥

---

[1] 布朗肖，《火的部分》，第327页。

夺了我的存在。这是布朗肖用以替代笛卡尔的我思的奇特的我思：我思想，故我不再存在。在自我的位置上，语词放置了一种非自我，我被我自己的幽灵取代了，我无限远地离开了我，"第一个运动是根本的剥夺，命中注定我与我永远分离，无所依凭，必须在我与发生于我的事情之间让初始的寂静滑过，这是意识的寂静，意义剥夺了我的意识，并通过这种意识的寂静落在我的每一时刻上"①。

对布朗肖来说，这就是语言的万无一失的效果。在存在之物的地方和位置上，他放置了不存在、不再存在，但仍以存在为参照之物。文学可以说是一种身后的活动，其任务是赋予停止存在之物一种意义，或者使它希望赋予一种意义的那种东西停止存在，这其实是一回事。这样，语言的毁灭的存在就不限于言者的存在，而是到处扩展，涉及一切所言之物，危及一切化为思想和语词的东西。整个宇宙逐渐臣服于这种奇怪的虚无化现象，与基督教的逻各斯相反，这种虚无化现象将言语变成一种本质上是反创造的力量。仿佛世界毁于某种"大屠杀"或者"先在的洪水"②，其结果是，尽管世界已不存在，仍需对过去之存在有某种解释，于是这劫后余生者必须强制自己提出存在的理由，尽管这恰恰是这被毁的世界所无。所以，莫里

---

① 《火的部分》，第 76 页。

② 同上，第 326 页。

斯·布朗肖比普鲁斯特更为彻底，更像一个"失去时间"的人：注定要不疲倦地继续追寻一种现实，而他正是由于某种先在的死亡而与这种现实分离。人们永远也不能说这种追寻是全然徒劳的，因为每一种新的言语都可能恢复失去之物的一种面貌，不过这种追寻永远是不完全的，也永远不可能是完全的，因为言语所能做的只是展现真实之阴影，使之被人看见，如同在镜中让浮士德看见海伦的脸一样。因此，文学从未完成过它的任务，它也永远完不成。每一部作品都是一种言语，被同一位作者无休止地用在一系列作品之中。这是一种西绪福斯的工作；而批评家比任何人都更能意识到一切文学表达固有的那种不可避免的重复的力量，现在又轮到他来重复了，他除了别人说过的话以外无话可说，只能一再重复那一连串萦绕不去的语词，其毁灭的能力是无限的，而其创造的力量则几乎等于零。

在这样一种文学观之中，如何能有认同行为的位置呢？布朗肖的批评从不认同。即使它愿意，它也不能。它所能做的，只是加大文学在思想和现实之间所展开的距离："我们只有在拥有使我们与他人分离的东西而非他的存在，拥有他的不在场而非他的在场的时候……我们才能与他建立联系，才能完全地与某人进行交流。"① 批评家是这样一种人，他站在玻璃窗的另一面，发问而听不见回答，而他也不期待着回答，即使他的问题被听见，也不能被理解。其结果是，一种这样的批评的主要后果是使包围着所有人类生活的那种绝对孤独的地域得以出现。在任何一种批评中，存在和人都不曾被逐进一种如此无可逃避的疏离之中。但这种疏离是发生在一种最为半透明的氛围之中的。正是由于这种距离的存在，一种关系在思想和它的对象之间建立起来。被感知者是在清晰而平静的超脱之中被远远地感知到的。正是这种最高层次的透明阐明了布朗肖的著作：这是一种绝望的理解，只有那种除认识之外什么都放弃、并且只在不在场中发现接近之可能性的人才会有的一种理解：

> 批评家在自己身上发现的顾虑之一是，为了使阅读真实并始终是它应该是的那个样子，即自主的被动性，难道不应该最大可能地保持作品和读者之间的距离吗？难道不是只有当交流始于无限远的时候，交流才是真实的吗？……②

---

① 《火的部分》，第 327 页。在《所愿之时》这本书中，布朗肖将其主人公描写为"只能依靠外部所具有的无尽的平静，从玻璃窗的另一侧，默默地询问着世界"。（第 95 页）

② 布朗肖，《洛特雷阿蒙和萨德》，第 12 页。

2

　　布朗肖相信语言的彻底否定性，所以他的批评著作呈现出一种反转的实证性及带有不足标记的整体性。但是他的批评著作不能满足于仅仅是批评的。由于它注定要重述他人之所言，所以它就远远地重复，将其延伸至终点和起点，并展之裹之，故它不及而又过之。因此，在布朗肖那里，有一种从批评思维到个人思考的恒常的过渡。一切作品都使他回到他自身，一切与他的思想不同的思想都迫使他在他的内心深处追踪这种不同。布朗肖的批评研究确实都始于批评，但其后，其批评性则变得越来越少。它是批评家借以从他人的精神世界过渡到另一世界的一种行为，这另一世界与他休戚相关，只有他才能构想并且探索。那么，这个新世界若非一个创造思维的世界，又能是什么呢？莫里斯·布朗肖首先不仅仅是一位大批评家，他在自身的一个更隐秘的地方还是一个别具一格的大小说家。

　　因此，莫里斯·布朗肖同时，或者更确切地说，相继是批评家和小说家。这就是说，他非常清楚地意识到制约着小说艺术的那些条件，所以他是目前的小说家中最为苛求的小说家。对他来说，小说的目的不在于创造事件、人物和想象的环境，不是随心所欲的结构，也不是小说家加在已知的、无可置疑的世界之经纬之中的生活断面。在他看来，这种类型的小说如同没有诗性的诗一样地没有意义。显然，他苦苦地追求着小说的一种理想的形式，对他来说，小说领域中的这种理想形式就等于过去人们所说的纯诗。他试图完成的，乃是一种一切都"受到怀疑"① 的小说，一种被迫逐渐地创造（以及验证）其自身经验及其完成环境的小说。

这样一种小说，从定义上说只能是一种纯想象的作品。它不能以一个已知的世界为依据，一开始就使读者感到困惑。它使他们进入一个无名的地方，并使他们在其中漂泊不定，对周围的存在几乎一无所知，对交流感到无比困难；他们进入的是一个他们不知其法律，不知其风俗，亦不知其语言的世界，一个陌生人的世界，一个陌生的世界。然而另一方面，这世界又似乎并非绝对地不可理解，他们应能设想其解释的可能性。而为了和这个世界建立一种关系，小说恰恰应该由探究的思维所进行的努力（勉为其难并且通过一种不断开始的运作）构成。因此，这世界既是陌生的，又可以被离奇地理解，既是不透明的又是透明的，既是古怪的又是熟悉的。实际上，这不过是我们的梦的世界，或者是在一种记忆错误的现象中出现的世界，

----

① 《火的部分》，第219页。

即是说，化为另一个世界，是"真实世界的否定、反转"①。总之，这样一种小说将"导致一种神话创造"②。如同卡夫卡和梅尔维尔的小说，马拉美的《伊吉图》或洛特雷阿蒙的《马尔多罗之歌》，作者、读者、主人公都承担了一个真正总体性的任务，这任务就是破解本质的谜，赋予存在之总体以完全的意义。由于这种意义永远是不充分的，因为它总是局部的，总是被超越，又总是被否定，所以被迫寻求这种意义的人就不得不渐渐地再造现实，至少是再造他之所见的可理解性。此类小说中众多的动作和要求、"沿着空荡荡的走廊"③ 没完没了地奔跑、各种各样的"人在其中无谓奔走的空间"④ 皆来源于此；而在其中流逝的时间则由完全等值的接续发生的事件构成，任何一种事件都带不来最终的解决，故同样的问题和同样的失望必不时地重新出现。这就是布朗肖最古怪的小说的人物们走遍了的前厅世界，这是一个永远被重复进出、永远被当作问题的世界，其故事的主人公或牺牲品则是一些"追寻无的漂

----

① 《火的部分》，第 85 页。"在陌生性中，没有人感到陌生，或者焦虑的陌生人呈现在他们面前，有的是一个无名的力的场：人以逃避的方式显现，以消失的方式出现，人从来也不是一种存在，也不是一种存在的纯粹的不在场……"（《陌生或陌生人》，《新法兰西评论》，1958 年 10 月，第 70 期。）

② 布朗肖，《失足》，第 230 页。

③ 布朗肖，《黑暗托马》，新版，第 83 页。

④ 布朗肖，《失足》，第 285 页。

泊者"①。

因此，布朗肖的小说是一种永恒失败的小说。它证明了人类精神为自己建造一个有意义的世界是不可能的。它是"创造精神的悲剧，怀着一种平静的焦虑，眼看着自己毁灭"②。神话（这里有神话）已不像昔日古代宗教神话那样是被深信和尊崇的一种精神现实的形象，而变成了现实缺乏的象征，这种缺乏使人之所见、所思、所言、所现由于所见、所思、所言、所现这一事实本身而成为不真实的，即神话的。布朗肖的小说甚至不再是一种虚构，它是他所叙述的东西的虚构性质的笔录，如同马拉美的诗，它是一种不在场的凹像。形式、事件、景物或人物，这个世界中一切都趋向一种编织得极细密的谎言的消散，小说最后成为这种谎言的苍白的回忆，仿佛人们在精神之抽屉的底部对一件未曾全部解决但已归档的案件所保留的回忆一样。也还有点像萨德，但没有此公把大屠杀进行到底的那种坚韧不拔，布朗肖的小说中有一种一切生命的不间断的毁灭，不过这样说还不确切，因为实际上他的那些牺牲品从未真实地活过，没有一滴血流走，没有一个躯体失去过热力，这些没有本质的人注定要死于一种虚幻性不比其存在少的死亡。因此，死亡不仅仅是布朗肖所有小说的结局的终了事件，而且是

---

① 布朗肖，《死刑判决》，第120页。
② 布朗肖，《失足》，第300页。

"初始的灾难"①，是唯一的主题，是情节的材料和唯一的人物，或者更准确地说，是人们所谈论的"反人物"②。死亡充满了他的所有小说，或者说，死亡不是充满他的小说，而是抽空他的小说，因为死亡不是一种实体，而是一种不在场，而布朗肖的小说恰恰是以使这种不在场成为可见为目的的，黑暗托马说："我自己就是要成为一个反创造行为的创造者。"③ 因此，对莫里斯·布朗肖来说，小说的创造就是创造虚无。他的小说是一只橡皮钟，是一架制造虚空的机器。

布朗肖不是喜欢虚空，也不是对之有兴趣，为之感到陶醉。这里毫无虚空所造成的眩晕。只是布朗肖竭力赋予它信徒给予无处不在的上帝的那种遍在的位置。虚空是实证的现实的间隙中必定要反复出现的那种否定因素，它随时准备在实证的现实缺乏的时候代替它们。在布朗肖的任何一部小说中，任何一个人物都可以说出一个女人向她的情人说的话："您的目光总是使我有这种印象，即我对您是不在场的，您不是在看我，而是与另一个人发生一种我被排斥在外的关系。"④ 简言之，

---

① 《火的部分》，第 76 页。

② 《失足》，第 350 页。

③ 《黑暗托马》，第 164 页。

④ 布朗肖，《亚米纳达》，第 214 页。参见《等待，遗忘》第 53 页："当他看她看得过久，他就站在她的位置上了，就作为一种人的不在场而叠加在她之上……"

主导着这些小说的是一种极为严重的不和。目光、言语、思想的效果乃是把人简化为一种透明，以至于任何认识活动都不能停留其上。人们想到一些奇妙的半透明的鱼，不知道如何将目光停留在它们身上。目光一下子就穿过去了。小说家像批评家一样，与童话中穿七里靴的人并无区别，他只能在离他想去的地方无限远的一个地方落脚。

　　然而若将这些小说看作是纯粹否定的作品，那则是最大的错误。这绝非以存在之虚幻为主题的哲学游戏。正相反，布朗肖没有一部作品不声称要达到一种直接的、根本的、确实的经验，"本来面目的存在"① 的经验。从这一点看，布朗肖的小说不再表现为一首诗的等价物，也不再表现为对一种骗术的哲学证明，正相反，它表现为一种"发现的途径"，精神的最为真实的经验的所在地。这里，不应将布朗肖与卡夫卡、梅尔维尔等外国神秘小说的大师们相比，而应该把他与写作《克莱芙王妃》《阿道尔夫》《恶心》的法国大师们相比。莫里斯·布朗肖属于一个历史悠久的小说家家族，他们不那么重想象和心理，而更重思辨，他们认为小说当然是一种精神的虚构，然而精神可以依仗这种虚构进入某种思想进程，这一过程更是假定的而非真实的，其结局是那种神秘的、炫目的、既是最初又是最后的东西，即对真理的感知。没有一位小说家显得比布朗肖

———————

① 《火的部分》，第 267 页。

更不现实主义，也没有一位小说家比布朗肖更意欲真实。对他来说，小说是一种话语和一种方法，一种有方法的话语，看起来基本上是笛卡尔主义的，所有虚构的东西通过它而化为乌有，其结果是，在对于表面的存在的一种夸张的毁灭之中心，仿佛在笛卡尔的我思中一样，终于冒出了"存在这一事实"①的无可怀疑的意识。

　　这是一种意识小说，它在迄今为止布朗肖的杰作，第二版《黑暗托马》中达到完美的境地。为了理解其意义，不一定非读存在主义的大思想家们的作品不可，尽管这部小说浸透了胡塞尔、海德格尔，尤其是列维纳斯②的思想。然而必须把握的乃是这一点，即对布朗肖来说，如果在存在这一事实本身中，并且在这唯一的事实中，只有在场之不可消除的见证、一种出现于一切特殊的否定之后的不间断的肯定、一个唯一的地方、既无广度亦无时间的点，其中"不再有矛盾的词语"③，其中客观与主观相遇，因而是一个特殊的地方，一个真实以及我们对真实的赞同可以立足的唯一的地方。布朗肖的全部小说都被引向对于这种经验的感知。这种经验一旦完成，就什么也不存在了，除了对一种既是个人的又是非个人的、既处于外又处于

---

① 《火的部分》，第 200 页。
② 列维纳斯（Emmanuel Lévinas，1905—1995），法国哲学家。——译注
③ 《黑暗托马》，第 104 页。

内、既无限近又无限远的存在的意识，这种存在不是作为他人的他人之存在，不是作为自我的自我之存在，也不是作为物的物之存在①，只不过是在那儿的那个东西：这乃是出现在意识之中的不可描述的整体性，当其时，一切都"被一种否认减少至无"②，只剩下一种不确定的在场，这可能是精神曾经意识到的第一个真理，也可能是精神曾经达到的最后一个真理，它只在一种恐惧和焦虑中才向精神呈露出来：这是对于有的感觉。例如，这种感觉在《高处》的很奇特的一个场景中表现出来，其中主人公似乎看见了物质的涌现：

> ……立刻，在我身边，近得失去了感觉，有一种轻微的咔嗒声产生，仿佛开始了一种缓慢的下咽，这声音扩散开来，形成一种从四面八方聚来的旋涡，一下子达到一种紊乱的力量，然后又令人反感地一跳，这乃是某种物质的东西的一跳，凝固在其不动的存在之中……我看见某种东西流动，凝固，又流动，然后什么都不动了，每一个动作

---

① 在与物的关系这个问题上，布朗肖和萨特（写作《恶心》时的萨特）之间的区别在于：一个试图达到一种对处于原始真实的自在的直觉，另一个则试图达到对存在于人的隐藏的真实之中的有的一种经验。在萨特式的恶心的经验中，自身意识融于对自在的物的意识；在布朗肖的经验中，自身意识则作为自我意识而非作为对无区别之存在的意识而被取消。

② 布朗肖，《高处》，第 236 页。

都是绝对的迟钝，这些皱纹，这些突起，这种干泥的表面就是它的崩塌的内部，这一堆土就是它的无定形的外部，没有一处是其始，亦没有一处是其终，可以发生于随便哪个方向，刚刚看到一个形状，随即又变得扁平，跌进一团目光永远走不出的烂泥之中。[①]

这就是对于裸露的存在、"没有本质的存在"的经验，布朗肖试图唤醒我们对这种经验的感觉，因为这也许是我们所具有的唯一的未曾偏离的感觉，基本的人的感觉，这乃是我们大部分精神冒险的隐而不彰的原动力。人们从此明白，对于布朗肖来说，小说是一种比批评更为珍贵的文学和哲学形式，而这恰恰是因为小说作为虚构可以构成一种方便而直接的手段，将通常阻止我们确认存在之非个人的、持续不断涌现的所有那些特殊性化为虚构。还有某种东西，永远有某种东西，这某种东西的存在不能不被意识辨认出来。它自己的使命即在此，它初始和结束的活动即在此。这就是布朗肖的小说在实践一种苦行的时候尽可能清晰地使我们理解的东西，根据这种苦行，一切

---

① 《高处》，第 237 页。参见《未来之书》，第 151 页，其中谈及布洛赫的《维吉尔之死》，布朗肖写道："倘若歌不能下到一切形式之内，朝向无定形和那种外部声音以各种语言说话的深处，那么就不会有真正的交流，也不会有歌。因此，这种下降——朝着不确定下降——正是诗人通过他的死亡试图完成的。"

次要的东西都被清除，意识发现自己面对着一种长生不死的存在。不过这种长生不死是很奇怪的，甚至几乎是残酷的，因为它不是某个人的不死，而不过是通过意识行为以外的途径确认任何事实——甚至已然死亡这一事实之合乎逻辑的不可能。同样，与在海德格尔和萨特那里发生的事情相反，在布朗肖那里，意识总是与不知什么无名的悲剧相联系，注定要在一个关于不朽的存在的问题上无穷无尽地进行一种其本身也是不朽的思考。布朗肖的小说于是成为一种不断开始，也能够不断开始的行动，如同在波赫姆的神话哲学中，一种可以说是旋转和重复的运动在一切生命的外与内进行，逃脱不了"变化的循环"①。人们永远死不完也活不完，"一切都从无重新开始"②。

因此，这是一种使人极其泄气的经验，不过也从未有终极的绝望，从未有"死亡的中止"，因为死亡并不中止什么，因为没有死亡，也没有结束。布朗肖的著作，无论是思考的还是小说的，都使我们居住在一种地狱里，是的，地狱，奇怪的没有中心之火的地狱。"火的部分"丝毫没有，冷的部分则很大。也许在这故意冰冻的作品中最令人赞叹的就是它的冷本身；这不仅仅是一种已经达到其最严酷的赤裸、最顽固的贫困的思想（如冉森派）的冷，这也是一种来源于一种语言的精心打算的

----

① 《火的部分》，第 88 页。

② 同上，第 308 页。

贫困的冷，这种语言不许自己有任何个人的特色。萨特曾经这样谈起过布朗肖："他就差找到他的风格了。"没有比这更不准确的了。在布朗肖那里，一切风格的修饰，一切个人修辞特色，都将是多余的东西。他的语言也像他的其他东西一样，必须被简化为爬行动物的滑动那样的赤裸。造成一种风格之神奇的一切品质，如波德莱尔所说的"空间和时间之中的强度、响度、澄澈、震动、深度和回响"，所有这些品质均付阙如，除了澄澈，这是最少确实性的，因为在布朗肖的风格中起很大作用的澄澈乃是光明的普遍传播。他的语言的美来源于几乎所有习惯的美之不在场，也还因为这语言强迫自己几乎是暗淡的、无色的、无味的，无音色亦无热力，能够准确地表现一个被剥除表象的世界的否定面貌。这是一种痛苦的作品，是一切文学中最为忧愁的作品中的一种，不过，这并不是一种悲惨的不幸的作品，它具有一种本质的平和，因为不幸从不作为一种现时的事件，而是作为一种对超越不幸的状态的唯一的解释出现在作品之中，是清醒在其中建立了永久的排他的统治。人们在其中看到的奇特的静止即源于此。思想从未停止运行，但永远在原地，如同一架上好了油的机器。无进亦无"退"。齿轮转呀转，精神的活动在其无尽的圆圈中进行。还能做些别的什么吗，在这种情况下，它似乎要永久地转下去，这不是既令人惊讶又令人赞叹吗？

十四、让·斯塔罗宾斯基

1

让·斯塔罗宾斯基[1]在谈到 40 年代，即他二十岁的那个时代时，写道：

> 生活在平静之中，却又知道这平静是一种例外，世界的命运在别处被决定着，这是一桩很奇特的事情。这种平

---

[1] 迄今为止，让·斯塔罗宾斯基是以下批评著作的作者：《孟德斯鸠论孟德斯鸠》，瑟伊出版社，1953；《让-雅克·卢梭：透明与障碍》，普隆出版社，1957；《活的眼》，伽利玛出版社，1961；《自由之发明》，斯塔拉出版社，1964；《卖艺者的肖像》，斯基拉出版社，1970；《批评的关系》，加利玛出版社，1971；在期刊上发表的一系列有关蒙田、拉罗什富科的文章，正在准备有关忧郁的著作。

静的存在不像是真实的，然而却代表着其他人为之奋斗的
目标。我有一种强烈的距离感。[1]

对于一种思想来说，这并不是出发点，却是其初始处境：
当思想把握住自身的时候，同时就发现它与某个世界有距离，
并且知道这个世界决定着它的命运。"她成了旁观者，对此颇
感不适。"[2] 这是卡夫卡的处境，是其诉讼在某一不可接近之
地进行的某被告的处境，总之是这样一个人的处境，他迫于时
势必须生活在一个人为的和平地区，而其周围正激烈地进行着
一场与他休戚相关的冲突。

应该很好地体会这种处境意味着什么。这里，意识到自身
的人把自己看成是一个与对象没有关系的主体。他是孤独的，
他生活在平静之中，这平静的结果使他特别清晰地感知到一场
悲剧的喧嚣，他关注这场悲剧，而悲剧却在他的认识的边缘进
行着。他是双重的孤独，因为他与他所凝视的东西没有关系，
然而，他一面不断地凝视，一面又不断地度量着他与对象之间
的距离。主体并非没有对象，而是没有与对象之间的那种亲密
的联系，而这联系正是人与周围现实之间的通常的关系。这是
和那些一下子就进入外在世界的人的思想最为对立的，这也是

---

[1] 《定位》，《巴黎女人》，1957 年 5 月，第 542 页。

[2] 《卡夫卡，教养院》引言，艾格劳夫版，第 21 页。

和夏多布里昂所描绘过的"对象短缺"最为对立的，正是这种"对象短缺"使浪漫派的心灵感到快乐和痛苦。因为对于浪漫派的心灵来说，对象短缺形成了向自身呈现的主体的对立面。在对于一切客观现实的遗忘、摈弃或无知中，自我的主观现实向自身呈现出一种不可穷尽的过量的丰富性。因此，至少在起源于对其内在丰富和外在空虚的双重发现的辩证运动之初期，浪漫派将其心醉神迷的关注集中于第一种发现，而不大在第二种发现上驻足。实际上，既然它在对于内在的把握中已经直接地意识到全然内在的丰富，外在之不足除了使它发出某些诅咒之外，与它又有什么关系呢？——然而对另外一种人则不同，他们并不是发现自己处于对象短缺之中，而是感到他们对于对象来说是不存在的，同时又并非不知道对象的存在及其重要性。发现自己失去了与对象的一切联系，乃是发现自己不完善、不完全，却又渴望着一种完善和完全，而此种完善和完全只能存在于外部，这正是"在'真正的生活'之外发愣，而两眼却又紧盯着它"①。

　　在事物的核心，在世界的中央，在不参与其生活环境所产生的寂静之中，于普遍混乱中维持，意识在流放。它苦于"不得其所"②。一方面，它不能满足于自己的内在性，另一方面，

---

① 斯塔罗宾斯基，《卡夫卡，教养院》，第26页。
② 《卡夫卡，教养院》引言，第21页。

他人的内在性又似乎不可企及。意识到自身和他人，从一开始就是发现自己既处于自身之外，又处于他人之外。无论精神怎样转，它只能看到自己被排斥在外。它始终在这一边，从一开始就在局外。这是忧郁者的情况，让·斯塔罗宾斯基最近在关注这类人物："他被遗弃在外面，处于旁观者的地位；流水向前，可是他不能跟随，被抛在岸上。"①

　　然而，在这样一种处境中，精神难道不能发现一个出发点，一块跳板，例如一种宗教活动，一种朝向超越的冲动的机会吗？发现自己在这一边，不正是一个设想那一边的绝好位置吗？——但是，此地所显露出来的那一边与其说是一种宗教，不如说是宗教想象的上帝因隐退而留下的空位。关于那一边，什么也不能说，甚至不能想。它确确实实是超越了思想的那种东西：一个未被占据的空间，当精神想穿越可见世界，并从它的另一端走出的时候，它就显露出来。因此，从超越的那一边没有任何出口。想对超越进行思想，就是不思想。这正是确认一种短缺，更有甚者，是确认一种使智力气馁的不可思想性。如同斯塔罗宾斯基在某处所说，"为了在一个更高的平面上居住，离开地上事物的秩序是不可能的。"②

---

① 斯塔罗宾斯基，《解剖者的忧郁》，《原样》，1962 年夏季号，第 25 页。
② 斯塔罗宾斯基，《论卡夫卡的犹太主义》，《南方手册》，1950 年，第 290 页。

对于精神的活动来说，除了这个地上的世界之外没有任何出路，精神毕竟以某种方式被置于这个世界之外，而它似乎又不能与之认同。

必须把让·斯塔罗宾斯基形成之初的思想带回到这种境况中去。有人会问：为什么要把它带回到那里去？为什么一定要把自己与任何思想在其形成之前所显露出的那种空无或普遍的犹豫联系在一起？这也许是因为某些思想必须从其所由诞生的那种极端的匮乏出发才能被理解。被排斥在世界之外，然而又朝向这世界，斯塔罗宾斯基的思想证明了"执着于纯粹内在性之不可能"①。无论它愿意与否，一种极适于理解内在性的智力必须以理解外在性为己任。

2

"必须回到存在……"②，必须"回到外在世界……"③。在让·斯塔罗宾斯基早期的文章中，时刻都出现这种迫切的需要，其非个人性掩盖不住一种紧迫感。自身封闭的思想必须立

---

① 《论卡夫卡的犹太主义》，《南方手册》，1950 年，第 287 页。

② 斯塔罗宾斯基，《关于事件的诗引论》，《文学》第 1 期，1943 年 1 月，第 20 页。

③ 《论卡夫卡的犹太主义》，《南方手册》，1950 年，第 291 页。

刻离开自身，找到一条通向一个尽可能与它不同的对象的道路。可是，既然这对象如此不同，精神是否有很大可能显示出无力触及到它呢？人们只能触及与我们相像的东西，与我们有共同点的东西以及属于我们这世界的东西．但是这里所说的世界似乎和精神没有任何共同的尺度。如何触及到它，如何与根本不同的东西建立联系，这显然是让·斯塔罗宾斯基的根本问题。

尽管如此，仍有一线希望出现。如果说意识与它所意识到的东西不同，正是由于它不可遏止地朝向外界，它却真正成为这外界的意识；而这不是由于例外，不是由于它的自然的活动的一种任意的倒转，而是由于它的本性的完满实现，这本性乃是成为它所意识到的东西的意识。换句话说，并且这里不谈这样一种思想将会发现的那种与胡塞尔现象学的明显的一致性，在斯塔罗宾斯基那里，思想似乎一开始便发现了它在此种与自己不同的事物之间的困难关系中所具有的基本功能，至于这种关系，它不能不意识到，否则它将放弃一切意识，甚至放弃对于自身的意识。于是一切都开始了，一切都不可避免地开始于一种离心的运动，这种运动把精神带向它最为陌生的东西，而它的自身活动之完成也将依赖于这种它最为陌生的东西。斯塔罗宾斯基后来说到蒙田的思想的那些话，他一开始就可以用于他自己的思想："意识存在，因为它显露出来。然而它若不使一个它与之密不可分地联系在一起的世界浮现出来，它自己就显露不出来。"①

　　起初，使斯塔罗宾斯基朝向世界的那种活动始终是全然智力性的，无论其对象是多么具体。回到存在，回到世界，乃是回到一种存在，回到一种世界，这里并非要分担其变动，而是要理解其奥秘。总之，回到世界的存在在这里丝毫也不等于在世界中存在以及与世界一起存在，充其量——这的确是一桩重要的事实——是意识到精神有可能触及到的那个存在得以完成的方式，但是根据此种方式的具体样态，精神本身却不能以为自己也存在。无论如何，世界和自我始终面对着面。无论精神是否回到它的对象的外在性，它始终如故，即内在于自身，外在于对象。为了接近，为了了解，精神所能做的只是将其观测仪器指向外界。除此之外，诸事皆无，亦不可能有。在世界和自我之间有一种关系建立起来，然而它们的属性之间的相互交换仍然是不可思议的。在世界那一方有存在，在自我这一方则有对于存在的认识。

　　这样一种角色分配本来是毫无特殊之处的（与精神在科学认识中的运作几乎没有区别），然而人们从一开始就看到著作者是带着一种异乎寻常的严格和坚韧来进行这种角色分配的。在斯塔罗宾斯基那里，认识自我的需要在任何时候都不借助于他对那个最受关切的世界的发现而显露（除非是间接地）于思

----

①　斯塔罗宾斯基，《蒙田或向生活回归》，第48页。

想的运动的一端，他说："对于他，只有通过世界才能达到自身。"[①] 但是另一方面，这种对于世界的发现始终是一种纯粹的发现，也就是说，它不是一种参与的行为，而只是一种理解。存在总是只作为一种思想对象处于精神的对面，精神越是试图理解存在，它就越是在差异中把握它，而最终发现自己不能与它认同，这时，对存在的意识如何才能变成意识到的存在呢？

一言以蔽之，无论其野心和努力如何，意识注定只能隔着一段距离地意识到它的对象，由于它的对象是存在，因此它也注定只能是对于存在的一种纯粹的外在甚至遥远的理解。意识不是存在之物，乃是对存在之物的一种观看。一句话，它是一种纯粹的凝视。

这样，在斯塔罗宾斯基那里，在起点上，在智力通过选择自己的活动来确定自身的那种行为本身之中，就同时呈现出一种巨大的苛求和一种巨大的谦卑。巨大的苛求，是因为他只对自己的智力有把握，他只相信它，只依靠它来期望谜团的解决和某种无为的、清醒的审美幸福，而这应是认识的极致；巨大的谦卑，是因为这里智力之呈现并非作为一种内在感悟的能力，亦非作为一些天赋观念——很少有思想更不是直觉式的——之保护神，而只是作为一种外在认识的工具，在智力上

---

① 斯塔罗宾斯基，《谈肖像》，《文学》第 6 期，1944 年，第 44 页。

这种工具是必须使用的，正如在身体上使用眼睛一样。类比地说，如果不是过分地滥用词语的话，人们可以将这种智力称作精神之眼或心灵之镜。这是因为精神首先是自反的。它将一物置于自身的对面，它不在其上施加任何作用，除非用可理解的词语来反映它。面对它之所见，仿佛调整望远镜一样，它只关心使其影像最为清晰。

　　无疑，这样一种精神上的谦卑不是没有严重的弊病的，它将精神的作用简化为记录眼之所见。另一方面，在智力和它的对象之间，关系是良好的、持续的、细腻的，但有时没有热情，仿佛人与人之间持矜持态度。我们的著作者使用的照明器发出的这种淡淡的光照亮了所及之物，使之凹凸分明，纤毫毕现，仿佛夜景每一种轮廓都在一片美丽的月光下细细地呈现出来。然而，这凹凸，这细节，这被细腻地感觉和复制出来的轮廓，都不是对象，只不过是些可以替代的特征，也许是些浮现出来的虚假的表象。言语、手势、面部表情、举止，这一切形成了一系列幕布，仿佛一道由暧昧的液体形成的障碍物，对象依仗它实现后退，远远地逃离精神。凝视，并非占有。这是在栅栏前止步，在其表面滑过。这是处在某物之外，只观照其外，当然可能是作了假的外。简言之，探寻本质，乃是由表象引路。

3

表象掩盖本质，使观者看不到本质，使观者对本质的接近无比困难。于是一个新的辩证过程开始了，同前一个辩证过程一样，这也是一个排斥的辩证过程。刚才是外在世界拒绝成为意识的内在性，现在则是本质的内在性躲避凝视的外在性。本质仍是不可接近的，它留给凝视的只是表面的样子。这些样子常常是骗人的，更为经常地则是不透明的。本质退到面纱或面具之后，留给探索者的只是一套化装服饰或不再穿的旧衣。凝视无论如何也越不过它能看见的东西。它始终停留在门口，被排斥在本质的圣殿之外。

于是，著作者其人的命运的面目重又变得完好无损，绝不更为宽容，而总是那样严厉。这就是这样一个人的命运，他注定远离本质，越不过皮斯卡悬崖①。人们还可以想到法布里斯②，他站在法尔奈斯塔上，眼看着在他和心爱的人的面容之间竖起一道屏障，使他看不见。应该理解这样一种剥夺所引起的苦涩之全部强烈性。对于这里谈到的这个人来说，似乎一切都遭到禁止，除了运用一种唯一的禀赋，即智力的禀赋。依仗

①　未详。——译注
②　司汤达的小说《巴马修道院》中的主人公。——译注

此种禀赋，他圆满地实现其命运，并医治这种命运给他带来的痛苦。然而，面对表象的屏障，智力失去了可靠性、穿透力和去伪取真的能力。于是，思想寄希望于其上（怎么说呢？）的那一切就有可能变得毫无用处。而在这种情况下还会剩下什么呢？在自身上还有什么办法可想呢？智力在表象的不可穿透性面前的失败有可能成为最巨大的灾难，因为这种失败将使精神确确实实地陷入无援之境。

那怎么办呢？——也许要想入非非了。——谦卑的智力意识到它的束缚和虚弱，第一个反应将是把自己想象成一种独立自主的智力，其所处的世界是一个臣服于它的主权的世界。例如，在斯塔罗宾斯基的著作中，还有什么比那种复现的梦更具启示呢？在这种梦中，精神像我们梦中的某些行动那样轻松自如，眼看着面前展开一个天地，而它自己也自发地向它展开。瓦雷里、马拉美、十七世纪的雅士们、儒佛①、孟德斯鸠，还有卢梭，斯塔罗宾斯基正是通过他们的思想来追踪此种互为澄澈的梦，其中世界和自我之间相互变得透明，瓦莱里"梦见自己是澄澈的"②；马拉美由于其非个人性、无密及无厚而达到

---

① 儒佛（Pierre Jean Jouve，1887—?），法国诗人。——译注

② 斯塔罗宾斯基，《瓦莱里》，《随笔与见证》，巴克尼埃版，1945 年，第 144 页。

"最澄澈的无法形容性"[1]；孟德斯鸠则在其对普遍的洞察力的追求中向往那"具有无上威力的目光之幻影，在他眼前一切都无遮无拦，整个宇宙将成为一座水晶宫"[2]。

斯塔罗宾斯基正是以这些人为媒介来为他自己追踪同一个幻影，其中最常引证的、最喜欢的、最"有味"的莫过于让-雅克·卢梭了。似乎可以说"澄澈的蛊惑"[3] 是他的梦幻的唯一动力。斯塔罗宾斯基写道："让-雅克由于一个逐渐变得透明的宇宙之存在而享有他自己的透明。"[4] 这在让-雅克是真实的，然而在这写作的人又何尝不是真实的呢？他写下这些话，回忆起那个时候，当时，对他来说，最大的快乐是世界和自我在想象中都呈现出一种神奇的清澈性。当然，当他写下这些的时候，青年时代和多梦的时代都已遥远。至少这些梦不再被承认了。思想悄悄地把它们再捡起来，放在他人的想象中，或在他人的想象中再度找到它们。它甚至抓住机会揭露其根本的非实在性。同样真实的是，斯塔罗宾斯基以透明为主题写了一本关于卢梭的著作，一本杰作，这正是通过他人重新拾起一个本质上是个人的梦：一个智力的梦，宇宙毫无抵抗地向它展开，

---

① 斯塔罗宾斯基，《马拉美与法国诗歌传统》，《文学》，1945 年，第 42 页。

② 斯塔罗宾斯基，《孟德斯鸠论孟德斯鸠》、第 36 页。

③ 斯塔罗宾斯基，《透明与障碍》，第 102 页。

④ 同上，第 323 页。

并因此而与精神认同。

一种普遍的智力拥有一个可以理解的宇宙，这正是这个透明的梦所描绘的理想境况。然而还不止于此。智力并不满足于拥有它的宇宙，它还通过其光明的传播在其中扩散开来，它不必穿透、驱散或超越表象的幻影就占有了本质。或者说，像卢梭很好地解释过的那样，他的批评者[1]也重复了这种解释，即在澄澈的宇宙中，本质和表象之间不再有差异。表象成为本质的纯粹表现。本质通过它呈现于精神，呈现于凝视。在这种梦的关系中，一切都在同一个运动中，并且毫不费力地被暴露和被穿透，本质于是进入思想，思想也进入本质。在透明中，不再有擅入，也不再有排斥。意识感到自己被接受了，它像接受精神一样地感觉到宇宙。

透明的梦所完成的，正是"通过凝视的透明减轻命运的重负"[2]，这是斯塔罗宾斯基早期一篇文章中的一个绝妙的说法。

然而透明不过是一个神话，许多神话中的一个神话。很有意思，斯塔罗宾斯基的青年时代受到好几种梦的纠缠，而就在当时，其虚幻性他也知道。通常人们以为聪明的人比其他人少幻想。其实，他们的幻想一样多，甚至由于他们的梦有更多的

---

[1]　指让·斯塔罗宾斯基。——译注

[2]　斯塔罗宾斯基，《在索多姆的废墟上》，《当代瑞士》，1945 年 1 月，第89 页。

层次，他们可能会感到一种更大的快乐，不过与其他人相比，他们的梦的欺骗性较小。无论如何，人们常常看到，斯塔罗宾斯基年轻时毫不犹豫地陷入一种等待的状态之中，醉心于某种救世主降临说。他写道："我和我的诗人朋友们怀有某种充满热情的希望，希望把历史化作神话。世界的末日临近了，在谎言的时代之后将会来真正的人的时代。"[①] 在这梦幻者的精神中，一个可以理解的、真实的时代正要接续一个不可理解的、谎言的时代。障碍将不复存在。那个希望得到满足的神话显然以"减轻命运的重负"为目的。它与透明的神话混为一体。

救世主降临说带给精神的，乃是对于人们生活的世界和人们呼吸的时代的净化，甚至在精神只是怀着对这种梦幻的虚幻性的清醒意识来接受它的时候也是如此。既然事件有一种目的，那么事件就有一种意义，于是历史就是可以理解的。事物进程并非荒诞，也不是不可证实的。这样，命运就被洗去了"偶然和时间的污垢"[②]。宇宙重又变得可以被想象。它经过净化，失去其物质性，完全自然地在智力的语言中被表现出来。

然而这种理智化过程绝不局限于历史事件。它触及一切，改变一切，表现一切。例如，在早期的斯塔罗宾斯基看来，最

---

① 斯塔罗宾斯基，《定位》，《巴黎女人》，1957 年 5 月，第 542 页。
② 《关于事件的诗引论》，《文学》第 1 期，1943 年 1 月，第 10 页。

具诱惑力的莫过于典雅作为一种艺术和思想的理想所强加于自然的那种隐喻："如果典雅厌恶用俗名称呼事物，系统地使用代用语和隐喻，那是因为它不能在其原始的真实和特有的材料中接受世界和人。它只能爱精神化了的世界和人。"① 世界通过语言的抽象而被理智化，其结果与通过透明而获得的结果并无二致。事实上，抽象乃是透明所具有的形式之一。它用思想可以立即领会的一组符号取代了物质真实的自然的不透明。而这样说还不够。这里不单世界的形式有了极大的改变，其本质也有了极大的改变。接续自然的是一种超自然，接续原始真实的是一种经过净化的理想性。梦幻者面对这另一个世界，与他开始时如此焦虑地呈现出自己的那个世界如此不同的另一个世界，他不再感到被一种根本的不相容性所抵制了。相异性让位于相似性。本质不再感到被排斥，它看到了自己，多么幸福啊！它在一个与它的思想同质的宇宙中自在地生活与呼吸。然而他体验到的这种美妙的包容感并未就此止步。精神化的运动继续扩展。它既影响到自我，也影响到世界。如果对象非物质化了，那么主体也剥除了一切不属于思想的东西。"肉体消失"②，本质也"愉快地脱离躯壳"③。为什么如此热衷于十七

―――――――――――

① 《马拉美与法国诗歌传统》，第 40 页。

② 同上。

③ 斯塔罗宾斯基，《珍贵的消遣》，《迷宫》，1945 年 4 月 15 日。

世纪雅士们的观念和马拉美式的思辨，假如不是恰恰因为它们
在取消肉体的同时就恢复了心灵的地位？脱离了躯壳的本质是
一种恢复了地位的本质。也许这是存在的物质条件，这些条件
也构成存在失败的原因。"肉体代表着一条人不能逾越的边
界……具体化是一桩不成功的行动。"①

　　这是卡夫卡的看法，然而人们感到，卡夫卡的批评者斯塔
罗宾斯基在某个时期亦距此种极端的观念不远。这些观念与马
拉美及十七世纪雅士们的观念相近，他们亦敢于让人摆脱"肉
体的必然性"②。他们把人"从具体化状态解脱出来"③，他们
满足了人"逃避肉体束缚和成为天使的愿望"④。

　　这就是超凡入圣之罪，一种不惜失去躯壳的新兴思想在一
小群引导人的启发下对此心醉神迷。因此，脱去躯壳的思想正
与精神化的宇宙相对应。如同在双重透明的神话中，变成纯粹
精神的思想着的本质立刻在一个可以说是重新植入精神中的宇
宙里暴露出来。

　　这仍然是幻影，然而幻影不过是某些也许可以实现的可能
性的极端表现罢了。当然，我不能摆脱我的身体而成为天使。

---

① 斯塔罗宾斯基，《珍贵的消遣》，《迷宫》，1945 年 4 月 15 日。

② 同上。

③ 《马拉美与法国诗歌传统》，第 40 页。

④ 《珍贵的消遣》，《迷宫》，1945 年 4 月 15 日。

但是我可以部分地躲避我生活于其中的那些条件，我只需听命于作为我的精神本质的特征之一的创造力。除非在有限的程度上，我是不能改变物质上的我这个人的，但是我可以实际上无限制地改变我呈现给自己或他人的关于自我的观念。结果，不断地用一个形象取代前一个形象，用连续的并且连续地被否定的外表欺骗他人的眼睛，我就不再感到是固定于任何一种特性，我想是谁就是谁，我于是接近了在物质上不与任何地点、面孔和身体相联系的神的条件。换句话说，精神化在这里作为一种存在的方式和作为一种假装存在的方式是不一样的。对游戏的兴趣，对面具的兴趣，对可以称作本体的虚构的兴趣，变成了最迷人的刺激和最不可穷尽的梦幻的原则。席勒已经看到这一点，游戏，乃是任意地改变本质。这就是成为天使，如果天使的特权是摆脱那影响到每一个凡人的狭窄而唯一的前定的话。游戏的人正是他所假装的那个人。他所假装的那个人依据一种天才的模拟而随心所欲地千变万化。我离开了我，我重新发现了我，我又离开了我。我生活"在假名中，在对自我的绝妙的逃避中"①。同时，我又是我的外表的主人，随意决定我在他人身上产生的效果。

由于游戏和面具给予我们这种令人陶醉的控制力，我得以欺骗世界，并且在一种伪装下获得世界不肯特别给予我的东

---

① 《珍贵的消遣》，《迷宫》，1945 年 4 月 15 日。

西。我原是一个被排斥者，一个擅入者。世界曾拒绝与我保持一种甚至是最疏远的关系。而当我改变了姓名、举止或衣着，这两者就神秘地变得可相互接受了。用上一个假名，我就有了用真名时不曾有的特权。这样，借助于面具，在世界和我之间就建立起一种美妙的"对亲密的模拟"①。

　　然而，还有更多的或者其他的东西，几乎是相反的东西。当然，游戏者，戴面具者可以通过一种随意的误会获得被他欺骗的那个社会的恩惠。他没有被抛弃，而是通过他的选择被接纳，甚至被欢迎。然而面具乃是各种局面的主人，它可以在愿意的时候使角色颠倒。无论它原来是被排斥还是被接纳，它可以"赋予自己被排斥的权利"②。——排斥是不可容忍的，当它被世界无故地加诸于我的时候。相反，当它看起来成为我自己的行动，我据此可以退出一个我因拒绝而得以控制的世界时，它就变成一种可以接受的、有趣的、使人愉快的解决办法了。现在局面发生逆转。我不再是驱逐的牺牲品了，我是一个自由人，可以表现我的自主和随时退出游戏的权利。

　　这时，精神终于可以完全意识到它自己了，不是在参与中，而是在超脱中。游戏，并不是奉献自己，除非是暂时地，即使是暂时地，也并非没有许多精神上的保留，准确地说，是

---

① 《珍贵的消遣》，《迷宫》，1945 年 4 月 15 日。
② 斯塔罗宾斯基，《解剖者的忧郁》，第 26 页。

出借自己。对事物、对人、对观念、对书的兴趣，也是一种游戏的方式，当人们似乎同意将其注意力转向某个对象时，正是最接近超脱和返回自身的时候。游戏者是完全"可解脱的"：

> 游戏的人不作任何承诺，他保留着他的心，他可以认为他是保持纯洁的。[①]

有两种人恰恰是如此，在他们身上，游戏的本领在宇宙的层面上运作，他们是阅读者和观察者。他们也是那种不断作出承诺和解除承诺的人。例如，在瓦莱里身上就有一种"对精神力的陶醉，总是准备好从它所想象的东西中退出来"[②]；孟德斯鸠则"为了帮助它摆脱而具有一种无情披露真理的准确目光"[③]。实际上，"在凝视的行为中，精神胜利地重新占有其自主性"[④]。人们看到，在斯塔罗宾斯基那里，最为频繁的是对精神得以投入、摆脱和离开的那种运动的描绘。人们不应认为这里有什么与纪德的多变相似的东西。这里并无任何玩票的东西，也没有任何盲目地沉溺于即时的快乐的那种自私。相反，

---

① 《珍贵的消遣》，《迷宫》，1945 年 4 月 15 日。

② 《瓦莱里》，《随笔与见证》，第 147 页。

③ 《孟德斯鸠论孟德斯鸠》，第 42 页。

④ 同上，第 37 页。

这里有的是一种从关注到消遣的不同寻常的转移。在推动精神
紧紧地抓住世界的那种运动之后，接着来的是一种相反的运
动，其中有腼腆、满足和冷漠。在对于结合的梦想之后，或早
或晚会有完全相反的感觉出现，那是一种保持距离的强烈需
要，游戏或面具使这种双向的运动变得容易，通过此种运动，
本质从参与到最孤独的自主几乎不必有过渡。斯塔罗宾斯基在
下面两段文字中作了说明：

> 为了确保对于必然性的胜利，精神需要宣布它把它的
> 力量无故地用于某种游戏，它就这样使其**自由**处于良好状
> 态……①

> 意识确信——怀有某种不真诚的确信——一旦面孔消
> 失它就摆脱了干系；它很容易想象它将免除一切灾难，一
> 旦它远离游戏，不再理会它所感觉到的东西……我之所为
> 属于面具，不属于我，我是出于偶然才参与进去的……这
> 样，戴面具的人就放弃了他的真正的命运（它可能会把他
> 压垮），变成了他的面具的追随者。由于伪装，我们的真
> 正的命运被置入括弧：这是一种可以被认为是自由的中
> 止；这是一种暂时的解脱，我们在其中发现了无所执亦不

---

① 《马拉美与法国诗歌传统》，第41页

被执的乐趣。[1]

4

"我们的真正的命运被置入括弧。"然而括弧是简短的东西。它标志着一种中断，一种消遣。游戏者很快玩得厌烦，发现他重又面对他的"真正的命运"。我们知道这命运是什么。也许最明确的界定是这样：意识到精神的界限。如果自由是透明，局限则是不透明。透明和障碍：这是斯塔罗宾斯基关于卢梭的著作的副标题。他可以把这副标题用在他每一本书上。他的全部著作可以归结为一种阴影与光明、主体的自发性和对象的抵抗之间的辩证法。早在一九四七年关于卡夫卡的一篇文章中就有如下一段文字："谁撤除了这障碍？谁产生了这距离？没有人……无声的城墙起于内在自由产生的空间结束之处。"[2]与精神的腾跃相对立的是躯体的原始外在性；与在面具下的游戏中的无限自由感相对立的是对不可穿透之物的厚度所引来的撞击的意识。这种经验在一九四五年关于拉缪的一篇文章中得

①　斯塔罗宾斯基，《审问面具》，《当代瑞士》，1946 年 2 月，第 156 页。
②　斯塔罗宾斯基，《建筑师的梦》，《文学》，第 23 期，1947 年 2 月，第 27页。

到描述：

> 人们撞在事物上，深入不进去。人们碰它、触它、掂
> 量它；然而它始终是致密的，其内部是顽固不化的漆黑
> 一团。①

这使人想起他的更早的关于艾玛努埃尔的《俄耳甫斯》的
一篇文章：

> 俄耳甫斯②碰到了同样的中断，碰到了同样的不可能
> 性，不可能追上不在的他者并获得团聚。③

以及更近些的关于拉辛的凝视的一篇文章：

> [在拉辛那里]"看见"这种行为包含着一种根本的失
> 败；本质撞在一种不明的拒绝上。④

---

① 斯塔罗宾斯基，《反对》，《文学》，第 8 期，1945 年，第 98 页。
② 希腊神话人物，善音乐。——译注
③ 斯塔罗宾斯基，《介绍两部诗作》，《当代瑞士》，1943 年 5 月，第 394 页。
④ 斯塔罗宾斯基，《活的眼》，第 86 页。

与凝视之明亮的行动相对立的是躯体之不透明的拒绝，在其各种表现形式中，人的面孔得到最为热情、最为好奇的观照。在斯塔罗宾斯基那里，这一点最早出现在一九四四年的一篇很精彩的论文中：

> 凝视的闪光与张力、微笑的表现力、肌肉的无与伦比的典范、控制着一张生动的脸的符号天地——所有这一切都不澄清任何东西，相反，所有这一切只是封住了精神的秘密……
>
> 我看见并且试图描绘的这个人，我只能通过构造他呈现于陌生人的目光的形象而在分离中加以确定。①

凝视不再是彻底地照亮一个在其透明中呈现出来的对象，而是确认凝视不能越过并达到那一边的界限。"活的眼"② 要达到的恰恰是这一边。这样，"看见"这行动终于"不澄清任何东西"，它通向一种失败的澄清。凝视乃是看见与不再看见，它越过所见，通向一个区域，其中眼睛已然失明，处在黑

---

① 《谈肖像》，第43页。
② 《活的眼》是围绕着凝视这一概念组织起来的。它集论高乃依、拉辛、卢梭和司汤达的论文于一书。

暗之中："必须生活在不透明之中"①。必须心甘情愿地，至少是暂时地，变成一个瞎子。

　　但是，这种盲目与明眼之间的交替并不是一种完全的失败。实际上，让·斯塔罗宾斯基的另一特点是一种亲切的耐心，他据此而适应了一种在别人看来是失败的局面。看见与看不见，确认直接使视界越过某一点之不可能，看见不透明代替透明，这无疑是一些否定性的经验，然而它们充满教益，没有道理加以忽视。斯塔罗宾斯基关于高乃依写道："没有障碍的存在，没有抵抗它的必要性，就不能区分外在和内在。有了这些，整个本质将立刻展开在世界的眼前。"② 因此，减缓光明的进程，不使它一下子侵入晦暗的深处，是有益的。再说，这种晦暗与光明的对立才给予光明一个机会，使其自觉为光明。一个透明的世界和一个透明的自我，凝视不受阻碍地流连其上，卢梭的这个梦是一个行不通的梦。如同在一个完全由水晶做成的宇宙里，由于透明，将不再有什么东西是相互对立的，也不再有什么东西相互区别。自我迷失在世界中，世界迷失在自我中。一切都将归于一种明亮的极致，一种与黑暗之盲目无异的眩目。并且最后以同样的方式，正是由于被凝视的对象之不透明，凝视的主体才与对象区分开来，并因此而意识到自

---

① 《透明与障碍》，第10页。

② 《活的眼》，第49页。

身："只有在与外在世界的抵抗相接触中，人的内在性才得以形成并且开始意识到自身。"①

于是，一切又一次地改变了。障碍不再是绝对的拒绝，排斥不再是不可避免的命运。有些情形对过于强硬的思想是绝望和失败的情形，而现在也可能适应它们了。距离和不透明不一定是敌对的力量了。例如，它们"对于司汤达笔下的情人们是必要的，这不仅仅是为使征服受到珍视，更要为了使改变自我成为必要，而这种改变自我因其自身已然成为一种快乐"②。

先前是意识到具体化所具有的不便，现在则是细微地感觉到它的好处。这是不寻常的变化，如果这种变化是通过一种几乎感觉不到的渐进表现出来的，那就更加不寻常了。让·斯塔罗宾斯基是这样一种人，他从明确地抛弃具体化的现实出发，渐渐地接受躯体的条件，并且从中获益。一段这样的路程不可能在一瞬间走完。人们不能不经过渡就推翻一些看法，尤其是这些思想似乎来源于本质的原则本身，要改变起来就更难。让·斯塔罗宾斯基的特征是，他完成了这一变化而并不带有正在成熟的思想通常会感到的那种窘迫。他是通过描述一种很和谐的曲线完成其演变的。这一演变虽然进行得十分自如，平稳，没有观念的大动荡所带来的种种痛苦，却仍然是由衷地真

①　《活的眼》，第 162 页。
②　同上，第 210 页。

诚的，同时也是由衷地感到幸福的，成为轻松的原因，快乐的源泉。思想不再注定被排斥了，其对象不再必然地被抛进远距离之中了。在思想和它的对象之间，不但可以建立起种种关系，而且可以建立起一种经常的妥协，一种交流的真正持续性。毋庸置疑，在这种评估上的倒转中，斯塔罗宾斯基所获得的知识起了很大的作用。他属于那为数不多的一种人。他们学了文学又学医学，不仅没有否定前者，而且还尽可能地利用后者所带来的视界之更新。医学为他打开了一个新的精神国度："我走过一些地方。然而我的医学工作确实使我看见了另一个国度。我从中获益匪浅。"①

获益者何？乃是对于肉体的意识。肉体不再是不为人知亦不知人的敌人和陌生人了。它是忠实的伴侣，同欢乐共忧患的兄弟，也是始终哺育、显露和改变我们的一切经验的父亲。这也是一系列新的或得到更好的理解的引导人带给批评家②的那种东西，这些引导人是：蒙田、梅洛-庞蒂、孟德斯鸠，甚至还有书写肉体的诗人克洛岱尔："克洛岱尔的语言所提出的要求是针对我们的肉体的。他是通过我们的肌肉和我们的感官而

---

① 《定位》，第 543 页。
② 指斯塔罗宾斯基。

获得我们的赞同的。"① 斯塔罗宾斯基还写道："读一页《随笔集》，就是通过接触一种极为活跃的语言而做出一系列精神上的举动，这些举动向我们的肉体传达一种灵活而有力的印象。蒙田最隐秘的东西在这种肉体的活力中表现出来。"②

这样，肉体就成为精神的创建者，如同精神通过语言成为肉体的解释者。对于我们的精神生活的身价来说，这里并没有任何背叛，也没有任何减损。像孟德斯鸠教导斯塔罗宾斯基的那样，"与肉体结盟，我们的精神并不失身份"③。而结盟正是拒绝或距离的反面，它使肉体方面的事物和精神方面的事物之间出现一种接近，乃至一致，而在此之前这两者之间似乎相距无限遥远：

> 内心追求的冲动倾向于否定任何距离，倾向于聚集在一种空间、肉体及（精神的）运动紧密相互归属和相互渗透的一致中自反的两重性似乎分离开来的一切。④

---

① 斯塔罗宾斯基，《克洛岱尔的言语和沉默》，《新法兰西评论》，1955 年 9 月，第 524 页。

② 斯塔罗宾斯基，《运动中的蒙田》，《新法兰西评论》，1960 年 1 月，第 16 页。

③ 《孟德斯鸠论孟德斯鸠》，第 45 页。

④ 《运动中的蒙田》，第 20 页。

　　斯塔罗宾斯基的这番话是说蒙田的，用在他本人身上却也同样合适，这样，自我就从对它的被分离的存在的意识转变为对将肉体生活和精神生活紧密联系的一种相互渗透性的感觉，而这并非通过放弃，也不是通过接受一种消极的态度，相反，是通过它的思想和它的肉体之间的坚决地接近。我们再引一句关于蒙田的话："活跃的肉体在对于一种内在一致性的自反意识中得到补偿。"[1] 这样，不仅仅肉体和精神结成联盟，精神还成为这种联盟的意识。也许这正是精神的首要和基本的作用："我们的意识一下子投入到一具肉体和一种经验过的处境之中。"[2] 这不再是蒙田的话了，这是梅洛-庞蒂的话。但这仍然是让·斯塔罗宾斯基借用并阐明的思想。这是一种意识的惊人的变化，这种意识在解脱和纯精神性中形成。现在，意识几乎把它与肉体的最紧密的联系作为它的存在条件了。

5

　　这就是一种永远不自满的思想迄今为止所走过的道路。然而，如果认为这条道路的诸阶段一个接一个地消失，终于只剩下最后一个阶段，那就错了。相反，在整个过程中，这种思想

---

① 《运动中的蒙田》，第 255 页。
② 《梅洛-庞蒂》，《洛桑报》，1961 年 5 月 27 日。

上相继获得的诸种精神位置是无限增加和联属的，以至于变成同时并存的，而占据这些位置的人在其发展过程中精神位置确立的任何时刻，都可以任意将其重新占据，并体验到一种大大深化的蕴涵。这样，他就可相继并几乎以同一种方式处于被排斥和被接纳、陌生和亲密、投入和解脱的地位，成为纯粹精神和肉体生活的细腻观察者。

如此灵活地运用和调和最多样甚至最相反的经验有可能将让·斯塔罗宾斯基引向小说，至少是某种类型的小说，例如不同于反思小说的那种将自己当成大路旁的镜子的小说。当然这种灵活性使他更适于那种被称作文学批评的类型。事实上，一望便知，这种思想所服从的那个变动不居的中心乃是他的思想与他人的思想之间的关系。接近，分离，在陌生的思想中立足，重新又变得陌生，任何思想在其迁徙、相遇和变化中也不曾如此成功地致力于这种合与分的艺术，而全部批评即在此艺术之中。结果，我们在让·斯塔罗宾斯基的"命运"——这样一种流放和排斥——中看到一种对本质的无穷尽追寻的原点，这"命运"最终成为一种"使命"的初始标志，从这一点出发，思想走向它的"目的"、它的诸问题之解决。

在这些问题中，有一个是一切批评的根本问题。批评，是认同或者保持距离吗？是爱还是评断？斯塔罗宾斯基在一篇题为《波佩的面纱》的论文中很清醒地提出这一抉择，这篇论文是他的一部著作《活的眼》的序言。人们可以从中看到对他的方法的非常明确的陈述。他写道："批评的凝视提出的苛求朝向两种可能性，而两者的完全实现都是不可能的。第一种可能性要它泯灭自身，与作品让它隐约看见的那种虚构的意识亲密无间，这时，理解将逐步地接近一种完全的共谋关系，与创造主体的共谋关系，与对通过作品展示出的感性及精神经验的积极参与的共谋关系……"

第二种可能性正相反，是在作品和批评意识之间建立一种"距离"，使批评意识成为一种纯粹的"俯瞰的凝视"①。

在这两种批评中，第一种很像斯塔罗宾斯基的老师、日内瓦学派的领袖马塞尔·雷蒙所进行的那种批评。批评，是根据与神秘思想所要求的自我舍弃相似的一种自我舍弃行为来取消主体和对象之间的区别，变成他人的本质，失去自己的本质。总之，如果说斯塔罗宾斯基喜欢雷蒙，长期无保留地接受他及其他一些人视为大师的《从波德莱尔到超现实主义》的作者的影响，那是因为在他看来，雷蒙所呈现的批评形象与精神生活的总体形象出奇地相像，此种精神生活的形象在某些思想家和诗人，特别是让-雅克·卢梭那里就是这个样子。因为我们看到，卢梭像许多神秘主义者一样，不断地梦想取消障碍，在心灵之间令人惊奇地建立起一种透明。雷蒙是一位研究卢梭的大

---

① 《活的眼》，第25—26页。

专家，他把他关于卢梭的大部分文章收入一本出色的著作①中，他恰恰是通过一种令人赞叹的忘我，一种对其研究对象的完全附着而在他和对象之间、并且就在批评思想的层次上，建立起那种与他人的心灵之间的绝对透明，而这在卢梭那里始终是一个梦想。这是一种纯粹认同的批评，也就是雷蒙的批评行为所取的形式。这是一个确实的成功，而在卢梭甚至在早期的斯塔罗宾斯基那里却呈现为一种令人痛苦的失败：它显示出一种没有阴影、没有保留的相互关系，一种绝妙的"意识间的相互透明"②。

因此，批评可以成为一种使本质和思想得以相互渗透的方式。选择当批评家，斯塔罗宾斯基也就距离实现他青年时代的梦想不远了。认同批评中止了一切排斥，它一下子将批评思想引入被批评的思想，它将精神置于本质的中心。

然而，当批评将精神置于本质的中心时，它可能会使其晦暗不明，使其消失，使其失去其作为可视和发光力量的基本特征，而这种特征，精神只有远离本质中心才可能有。这至少是让·斯塔罗宾斯基所强烈感觉到的东西。认同，乃是过于经常地沉入一种模糊的亲密性之中，而对此种亲密性，人们至少可以说，它不是将两种思想淹没在彼此敞开交流目光的一种半透

---

① 斯塔罗宾斯基，《让-雅克·卢梭：寻找自我与梦幻》，科尔蒂版，1962 年。
② 《透明与障碍》，第 8 页。

明的地方，而是将它们抛进作为许多本质之基础的混乱和无用之中，而这些本质一旦开放就呈现出阴暗的景象。接近、亲密性，常常是最坏的不透明。这种不透明非但远远不能阐明思想，还使之瘫痪，于是认同批评常常沦为粗劣的模仿：一种"只不过是可怜地重复诗的声音"[1] 的一致与协和。

　　于是就剩下第二种可能性了。我们看到，这第二种可能性与让·斯塔罗宾斯基开始从事批评时所取的态度惊人地相像：其精神态度是只在远距离上察看对象，以至于感知到对象，就是从外面看见它，并且看到自己被排斥。批评，乃是"坐在包厢里观看"[2]，其方式完全一样。批评家是这样一个人，他意识到自己是与他的批评对象相分离的，他像莫里斯·布朗肖所希望的那样，利用的不是在场的感觉，而是不在场的感觉："理解而不赞同。"[3] 此种外在于观察对象本身的远距离理解不只适用于外在的对象，而且适用于深层的自我，适用于似乎是最深刻地呈现于意识的那种内在性。斯塔罗宾斯基注意到，当孟德斯鸠决定描绘自己的时候，他把自己虚构为他认识的另一个人："他为什么这样做？也许是为了拉开必要的距离，以便

---

①　《克洛岱尔的言语与沉默》，第 522 页。

②　《瓦莱里》，《随笔与见证》，第 145 页。

③　《克洛岱尔的言语与沉默》，第 523 页。

适宜地像谈论另一个人一样地谈论自己。"① 也许以同样的方式，批评家成了这样一个人，他设立一种双重的距离：针对他人的精神本质，这是第一个对象，由于这个初始对象的出现，又冒出第二种距离，在其深处展示出第二个对象，对它的直接观照要么是不可能的，要么是不可容忍的，其原因是，我们能够承受我们自己的面目被看见，但要有一个严格的条件，即看见它通过镜子的作用被反映出来。这样，批评思想的运作就特别像玩游戏和过戴面具的生活。批评家通过一系列他们时而接受、时而抛弃的伪装和连续图像，将能够远距离地展现在场，这种在场变成了简单的"反射对象"。批评家因此也像一个"忧郁者"（关于忧郁者，让·斯塔罗宾斯基最近写了一本书）："他自己的生活，他远远地观看，仿佛世界戏剧的一部：ipse mihi theatrum②。自反的意识绝妙的中立和超脱。"③

它所以是中立的、超脱的，仅仅是因为它知道如何在赞同的态度之后接上一种解脱的态度。最冷漠、最少洞察力的，莫过于一种意识从一开始并且在此后一直置身事外、拒绝同情、孤立于它的自由意志之中。然而，斯塔罗宾斯基的态度很像爱

① 《孟德斯鸠论孟德斯鸠》，第 26 页。
② 拉丁文：自己演给自己看。——译注
③ 《解剖者的忧郁》，第 25 页。

弥儿①的老师和索菲的朋友的态度，开始时是分享他们的感性
生活的流露，因此品味到一种他实际上只能从内部来享受才能
理解的幸福，然而这位老师或这位朋友，如同斯塔罗宾斯基指
出的那样，仍然"保留着他的全部自由，哪怕他沉浸在这种陌
生的幸福之中"②。批评活动很像一种"没有束缚的参与"。它
是双重的，同时或相继包含着"绝对的距离和绝对的亲密"③。
斯塔罗宾斯基说："完整的批评也许既不是那种以整体性为目
标的批评，也不是那种以内在性为目标的批评，而是一种时而
要求俯瞰时而要求切近的凝视。"④ 经由化为同情的智力运动
所获得的最初或最后的切近性，总是终极的认识，精神的热力
在其中变化为纯粹光明的那种自上而下的凝视。

① 卢梭的小说《爱弥儿》中人物，下文索菲亦然。——译注
② 《透明与障碍》，第 221 页。
③ 《蒙田或向生活回归》，第 40 页。
④ 《活的眼》，第 27 页。

十五、萨特

"如果您硬要进入一个意识之中，您将被一阵旋风裹住，被抛到外面去。"（《意向性，胡塞尔现象学的一个根本观念》，1939 年 1 月，《境遇工》，第 32 页。）

这句话可以很好地用来界定萨特在批评方面的态度。因为恰恰是任何批评都意味着一种认同行为，而这种认同被萨特宣布为不可能。他甚至以两种不同的方式宣布其为不可能。首先是因为任何一种批评都不能深入另一个人的意识，其次是因为，即使它能够深入进去，批评意识也不能在其中持久立足。

让我们先看看这两种意见中的第一种。在萨特看来，批评思维为什么不能深入任何其他思想的内部呢？他会回答说，理由在于没有什么内部："意识无内。"在建立在旧心理学之上的旧批评中，任何个人的思想都可以被设想为具有内和外，如果内只是一种外在的行为，其意义是可以破解的，那么这种意义本身就转而向内，也就是说，转向一个由观念、感情、回忆和意向构成的精神世界，而这些东西本身又转向一个被称为实体的存在的某种恒久不变的深处。与某一个人的观念、感情、回忆和意向认同，乃是通过这些东西在他的实体上与这个个人本身认同。然后，剩给批评家的就是向读者呈现这种显露出来的实体性。而在萨特看来，这一切都属于一种过时的心理学。再没有什么实体的东西留存在一个存在之中来构成这个存在的内部。观念、感情、意向，甚至回忆，都只构成意识对象，外在于意识，故只存在于意识之外。至于意识本身，对于萨特来说，意识就其自身来说是空的。它是全然无内的，这就是不可能进入它的简单理由，并非因为这内是不可进入的，而是因为这内是不存在的，这很像叶卡捷琳娜二世访问克里木时，波将金在其沿途修建的那些假村庄，完全由墙面构成。批评不能与那种严格意义上的实体的东西认同。它本身是非实体的（因为它是意识），故不能与另一非实体性混同，除非以一种全然否定的方式，如同说零等于零一样。

但是，在第一种不可能之后又呈现出第二种不可能。批评意识不仅不能深入这种由他人的意识构成的否定的内，假设它可以做得到，它也将立刻被排斥出来，仿佛被一阵猛烈的气流吹出来，因为任何意识都是一种朝向外在的圆满的空，因此也是一种离心的或切向的运动，意识借助这种运动摆脱它自身的空，射向一个外在的对象。这样，批评意识在试图插手被研究的意识时，就会变得像放进一根管子里的很轻的物体，一股急速的气流通过，物体立刻被带出管外。

简言之，对萨特来说，批评意识既不能深入也不能停留在被批评的意识之中。一种深度的认同，一种人们在里维埃、杜波斯以及近些的马塞尔·雷蒙那里看到的与存在之深处的认同，在萨特那里都是不可想象的。然而是不是说在他的体系中两个意识的任何认同都是不可想象的呢？当然，批评意识之空是不能与被批评意识之空融为一体的。但是，批评意识至少可以在被批评意识的行程中陪伴它，可以在后者借以通过外化从内空转向外实的运动中追随它。如果任何意识都果真是变成某种东西的一种计划，那么这种计划并非存在的纯粹不在场，而是一种匮乏，其中反映出一种实，一种形象，而和这种形象相联系的正是人类的某种觊觎。从意识变成对自身之外的其他物的意识（这大概是萨特所认为的它的命运吧）那一刻起，它就同时得到表达、呈露，变得可以被另一个意识感知。引导着它的那种欲望给予它一种形式。这种形式可以被认出、解释、接受。作为批评意识，"我"是可以和另一个"自我"认同的，这另一个自我完全是在意图中呈露出来的，而意图在使它转向的同时又使它个人化。萨特写道："意识作为对自身之外的其他物的意识而存在的这种必要性，胡塞尔称为意向性。"通过把自我——批评之我——置于从他人到其对象的那条瞄准线的起点上，我能够体验他人的意识的意向性。这样，我就将他人的意识放置在他眼前的东西置于我自己的眼前，就将通过这种方式体验他人的生活。由于一种基本是属于萨特的批评思想的悖论，他的批评思想只有在下述情况中才能从内体验他人的思想：即它背离这个内、否定其存在，并将自身集中于外在于他人思想的那种东西上。告诉我你经常去哪一个外，我将从内懂得你是谁。

我甚至只能以这种方式懂得他。作为批评之我，最大的错误乃是设想另一个意识，作家的意识存在，并已被安置在它的存在之中。一个意识从来也不是存在。萨特说，它是在形成的。批评家应该做的，正是在他人的意识变成一种凝固的、停滞的意识，一种转化为它的对立面，即一种本质或一种对象之前，抓住它的生成。在与莫里亚克进行的那场众所周知的争论中（他指责莫里亚克强加给他的人物一种外加的实体，因此将其变成物），萨特不仅仅提出某种小说观念（总还是一种新的观念），他也同时明确了他作为批评家的立场。如果事实上小说人物不应该是他的某种先在的定义（他的性格，他的本质）的俘虏，而是相反，应该每时每刻都创造自己，那更不必说正在写小说的小说家和正在参与小说的这种自由创造的批评家了。对于一种"开放的"小说，向外开放，向未来开放，向创造思维借以显示出意向性的多种对象开放，对于这样的小说，应该有一种批评与之相应，这种批评逐步地觉察并跟随这些任性演化的曲线。更有甚者，对于一种永远被看作是不断变化、不断创造其未来的作品，应该有一种批评与之相应，这种批评注意决不将作者关进其作品已经完成的部分，即作家的过去之中；故这种批评也是开放的，与其描述过去，更多地是描述未来。这在萨特早期的批评文章中能看得特别清楚，这些文章也是萨特最优秀的文章。在论福克纳、布朗肖、多斯·帕索斯、吉罗杜、加缪、蓬热的文章中，我们看到的是对作家之开端的论述。在某些特殊的情况下，所涉及的是一些老作家如吉罗杜或多斯·帕索斯，而并非如布朗肖、福克纳或加缪那样的真正的新作者，不过，这并不十分重要。因为这些作家都是在他们为一种既定的局面寻求解决的那种行动中被把握的，甚至是在他们找到解决之前的那种困惑中被把握的；以至于人们在他们身上（恰如萨特小说中的那个犹豫彷徨的人物，那个在用掉其自由之前出现在我们面前的玛提厄）看到一种与其问题交锋并试图加以解决的创造意识。在萨特那里，有一种绝妙的与作品在其冲力里共始终的批评，与作品在其难题的解决中进行合作的批评。

不幸的是，从那以后，萨特放弃了这种批评。他的批评渐渐地变得越来越不开放、越来越不灵活，越来越不能通过一种同情的认同跟随他关注的作家所描绘的那些创造性的曲折了。萨特不再想参与孕育中的意识的运动了，除非为了找碴儿，斥责其选择。因此，在萨特的批评中发生了一种根本的变化，它成了教条主义的批评。萨特的道德主义现在迫使他考察他所谈论的作家是否责无旁贷地关心当代的问题。倘若无所作为，他就加以训斥，倘若他们不想明白他们是处在时代的"一定境遇中"，他就谴责他们。这时，萨特肯定是距离认同批评十万八千里。还不止于此！不过事情还不那么肯定！例如，萨特指责波德莱尔的，是他不曾像他自己在那一系列的境遇中可能会做的那样行事，作为批评家，他不仅从外部衡量这些境遇，而且还身临其境，做出决定，制订计划，采取波德莱尔避免陷入其中的行动，以至于萨特像个拿破仑时代的新兵替补者那样放枪，身上带着那个新兵的子弹盒。因此可以说，如果萨特在其批评中越来越远离他所谈论的作家的意图，相反他却越来越接近这些作家身处其中的那些外部条件。这里萨特的批评很明显地滑向一种马克思主义的观点。

十六、罗兰·巴特

　　认同的和观照的批评，杜波斯、里维埃、雷蒙的那种批评，是自发地将批评家的反射的思想和他所研究的小说家或诗人的被反射的思想结合在一起，而在这种批评的对立面，人们看到另一种批评，例如莫里斯·布朗肖的批评，让·斯塔罗宾斯基的批评有时也一样，这种批评表现为意识到使批评主体和批评对象相分离的那种距离。而这种意识所以可能，仅仅是因为无论在斯塔罗宾斯基还是在布朗肖那里，批评思维为了更好地反映批评对象而尽其可能地与之区别开来。批评的智慧接受甚至加剧存在于思想和所思之间的那种不可避免的分离，从而试图达到一种清醒的程度，如果它接近对象甚至与之混同，它将永远也达不到这种程度。

　　然而有时批评行为的这种外化被推到这样远的程度，以至于反射的主体消失了，只有被反射的客体继续存在。批评于是变成一面无个性的镜子，其中有对象——仅仅是对象——在其布置、构成、各部分之间的关系和语言的次序中呈露出。这似乎是结构主义批评声称采取的观点，假设这里还有一种观点存在，精神不再表现为对作品的意识，而同意只充任其检验者。由于这种放弃，一切主观的生命都从作品本身之中退出来。它不再是一种具有对象的思想，而是一组只在其相互关系中存在的对象。简而言之，在这种面貌之下，批评不能有任何功能，除了一种：感知到构成作品的客观现实。批评变成一种言语的笔录，一大堆符号的登记。

这就是为什么，只有在处理其主观部分近乎消失，而其客观部分几乎构成被表达者之全部的作品时，一种这样的批评才是轻松自如的。罗伯-格里耶的作品是这种有意地排他的客观的文学的好例子，而施之于它的批评可以称作客观化的批评，因为它只想突出对象的定在（Dasein）。最大的客观性，最小的主观性，或者用罗兰·巴特的著名说法，写作的零度，这就是结构主义声称将自己关在其中的那个几乎没有精神的环境。然而应如何理解这个"零度"呢？这难道不是精神将其对内在地理解作品之参与程度减少至零的那种行为吗？而这作品恰恰构成网络，形成一种结构，从而表现为多样的语言功能。总之，在结构主义的批评中，最引人注目的是不再赋予意识任何积极意义的那种意志。对它来说，什么都不存在了，除了一种纯粹语言性的外在现实，例如话语，而且在话语中，存在的还不是它所取的形式，也不是它所特有的物质或精神的隐在的实体。因此，巴特的批评有否定的一面，将这一点揭示出来是很重要的。如同马拉美的诗，通过其省略比通过其表露更易看出其特征。每时每刻，看起来占有优势的乃是一种不在场，一种存在的剥夺，巴特说："在《窥视者》① 中，不再有任何故事性。故事趋向于零。"稍远一些，还是在这篇文章中，巴特谈到故事的零状态。例子不胜枚举。巴特赞扬罗伯-格里耶尤其着力于表达一种否定性，他说，"目光的细微纯粹是否定性的，它一无所建，或更确切地说，它建立的恰恰是对象在人方面的无。"在人方面的无乃是一种不在场，通过取消一切能够给对象定性、并赋予它最不足道的主观面貌的情感符号显示出来，而其专门的意图则是拯救客观的完整性。一句话，写作的零度，这乃是将主体性化为乌有，而这靠的是一种尽可能排除情感甚至想象的语言。令人惊奇的是，人们注意到，巴特为将文学活动引向无、引向零所进行的努力竟推动他接受一种和加斯东·巴什拉的态度无异的态度，巴什拉曾经决心要对科学家的思想进行精神分析，这一活动想驱除语言中的所有形象，因为这些形象透露出主体性的活动。人们已经看到，在巴什拉那里，这种达到一种纯客观主义的意志如何演化为它的反面，而受到排斥与威胁的主观主义又是如何在他的批评中进行了漂亮的报复。实际上，最为确实的乃是一种运动，在巴什拉那里，

① 罗伯-格里耶的一部小说。——译注

物质的想象借助这种运动终于从梦幻和自我感觉那一侧搅动了精神。相反，在巴特那里，至少到目前为止，还没有任何这种类型的运动。在他的文章中，不可能发现任何精神行为的启动，而精神恰恰是通过这种行为脱离对象，以便在它的中心位置和它的内在事实中把握自身。

事实上，在巴特那里，没有自我意识，没有我思。精神是通过不在场而在场的。它是被省略者，被否定者，被回避者。巴特和布朗肖的某些文章奇怪地相像，其源在此。对他们来说，精神只能否定地以空的形式呈现于精神。在言语的普遍的结构化中，显露出一种非结构，一种非言语。因此，言语乃是未言之语，结构乃是未结之构，位置乃是一地中心之凹，而在这个地方中任何主观的东西都没有位置，尤其是自我本身。在一切都需要一种形式的地方，自我及其精神世界却滑进了非定形。巴特这样写道："作家从定义上说就是令自己的结构和世界的结构消失在言语的结构中的唯一的人。"

在文学作品中，与主体之虚无化相对应的乃是对象作为肯定性的排他性中心之建立。对象存在，甚至是，人们仅能肯定它是存在的。它完全由语言构成，也就是说，由语言的诸构成成分构成，别无他。这是由其相互关系本身结构而成的一组功能。这是一种自言自语的意义，但是在这种自言自语的源头并没有一个说话的主体。仿佛为了产生文学作品，只应亦只须对一些有意义的言语进行结构化，而不必考虑能指，也不必考虑所指。故作品不是挂在作者的存在上，甚至也不是挂在实存的物的存在上，而是挂在语言借以在自言自语时实现自我支撑的那种行为上。因此在结构主义中显示出一种和马拉美的意图一样的意图，即用语言的存在取代物的真实存在和自我的真实存在，用言语取代现实。

如果对结构主义来说这就是文学，那么它的文学批评观又是什么呢？那将是一种关于言语的言语，一种结构的结构。在罗兰·巴特的批评话语中，总是透露出一种在言语-对象关系之外建立另一种言语的意图，这另一种言语乃是一种语言中介，其中任何具体的指涉都被消除，任何与外部世界相关的意义都要消失，被排除了一切外在和外来意义的语言客观性将满足于表明自身，而这一切将只通过其运行来实现。文学活动将变成语言运动的一种组合。在这种程度上，即与写作的零度相对的另一极上，作品是在个性、主体甚至意义的完全不在场中呈现给批评家的。批评行为只有一个存在理由，即在最高度的减少及抽象的水平上，显现出作品的非主体性，与那种对外部世界及人的奇特地缺乏参照，这使作品成为一块具有不同方向却又彼此相遇，并且朝向一个内在的语言中心性的珊瑚石，如同对着海水的不确定的动荡形成一道连续的堤坝，并且处在环礁湖内的水中的一丛丛珊瑚。批评乃是言语的客观性之圆满完成。它最终完成了主观之消亡。它是一切可以被说出的东西的最终杀灭。因此，看到巴特的批评以一种显著的恒定性强迫自己走向最大的抽象，这并不使人感到惊讶：不，当然不，这种抽象满足于用相应的观念（巴特并非柏拉图主义者）取代具体的物，但还有另一种抽象，它从词语中偷取它们指涉的现实，只想在它们上面看到一种语言游戏。这是一种关于自言自语的言语的纯科学，这种言语在自言自语的同时构成自身，最后达到一种形式的一致，在这种一致之外，什么也不能思想，不能形成。

这就是巴特的批评，是一种主观性最少的批评，它想在主体的消亡中成为一种关于言语的普遍科学。

如果这种抱负被证实，那可以说，它离塑造了近来的批评的一切特征不能再远了。近来的批评，无论是里维埃或杜波斯的唯灵的批评，雷蒙或贝甘的认同和在场的批评，还是巴什拉、萨特、布兰或布朗肖的现象学或意图批评，都基本上曾经表现为并且仍然表现为对作品固有的意识活动的把握。这是一种主观的批评，完全包含在一种主体间行为之中的批评。但是在结构主义或巴特的批评中，没有意识行为的位置，或者至少这种意识行为永远不能被承认，也不能被阐明。言语是在精神的缄默中展开的。那么我们应该甘心地相信在这种批评中，这种是今日的也许还是明日的批评中，意识的沉默和主体的不在场会无休止地继续下去吗？我不相信。一种不变的经验向我们表明，在文学史中就如同在其他方面一样，永远无法从言语中完全地剥除存在的主体部分，主体部分被驱逐或被迫沉默，却

总要重新出现，并以新的方式表现出来。使文学客观化的一切
企图最终都将导致文学中主体的重建。您想使文学完全地客观
吗？您最终将不可避免地看到一种被徒劳地否定或排斥的主观
性在胜利的客观性中重新冒出来。在歌德的客观主义中，在福
楼拜的现实主义中，在巴纳斯派和实证主义者中，都有这种情
况。您把主观性赶走吧，它又飞快地跑回来。当然，当它回来
时，似乎有所不同了。流放和否定具有一种净化价值。主观性
在不在场之后重新出现，它摆脱了那些肤浅的品质，它的感
伤，它的过分的个性，以及那些似乎使它在作品之外与某种人
类存在、某种传记的真实相联系的虚幻的关联。它得到净化，
另一方面又以最确切的方式与一种话语的结构相联系。它是一
种说话的思想，是一种在其语言对象中表明自身的意识。然而
到目前为止，这种重新出现只以一种几乎不可见的方式进行，
有时甚至以一种凹模的形式发生。在巴特及其最精细的弟子如
热拉尔·热奈特的最值得钦佩的研究中，人们不断地感觉到一
种未被承认的主观性的否定然而积极的在场。在写作的故意的
枯燥中，这种主观性存在着，但是隐姓埋名，它被写在纸边上
和空白中。

下　编

一、批评意识现象学

1

让我们回想一下《伊吉图》①的开头。在一间空屋子里，桌子上有一本书，正等着它的读者。我觉得这是一切文学作品的最初的境况。在某人开始阅读之前，只有一个纸做的东西，它只不过是以它在某处的无生命的在场表明它作为物的存在。就这样，在图书馆的书架上，在书店的橱窗里，书等着有个人来把它们从其物质性和静止性中解脱出来。它们果真等待、窥伺着给它们带来人所共知的巨大变化的那个人的到来吗？不大可能。人们能够肯定的，至多是在读者到来之前，书待在原处不动。灵魂热切地期待着有件将会改变它的事情发生，对这种

① 马拉美的一篇散文。——译注

痛苦的精神活动，书大概是没有体验的。唉，书好像并不知道等待的焦灼。像所有物质的东西一样，它们该是对其境况感到满意。

然而，我却不能完全确信这种冷漠。当我看见摆在书架上的书时，我就把它们与被商人放在小笼子里的动物相比，那些动物明显地希望买主选中它们。因为，无可怀疑，动物知道它们的命运系于人的介入，它们因此将从被单纯当作物的那种屈辱中解脱出来。对书不也是这样吗？它们与世隔绝，不被理睬，受尽屈辱，待在哪儿算哪儿，直到有位读者对它们发生兴趣。它们知道此人能够给予它们另一种存在方式吗？有时候人们可以说，它们有了一线希望。它们好像在说，读一读我吧。我不能抵抗它们的请求。不，书是一种跟别的东西不一样的东西。

它们使我产生的这种感情，我偶尔也在其他东西上体验过。例如花瓶和雕像。我从未想过围着一架缝纫机转一圈，看看一只盘子的底。我满足于察看它们呈现给我的那一面。但是，雕像却使我想围着它们转一转，花瓶使我想把玩一番。我想，这是为什么。难道不是因为它们使我觉得那上面有什么东西，我若换个角度看就能发现吗？在我看来，表面不能完全地显露一只花瓶或一尊雕像。在表之外，它们还应该有一个里。这个里是什么，我感到困惑，这迫使我围着它们转，仿佛要找到一间密室的入口。然而入口是没有的（除非是花瓶顶端的开口，不过那是个假口）。花瓶和雕像是封闭的。它们使我只能待在外面。我只能看见它们的外部，它们迫使我只能看外部。我们不能真正地建立关系。我因此而苦恼。

让我们至少暂时先把雕像和花瓶放下吧。我不愿意书和它们一样。您去买一只花瓶，放在家里，放在桌子上或壁炉上，过一段时间，它就被看熟了。它将成为家里的一位常客。然而它仍然是一只花瓶。相反，请拿起一本书，您会看到它自告奋勇，自己打开自己。依我看，书的这种开放性正是一件不寻常的、重要的事情。书并不自我封闭于它的轮廓之内，它并不是安居在一座堡垒之内。它自身存在，但它更要求存在于自身之外，或者要求您也存在于它的身上。简言之，不同寻常的是，在您与它之间，壁垒倒坍了。

这就是《伊吉图》中那座空屋子里发生的现象。有一个人进去了，拿起桌子上那本打开的书，开始阅读。随之而来的是墙的消失、物对精神的吸收以及物所显示的奇特的可渗透性。我说过，这和一个人买一只鸟、一只狗、一只猫是一码事，人们看到它们变成了朋友。同样，如果我喜欢我的书，那是因为我在它们身上认出一些人，他们能回报我给予他们的情感。——然而这就是全部吗？我在读书时对其进行的变化仅限于将其提高到活人队伍里吗？事情还要走得更远。有一种新的现象发生，我感到很难加以界定。

为此，我必须回到刚才谈到的那种境况。一本书在那儿，在一间空屋子里等待着。这时一个人进来了，比方说是我，我翻翻书，开始阅读。就在此时，在眼前这本打开的书之外，我看见有大量的语词、形象、观念出来。我的思想将它们抓住。我意识到我抓在手里的不再是一个简单的物了，甚至不是一个单纯地活着的人，而是一个有理智有意识的人；他人的意识，与我自动地设想也存在于我们遇见的一切人中的那个意识并无区别；但是，在这一特别的情况下，他人的意识对我是开放的，并使我能将目光直射入它的内部，甚至使我（这真是闻所未闻的特权）能够想它之所想，感它之所感。

我说过，这是一件闻所未闻的事。所谓闻所未闻，首先是我称为物的那种东西的消逝。我拿在手中的书到哪儿去了？它还在那儿，然而同时它又不在了，哪儿也不在了。这个全然为物的物，这个纸做的物，正如有些物是金属的或瓷的一样，这个物不在了，或者至少它现在不在了，只要我在读书。因为书已经不再是一个物质的现实了。它变成了一连串的符号，这些符号开始为它们自己而存在。这种新的存在是在哪儿产生的？肯定不是在纸做的物中。肯定也不在外部空间的某个地方。只有一个地方可能作为符号的存在地点，那就是我的内心深处。

这是如何完成的？通过什么方法？依靠何种中项？我何以能够如此完全地向那种通常被排斥在我的思想之外的东西开放我的思想？我何以能够如此轻松地进入大部分时间对我关闭的一种思想的内部？我不知道。我只知道，在我阅读的时候，我觉察到大量的观念在我的思想中各得其所。也许这仍然是一些物：形象、概念、语词，即我的思想的物。不过，在占据着我的思想的这些无疑是精神的物和那些落在我眼前的物——例如被我阅读之前的书等等——之间有着巨大的区别。因为书像花瓶、雕像、桌子一样，是许多物中的一种，处在外部世界之中，在这个世界中，它们习惯上是自在地生存，各自为己，丝毫不需要被我的思想来思想，而在语词、形象和观念像鱼在鱼缸中一样活动的内部世界中，这些精神实体为了存在，就需要我向它们提供的居所了，它们依赖于我的意识。

这种依赖有利有弊。如同我们说过的那样，能够摆脱思想的任何干预，这是外在的物的特权。它们只求清静。它们自己摆脱困境。但是，对内在的物来说，就肯定不是这样了。它们非改变性质不可。它们转化成形象、观念和语词，变成了纯粹的精神实体。总之，为了能够作为精神的物而存在，它们必须放弃任何具有真实存在的希望。一方面，这里有令人遗憾的地方。一旦我用一本书的语词替代了对现实的直接理解，我就被捆住了手脚，听凭谎言的摆布。我告别了存在的东西，假装相信不存在的东西。我被幻觉和幽灵包围，成了语言的猎物。而且无法逃脱这种控制。语言用它虚构的东西包围着我，就像水漫过一个被大海吞没的王国。现实的任何部分都不能躲避这种普遍的掩埋。文学的本质，即自由地、不受阻碍地全面运用其力量的语言的本质，是不理会任何客观的现实、任何确实的事物以及任何被证实的事实的。在虚构这一液体的世界中，没有任何陆地残存。——另一方面，现实经由语言转化为想象的等值物，这又具有不容否认的优越性。虚构的世界较之客观的世界更具流动性，也更具弹性。它适于各种用途，对于精神的要求没有过多的抵抗。进一步说，这个由语言组成的内部世界与思考这个世界的自我并不是根本对立的，这是诸种优越性中最值得重视的。当然，我通过语词所看到的，仍是一些具有客观表象的形式。但是我觉得这些形式对于思想着这些形式的我的思想来说并不具有不同的形式。这是一些物，然而是精神的物，因此是主观化的物。简言之，鉴于语言的介入使一切在我身上都变成了精神性的，主体及其对象之间的对立大大地减弱了。文学的最大益处是使我确信，它把我从我通常总是在意识及其对象之间所感到的那种不相容感中解脱出来。

　　这就是阅读在我身上引起的显著变化。它不仅使我周围的有形的物消失殆尽，其中包括我正在阅读的书，而且还用大量与我的意识密切相关的精神的物取代了这种外在的客观性。但是，我与我的对象之间的这种亲密性又向我提出了新的问题。最奇怪的是：我成了这样一个人，其思想的对象是另外一些思想，这些思想来自我读的书，是另外一个人的思考。它们是另外一个人的，可是我却成了主体。这种境况比刚才看到的还要出人意外。我思考着他人的思想。肯定，假使我将其当作他人的思想来思考，就没有什么可令人惊讶的了。可我是将其作为我的思想来思考的。这就是一种最为奇特的现象了。大部分时间里，是我在思想，我从可能来自别处的思想中认出我自己，但是我在思考这些思想的时候，正是我承担着这些思想。正是应该在这个意义上理解狄德罗的这句话，"我的思想是些婊子"。这就是说，这些思想可以被任何人思考，但并未因此而失去再被狄德罗作为自己的思想来思考的特性。换句话说，这些思想不再属于他人，而是变成最后思考它们的那个人的所有物。然而，在我现在的阅读的这种情况下，却完全是另外一回事。由于他人的思想对我个人的这种奇怪的入侵，我成了必须思考我所陌生的一种思想的另一个我了。我成了非我的思想的主体了。我的意识像一个非我的意识那样行事。

这值得我去思索。在某种意义上说，我应该承认没有任何观念是真正属于我的。任何观念都不是任何哪一个人的。观念从一个精神传到另一个精神，就如同钱币从一只手传到另一只手一样。因此，错误莫过于试图通过所授或所受的观念来确定一种意识了。无论这些观念是什么，无论它们与我在其身上寻找这些观念的那个人的联系多么紧密，无论它们在我的思想中停留的时间多么短暂，只要我接受了它们，我就表现为它们的主体，我就是主观本源，而这些观念此时只能充当它的谓项。更有甚者，这主观本源无论如何不能被设想为谓项本身，它绝不是人们谈论的东西，不是人们参照的东西，也不是被思考的东西。它是思想着的那个东西，它是指示着的那个东西，即正在说话的那个人。简言之，它绝不是他，而是我。它是思考着我的那个我，是以第一人称进行思考的那个我，是以我的某个思想为对象的那个我。那么，当我读一本书的时候究竟发生了什么事？我是一系列不属于我的那些谓项的主语吗？这在用词上是不可能的，也许是矛盾的。我清楚地感到，一旦我想到一个东西，我想的这个东西就在某种难以定义的意义上成了我的。我所想的一切都成了我的精神世界的一部分。然而，我有时确实是思考着一个明显属于另一精神世界的思想，这种思想在我身上思考着自己，仿佛我并没有思考它。这真是一件不可思议的事，然而更加不可思议的是我觉察到：如果说任何一种思想都有一个思考着它的主体，那么我身上的这个陌生的思想也应该在我身上有一个对我来说是陌生的主体。这一切就好像阅读是这样一种行为，它使一种思想成功地在我身上为自己找到了一个主体，而这个主体不是我。当我阅读的时候，我在心里默念着我，然而我默念着的这个我却不是我本人。确乎如此，甚至当一位小说主人公（例如于连·索莱尔）被作者以第三人称介绍出来时，当没有主人公、只有论文作者的思考时，事情也是如此，因为当某种东西被当作思想介绍出来的时候，总是需要有一个人来思考，而我则暂时与之认同。兰波说："我是另一个人。"这另一个我取代了本来的我，而只要阅读在继续，它就一直要取代我。阅读恰恰是一种让出位置的方式，不仅仅是让位于一大堆语词、形象和陌生的观念，而且还让位于它们所由其产生并受其荫护的那个陌生本源本身。

当然，这种现象很难解释，但我以为是可以设想的，不过，一旦我确认其真实性，它却向我解释了更难以解释的东西。事实上，唯有他人对我这个人的主观深处的控制才能解释我何以能惊人地容易地不仅理解而且感觉我所读的东西。当我像我应该地那样阅读的时候，也就是说，没有精神上的保留、不想随时保持我的判断的独立性、怀着那种任何阅读都要求的赞同，我的理解就变成直觉的，暗示给我的感情也立即就被接受。换句话说，这里所说的理解不是一种从不知到知、从陌生到熟悉、从外到内的运动。毋宁说这是一种与回忆相似的现象，精神的物通过这种现象直接从意识的昏暗的深处上升，大白于天下。另一方面——这里并无矛盾——阅读意味着某种类似我对自我具有的那种恒定的统觉的东西，我通过这种统觉一下子把我想的东西理解为被一个主体所想的东西（就阅读而言，这主体不是我，但在其余情况下，这主体是我）。无论阅读使我经受的异化多么不同寻常，它丝毫不能截断我身上的中心活动，即主体的活动。再说，这活动永远不变。它返回到精神生活的继续之中，这精神生活不一定没有中断和变化，但它绝不会没有主体的积极的在场。

因此，阅读是这样一种行为，通过它，我称之为"我"的那个主体本源在并不中止其活动的情况下发生了变化，变成我无权再在严格意义上将其视为我的我了。我被借给另一个人，这另一个人在我心中思想、感觉、痛苦、骚动。在某些令人神魂颠倒的阅读使我产生的异化状态中，这种现象的表明形式最为明显，甚至最为自然。这一类阅读，我说它们"抓住了"我。重要的是注意到，我之被他人抓住不仅仅发生在客观思维的层面上——阅读中给我以启示的形象、感觉和观念都呈露在此层面上，而且也发生在最高的层面上，即主体性本身的层面上。当我全神贯注于阅读的时候，第二个我就控制了我，替我来体验。也许我是退居到自我的某个角落，静观这一场剥夺。也许我从中得到一些宽慰，或正相反，我得到的是某种焦虑。无论如何，是我之外的另一个人占据了舞台，我于是不能不提出下面这个问题："这个占据前台的僭越者是谁？这个充满了我的意识的精神是什么？当我说'我'的时候，这个我说的'我'是谁？"

对这个问题立刻可以提出一种回答，但也许是过于简单了。当我读一本书的时候，这个在"我"身上思想的我就是写这本书的那个人。当我读波德莱尔或拉辛的时候，的确是波德莱尔或拉辛在我身上思考自己和阅读自己。书难道不是其作者的一种手段，用以保存他的观念、感情、梦想和生活的方式以及把他的自我从死亡中解救出来的愿望吗？这样解释阅读现象并不错。它倾向于证明，人们通常所说的对作品的传记解释法是正确的。实际上，任何文学作品都浸透了作者的精神。在让我们阅读的时候，他就在我们身上唤醒一种与他之所想或所感相类似的东西。理解一部文学作品，就是让写这本书的那个人在我们身上向我显露出来。不是传记解释作品，而是作品让我们理解传记。

然而这种解释部分上是错误的。的确，在一位作者的作品和他的生活经验之间有着某种类似。后者可以被视为前者的一种不完全的版本。同样，在同一位作者的各种作品之间有着一种更有意义的类似。这些作品呈现的整体，哪怕是其中的语句、梦幻、思考的堆积，很像另一种堆积，即在记忆中一种精神生活的全部事件的堆积。但是，我阅读的每一部作品都拒绝混同于这一杂乱无章的整体。它希望独立生存，有自己的生命。存在于作品中的、阅读显露给我的那个主体不是作者，从他的内部和外部经验的模糊总体上说不是，甚至从他的全部作品的更具一致性的总和来说也不是。掌握着作品的主体只能存在于作品之中。肯定，为了理解这部作品，什么都不是无关紧要的，各种传记的、作品的、文本的或一般批评的认识对我来说都是不可缺少的。不过，这些认识与对作品的内在认识并不一致。在一种意义上说，前者超越了后者。在另外一种意义上说，前者又不及后者。不管我得到多少有关波德莱尔或拉辛的情况，不管我对他们的天才熟悉到何种程度，对于我正在阅读并沉浸其中的具体作品，如《费德尔》或《阳台》，若我要洞察其实质、形式的完美和使之充满生气的主体本源，这一切仍嫌不足。这时，对我重要的是从内部体验我与作品并且只与作品所具有的某种认同关系。不可能是另外一种情况。作品之外的任何东西都不可能享有此时作品在我身上所享有的那些不寻常的特权。它在这儿，在我身上，不是要把我打发到它之外，打发到它的作者那儿，相反，它要保持我对它的持久不衰的注意。是它在我身上划出疆界，这个自我将要进驻其中。是它迫使我接受一定数量的思考和梦想的对象，在我身上建立起相互关联的话语的网络，在这些话语之外，我的精神暂时不会为其他思想、梦想和话语留出位置。最后，是它不满足于将自我禁锢在精神现实的一种确定的环境中，又将这环境据为己有，使丧失所有权的自我成为"我"，而正是我在我的阅读中始终引导或记录作品（并且仅仅是这部作品）的发展。

　　因此，这部作品在我身上暂时地成为充满自我的唯一实体，此外，它就是自我本身，自我-主体，存在的持续不断的意识，并且在作品的内部表现出来。这就是我通过使我的意识听任驱遣来使之获得生命或重获生命的那些作品的特殊境况。我给予它们的不只是存在，还有对存在的感觉。因此，我应该毫不犹豫地承认，只要阅读引起的这种生命的注入在它身上还在进行，一部文学作品就依靠着它取消其生命的读者而变成一种具有人性的方式，也就是说，变成一种意识到自己的思想，并且成为它的对象的主体。

2

作品在我身上体验着自己。在某种意义上，它甚至在我身上思考着自己，申明着自己。

这种作品对我的替代值得更深入地研究。

作品在我身上思考着自己，这是什么意思？是在我完全丧失意识的这一过程中，另一个思想着的实体占据了我，利用这种消失来思考自己，而我反倒不能思考它吗？显然不是。我的意识被他人（作品形成的他人）占据并不意味着我的意识的某种全部丧失。相反，一切都仿佛是，从我被阅读"控制"那个时刻起，我就和我努力加以界定的那个人共用我的意识，那个人是隐藏在作品深处的有意识的主体。它和我，我们开始有一个相毗连的意识。当然，在我们的这个感情的共同体中，双方所占的部分并不相等。作品固有的意识活跃而有力。它占据着前景。它与之有密切关系的世界是它的世界、对象是它的对象。另一端是我本身，尽管我意识到它所意识到的东西，我起的作用仍然是无限地微弱，只满足于消极地记录在我身上发生的事情。在我所体验到的和另一个人所体验到的之间出现了差距，这是一种类似精神分裂的区别；这是对差距的一种模糊不清的感知，这种差距来源于下述事实：作品似乎首先是思考自己，然后才把它想的东西告诉我。因此，我在阅读中常常有这样的印象，即我仅仅是证实了一种行动，但这行动与我有关，其任何细节都逃不过我的眼睛。由此而产生我的某种惊奇，我是对于一种存在感到惊奇的意识，这存在并不是我的，但我把它当成我的一样地经历着它。

这个感到惊奇的意识就是批评意识：读者意识，这样一个人的意识，即他必须把发生在另一个人的意识中的某种东西当作自己的来加以体会。批评意识在表明某种差距、显露一种认同（差异中的认同）感情的同时，不一定意味着被批评的思想的完全消失。从雅克·里维埃的不完全地、犹豫地接近到夏尔·杜波斯的兴奋地、离题地、得意洋洋地接近，它可以经历一系列层面，区分和研究这些层面很有意义。这就是我现在要努力去做的事情。事实上，通过检视我在现代文学批评中发现的或多或少是完全的各种认同形式，我能够更清楚地知道在全部批评中主体和客体之间的关系会有哪些变化。

我先举一例。在我首先要谈的这位批评家那里，认同只是初见端倪。那是精神向着对它隐而不现的对象的一种犹豫不决的运动。而在两个意识的完全的认同中，它们互相映照，这里批评意识能够做的，就是试图接近一个被掩盖着的现实。为此，它运用的唯一媒介，也是它所拥有的唯一媒介，就是感觉。由于诸感觉中最具精神性者是视觉，而视觉在这种特殊情况中又被一种根本的黑暗所蒙蔽，批评思维只能像瞎子一样朝着目标前进，凭触觉摸索表面，用棍子探察思想和对象之间有无物质的障碍。这样，尽管智力为了适应感性生活的条件、越过障碍追寻他人的意识而付出可观的努力，事情仍然要遭到令人叹息的失败。可以说，这位倒霉的批评家永远也不能充分地履行他的读者的职能。他结结巴巴，他辨认，他笨拙地查阅一种他永远也不能流畅地阅读的语言。

这位批评家就是雅克·里维埃。

然而正是从这种失败中，另一位批评家后来得出一种更为有效的方法。在这里如同在里维埃那里，一切都从在最低层面上进行的认同努力开始。但是在这一低级的层面上，从一个思想到另一个思想，流过一道水，只要跟上就行。认同，对这位批评家来说，就是设法在他自己的身体里、感官里、感觉和想象的世界里感受与被研究的小说家或诗人所感受到的印象相同的印象。在初级思想的层面上，在前意识生活的感觉、情感和困扰的层面上，并非不可能在自身之内延续作品初步展示的那种混乱的经验，这种展示具有无穷尽的披露性和暗示性。然而，这样的模仿倘若没有一个强有力的助手帮助，是不可能在一个如此难于界定的领域内出现的。这助手就是言语。没有任何批评的认同不是借助于它才得以准备、实现和体现的。感觉的深层生命是潜藏在他人思想的深处的，不能真正被转移到批评家的思想中去，除非一系列的等值物通过语词的斡旋出现于批评家的笔下。有一种批评也能像上述那种批评一样，处处与它为之作出反响的文学争雄，要描写这种批评中发生的此类现象，只作今日十分时髦的那种能指和所指之间的索绪尔式区分是不够的，因为像这样仅仅确认批评语言表明文学语言又有何益呢？两者并非只是相等或类似。词语变成了真正的再创造力：一种具体的、生动的、有血肉的实体，某种感性的生命借助它得以重新形成，并在语言的内涵的网络中获得繁殖所必需的腐殖土和酶。换句话说，批评家的语言担负了一种使命，要再次体现已由作者的语言加以体现的那个感性世界。事情很奇怪，在这样的批评中，模仿者的语言比被模仿者的还要确实，可触可摸；批评的表达变成诗的表达，即与诗人的表达一样。不过，这种有意推向极端的语言模仿并无任何奴性，绝不会变成仿作。但它只能在这种情况下触及对象，即对象深深地介入到它几乎与之不能区分的那种感性材料之中。所以，这种批评能够向负载任何思想的感性生活的潜流提供一种可钦佩的等值物，却似乎不能在它解脱和上升的时候触及这种思想，也不能自己来表达这种思想。这种批评同时受到它所运用的语言支持和妨碍：支持，是因为语言使它能在最初的状态中表达感性，这时几乎不可能区分主体和客体；妨碍，是因为这语言过于厚重，不能被分析，它所描写的唯一一种主体性深陷于客体之中。被批评精神如此再现的作品看起来难以负载重复行为使之涌出的那种超量的生命。它的结构被掩盖了，它的有意图的智力活动几乎全部被埋没。人们看不到有一种存在的至高原则、一种渐渐清晰的意识、一个终于摆脱了对象的主体显现出来。

批评行为尽管取得了巨大的成功，仍保留着某种不完全的东西。从客体方面说，认同完成得几乎过于全面了，而从主体方面说，认同才略具雏形。

这种批评就是让-皮埃尔·里夏尔的批评。

在一切主体的消失中，我觉得这种批评从作品中极端地提取出某种浓缩物，一种物质的精华。

然而，一种批评若是在客体的消失中试图从作品里提取作品所具有的纯然主体性的东西，那么这种批评将会变成什么呢？

要设想这种批评，我得一下子跳到另一个极端。我想象一种言语，这种言语执意要抛弃它在文学语言中发现的任何凝固物。在这样一种批评中，人们找不到一段话、一句话、一个比喻不暗中怀有这样的目的，即将文学所反映的实存世界的形象化为几乎无用的抽象概念。如果文学从定义上讲已然是将现实转移到一种语言概念的非现实之中，那么批评行为在这里就是此种转移的转移，并因此使语言造成的存在的非现实化退居第二位。这样，精神就在它的思想和实存之间置入最大限度的距离。由于这种倒退，由于因此而被打入前景深处的一切客体的相应的非物质化，被转移到此种批评中的世界看起来就不是感性世界或它的文学表现的等值物，而是通过严格理智化的过程结晶出的它的形象。这里，批评已不是模仿，而是使一切文学形式化为同一种无意义，以至于这些形式在被归结为同一的无效的同时，也泯灭了彼此之间的区别，都表现了同一种失败。简言之，在这种批评思维对文学的真正废除当中，究竟还剩下什么？一无所有，除了一种不断地与精神客体的无能相对照的意识，这些精神客体中没有一种能抵抗它；还有一种绝对透明的语言，它在一切实存的东西上涂了一层漆光，因而使之在无限的疏远中显现出来（犹如"深深洞窟中坚冰"下的树叶）。这样，这里使用的语言所起的作用正好与里夏尔的批评赋予语言的作用相反。它也许实现了批评思维和文学作品所显露的精神世界之间的统一，但它是在损害后者的情况下实现的。最后一切都归结为一种脱离了任何客体的意识，一种在某个真空中独自运行的超批评的意识。

这还用说吗？这种超批评是莫里斯·布朗肖的批评。

对我来说，将里夏尔的批评和布朗肖的批评作比较是有好处的。两者之间的对照告诉我，批评家所使用的语言媒介可以使他无限地接近或远离他所考察的作品。如果他愿意，他可以最紧密地逼近所谈的作品，他依仗的是一种风格的模仿，这可以将被批评的作品的感性主题转移到批评家的语言中去。或者，他可以使言语具有一种纯粹的结晶化效能，一种绝对的半透明性，它不容许主体和客体之间有任何模糊存在，因此而有利于认识能力在主体中的运用，同时又在客体中加强了明显突出其对主体的无限疏远的那些特性。在这些情况的第一种之中，批评思维能够与它所处理的模糊现实建立一种令人赞叹的默契关系；而在另外一种情况中，它会导致最全面的分裂，此时它具有最大限度的清醒，其结果是完成一种分裂，而不是联合。

我觉得，批评这样就摇摆于两种可能性之间，一种是未经理智化的联合，一种是未经联合的理智化。我可以与我之所读融为一体，以至于我不仅失去对自我的意识，同时也失去对作品中另一意识的意识。我与后者的接近蒙住了我的眼睛，使我成了瞎子。然而我也能离开我所观赏的东西，以至于我觉得这观赏对象离我过于遥远，不会想到与之建立联系。从两方面说，阅读行为都使我摆脱了我的利己主义：另一种思想在我身上落户或对我纠缠不已，然而，一方面我被它淹没，另一方面它和我却保持距离，拒绝互相认同。因此，极端的接近和极端的疏远有着同一种令人遗憾的结果，令我的阅读行为部分失败，即不能加深这种神秘的关系，这关系是以阅读和言语为中介，为了我们双方的利益而在被读的作品和我本人之间建立起来的。

所以，极端的接近和极端的疏远都有所不便。它们也都有其优越性。前者使模糊的思想能立刻进入作品的心脏，参与它的内在生活，后者使清晰的思想能赋予它所观察的东西以最高程度的可理解性。两类深入在这里见出分别，并且相互排斥：通过感觉的深入，经由反映意识的深入。我于是想，有没有一种办法同时采用这两种批评形式而不使之对立？当然没有，但是，能否至少在一种交替的运动中把两者结合起来呢？

　　也许这就是今日让·斯塔罗宾斯基采用的混合方法？不难发现，在他所写的东西中，使他与莫里斯·布朗肖相像的文章为数不少。他和后者一样，也有一种非凡的清晰和对距离的感觉。然而，他并不或几乎不沉溺于布朗肖的无尽的忧郁，布朗肖则总是对理智引起或确认的那种永远的分离进行沉思，而理智又注定要将其对象置于远处。相反，在斯塔罗宾斯基那里，理智倾向于表现出乐观，有时甚至讨人喜欢地表现出乌托邦：从这个角度看，这种理智类似卢梭的理智，而卢梭是幻想着一种人类中普遍存在的先天的透明性，使人人都能怀着陶醉和幸福相互理解。根据这种观点，批评思维的理想不是可以由城市或乡村的节日准确地加以表达吗？在这种场合（或时间）里，人人都能相互交流，轻易地看透彼此的心。范围再小些，阅读不也是如此吗？难道会有人不把他的心敞开在众人的目光之下？难道会有人不曾在狂喜之中从他人那里，得到一种向他的思想慷慨敞开的思想的欢迎？在斯塔罗宾斯基的批评中常有莫扎特的音乐所具有的那种水晶的特性，此时，这种批评是一种纯粹的理解的享受，是深入的理智和被深入的理智之间的同情的完美交流。

　　在此种和谐的时刻，不再有排斥，也不再有内外了。与布朗肖相信的不同，完美的半透明性的结果并不是分离。相反，在斯塔罗宾斯基那里，一切都显示出情投意合，共同的喜悦、理解和被理解的欢乐。另一方面，这样一种快乐无论多么理智，也不纯然是一种精神的快乐。事实上，使作者和批评家相结合的那些良好关系并非建立在纯粹的精神之间，而是建立在具体化的人之间。其中，物质存在的各种特殊性构成的不是障碍，而是附加的符号的总体，即真正的言语，其辨识的结果是增强精神的理解力。斯塔罗宾斯基既是医生又是批评家，对他来说，对肉体的阅读补充了对灵魂的阅读。前者并不与后者具有同样的性质，也不能像后者那样使理解力进入同一个人类认识领域。但是它给予使用它的批评思维一个机会，使它能在不同类型的科学中间建立起一种往返，这些科学不一定要具有同样的透明度。

因此，斯塔罗宾斯基的批评具有一种巨大的灵活性。他的批评虽然上升到形而上认识的最高程度，却并不鄙视对潜意识区域的探索。它时而接近，时而远离。它进行各种程度的认同和非认同。但是它的最终运动似乎在于重新获得它曾经给出去的东西。它开始时与研究对象亲密无间，接着就恢复清醒，重新往前走，而这一次是孑然一身。我们不要把这看成是对同情的削弱，这更多地是一种避免过分陷入共同生活而带来不便的办法；尤其是这样一种需要，即认清自己的处境，选准角度，在远处重新审视、总结接近时所获得的那些好处。因此，斯塔罗宾斯基的批评总是以从远处或高处投来的一瞥为结束，因为它在远离的时候已是后退了，不知不觉中走向一个居高临下的位置。这是说这种批评像布朗肖的批评一样，注定要以变成一种分离哲学而告终吗？也许是吧，忧郁主题和怀念主题贯穿这种批评，这不是没有理由的。这种批评以相互告别结束：批评家向作者告别，作者向批评家告别。但是，这种告别是在那些曾开始共同生活的人们中间进行的，被离开的人继续忠实地接受离开他的人的理智之光。

我对这样一种批评能够进行的唯一责难是，它太容易深入被它照亮的那些地方了。斯塔罗宾斯基的批评由于在作品中只看见居于其中的思想，因此在某种意义上是穿过了形式和物质的现实，虽不曾忽视，但未作停留，在这种批评的作用下，作品失去了客观的厚度，就像在某些童话里，宫墙神奇地变得透明了。如果说批评行为要臻于完美，确实需要抓住（或再现）客体和思想（这就是作品本身）之间的某种关系，那么，假使这种关系中的两项在它的眼中只剩下了一项，批评行为如何能完全成功呢？

所以，我还得继续寻找这种关系一直存在其中的那种批评。这会是马塞尔·雷蒙和让·鲁塞的批评吗？雷蒙的批评总是承认一种双重现实的存在，这种现实既是结构化的，又是精神的。他的批评竭力要几乎同时达到一种内在的经验和一种形式的完成。一方面，任何批评，即使更完全地忘我，都不能消融在他人的思想中；当思想被简化为一种纯粹的自我感觉，被体验者隐约觉察到的时候，它就在它最混乱的状态中被抓住了：这是唯一的通道，批评家可以经此深入到陌生思想的内部。

但是另一方面，雷蒙的批评恰恰是这种与被批评的思想的模糊认同的反面。它首先是对作品——这一形式的现实的冷静观照：客体处于精神的面前，像谜一样呈献于它，作为一种客观的完美强加于它，然而它与这客体总是难以认同。

这样，雷蒙就时而感知到一个主体，时而感知到一个客体。主体是纯粹的精神；这是一种不可界定的存在，由于它不具形式，批评家的思想可能与之混同。相反，作品却只能以一种确定的形式存在着，这种确定性限制着它，同时也就迫使对它加以考察的思想处于它之外。其结果是，如果一方面雷蒙的思想倾向于消失在一个不可描述的主体性的内部，那么另一方面它又碰撞在不可深入的客观性上。雷蒙的思想极善于使其主体性顺从于他人的主体性，并因此而沉入任何精神生活的最晦暗的内部，但是它并不那么擅长穿透作品的客观性所设立的障碍。于是他有时候就围着雕像空转。它会在两个谁也制服不了谁的现实之间竖起一堵不可逾越的墙吗？当然不是，因为在一部作品中，形式试图传达的正是纠缠并占据着形式的精神性。问题仅仅在于倾听和传达形式所披露的东西。这是批评风格的一种令人赞赏的谦虚，它闪在一旁，降低自己的声音，以便让人们更好地听见它复述和传送的诗的言语。这真是一桩令人吃惊的事情，对形式美的感知在这里变成一种媒介，人们借此而得到了某种仅存于任何形式之外的东西。然而，雷蒙的谨慎常常使他采取一种纯粹观照的态度，以一种完美的准确重建他感知到的东西，即完美的结合，同时又避免描述，甚至避免试图发现主体和客体达到这种和谐所经由的路线。某种静止即由此而来，批评也因此而不可能在这里找到一种方法并且解决它的问题。批评思维通过某种运动从对客体的必然外在的观照过渡到对主体的内在的理解，那么在上述情况下，如何解释这一运动？是否真有过渡？抑或只是视角的突然颠倒？这就是雷蒙的批评所引出的问题，它只能通过实践来解决：仿佛它不愿或不能告诉我们它联结主体和客体的那条秘密通道。

　　为了找到这条通道，也许雷蒙的弟子让·鲁塞能帮我一个大忙？他也认为自己的任务是以同等的注意力感知作品的结构和蕴含其中的人类经验的深刻性。然而他觉得首要的是点出存在于一方的非决定性和另一方的决定性之间的因果关系。与结构主义者不同，他认为一部作品不能用组成作品的客观因素之间的相互依存来加以解释。他从中看不到 a posteriori ①加以解释的已知物的纯粹组合，仿佛这些已知物已 a prior② 构成了一种组织似的。在他看来，没有一种与作品共同运行、甚至就包含在作品之中的系统化原则，就没有作品的系统。简言之，没

---

① 拉丁文：经验地。——译注
② 拉丁文：先验地。——译注

有蜘蛛这个中心，就没有蜘蛛网。另一方面，对鲁塞来说，不能把作品撇在一边去理解人，而要在作品中从领会已清楚明了地安排妥的客观因素开始，一直追溯到作品固有的某种统一意志，仿佛作品具有一种决定着它自身布局的有意图的意识。因此，说作品的表现是有意义的，它通过结构说着一种言语，并且借此呈露出使它具有内在生命力的那种思想，这并非夸大其辞。这就是让·鲁塞的批评事业：它努力运用作品的形式的客观因素，以求达到超越作品的一种非客观的、非形式的，但却铭刻在形式中并且通过形式得以表现的现实。福西庸曾经向我们指出有一种"形式的生命"，可以在作品的历史发展中被感知。同样，在每一部作品的内部都有一种建构的、创造的活动，作品通过这种活动取得形式，甚至有时候从一种形式过渡到另一种形式。任何作品都摇摆于一种静止意志和一种无常冲动之间，前者使之固定，后者则推动它经历大量的变化。对批评家来说，还有什么目的能比一步步追随构建形式这一复杂的意志更具诱惑力呢？雷蒙的教导终于在鲁塞的方法中得到完成，这种方法引导研究者从客体性到主体性，从形式的（变化无常的）疆界到对任何形式的超越；然而，这种方法所以可能，仅仅是因为批评家从一开始就在作品中承认一种主体原则，这种原则引导或协调它的对象的生命，适当地决定作品的形式，同时也借助于作品的形式生命决定着自身。

所以，调查到此结束是适宜的，因为调查已达到目的，这目的就是根据一系列例子来描述一种批评方法，这种方法的目的则是在文学作品中承认主体及其对象之间的关系。不过，还有最后一个难点。鲍里斯·德·施劳泽指出，为了建立组成任何作品的主体与客体之间的相互关系，都有两条道路是可能的：其一是从客体到主体，其二是从主体到客体。我们因此看到，雷蒙和鲁塞通过研究结构而努力从客体回溯到对这客体施行管辖权的主体原则。相反，在里维埃、里夏尔、斯塔罗宾斯基等人那里，我们却看到建立起这样一种批评，它首先是对处于作品深处的思想的直觉，然后才是确认形式，而思想正是借助于这些形式才在发展中确定自身的。但是，无论从哪一方面说，都要承认形式和客体中有一主体存在，并且先于它们而存在。因此，这两种表面上不同的方法，即从客体到主体还是从主体到客体，可以归结为一种方法，实际上是从主体经由客体到主体：这是对任何阐释行为的三个阶段的准确描述。尽管如此，这种方法仍然不知道或者忽略了很重要的一点。与我上面错误地承认的东西相反，把所有的批评都归结为一种单纯的兴趣转移（从客体向主体或者相反），是很危险的。最好是说，批评家的任务是使自己从一个与其客体有关系的主体转移到在其自身上被把握、摆脱了一切客观现实的同一个主体。这是可能的吗？批评果真能够与一种纯粹主体性的现实认同吗？它能够把握作品中的思想吗？因为在作品中，它缺少形式，而形式本身又是为表达思想服务的，同时，为了使思想成为可见的，作品本身必须消失。我不是有过一次顿悟吗？有一天我参观威尼斯的圣洛克教堂，那是一个艺术圣地，那里集中了一位画家的许多作品，这位画家是丁托列托，我一时以为抓住了这位大师的所有作品的共同本质，这种本质只有如此方能被感知：从我的精神上抹去一切个别的形象，这些形象趋向同一个没有形象的中心，这时我终于意识到这个中心本身，即借助于周围一切指示着它的东西的退避而被呈露出来的一个孤独的主体。这孤独的、最终的主体又是什么？是艺术家的天才吗，是一切创造意识的主要品质吗？它是介入到行动中还是像瓦莱里那样最终摆脱了行动？抑或如瓦莱里相信的那样，它不过是我的批评意识对抽象的主体因素的感知，即意识的意识，在任何作品中，这都是关键，但它单独起作用？无论如何，我必须看到，一部作品的主体不满足于和与它共处的确凿的现实建立联系，它也能强加给它们一种秩序，或者对它们不感兴趣并使它们垮台。因此，一切批评方法的明确使命就是使我承认主体意识的这一首要性。作品首先是对它所呈现的东西的一种意识。的确，没有被呈现的形式的客观现实的帮助，这种意识就有极大的可能连自己也呈现不出来。但是事实是它被呈现出来了，而且这种呈现提出的问题是最后的问题。我们还得再一次避免将这种作品固有的意识混同于作者的意识或读者的意识。作为纯粹的范畴实体，它可能只不过是在任何精神活动中都作为精神表现出来的那个自我意识。假设是这样，那么，无论意识的对象多么变化不定，无论在某个层面上它与它们的关系多么紧密，它都能够哪怕是经由推论而在另一个层面上超越对象，并在自身上把握自己。而这两个层面似乎在任何文学作品（可能也在任何艺术品）中都存在。在作品中，有一种十足精神的因素，深深地介入到客观的形式之中，这种形式既显露了它，同时又掩盖着它；作品中还有一个不同的、更高的层面，意识抛弃了它的形式，通过它对反映在它身上的那一切所具有的超验性而向它自己、向我们显露出来。最后还有一个层面，它在那里不再反映什么，只满足于存在，总是在作品之中，却又在作品之上。这时，人们关于它所能说的，就是那里有意识。在这个层面上，没有任何客体能够表现它，没有任何结构能够确定它，它在其不可言喻的、根本的不可决定性之中呈露自己。也许正是为此，批评在其对作品的阐明中总是觉得受到精神的这种超验性的困扰。看来，为了在其解脱的努力中陪伴着精神，批评需要最终忘掉作品的客观面，将自己提高，以便直接地把握一种没有对象的主体性。

二、自我意识和他人意识

现代批评真正的祖师爷是蒙田。他说假如不给他的灵魂一种可以攀附的东西，它就会在自身中迷路，由于他不能在自己的人格中找到稳固的基础，他实际上成了第一个在他人的思想中寻求可以"投靠"和攀附的对象的人。可以说今日的批评也在模仿这种做法。它也试图"在他人的生命中凝视它的生命"，"通过想象潜入"到陌生的生命中去。

有一件事大概还没有得到足够的强调，这就是批评家本质上依赖于他人的思想。他是从他人的思想中得到食物和营养的。

我注定要成为一个这样的批评家，我对此早有体会。还在我二十岁的时候，我就在我身上发现了那种我斗胆称为批评使命的东西。我觉得文学仿佛一大笔慷慨地给予我的精神财富在我面前展开：这是一种内在的深度，在其阴影之中，有一个感情和思想的世界欣欣向荣，与此等值的东西在任何地方都不存

在，我必须欢迎它、搬动它，并且整理它。在我看来，文学是
生动的、多样的，却也是杂乱无章的一种存在，它所缺少的仅
仅是也恰恰是某种秩序，它要求我给予它这秩序。大概是从这
时起，我看到文学已由自身提供了形式和结构。某一首诗、某
一部小说都有一个轮廓，就和一座建筑物的轮廓一样显而易
见。然而对也罢错也罢，我当时重视形式只是为了摧毁它。我
觉得它是一道屏幕，掩盖着内心世界的现实。这个世界，唯有
这个世界，充满着观念、感觉和形象，在我看来是值得搬动
的。超越形式，到达一个没有形式、至少没有确定的形式的地
方，写这些诗或这些小说的人的隐秘生活在那里进行着，我觉
得这是可能的。当我认为已经到达的时候，就仿佛有一种令人
愉快的、毫无抵抗的交流建立在这些精神实体和我本身之间。
这些精神实体把它们的内容倾泻在我身上，然而是不加选择
地、胡乱地倾泻在我身上。在某种意义上说，我是杂乱无章地
接受了一个过于丰富的、阅读使我有幸传送给自己的生命。可
我应该满足于接受这生命吗？我不应该用一种秩序来取代这些
精神实体所具有的、又被我刚刚摧毁的结构吗？这秩序是我
的，是我对使它们重新在我的思想中冒出来所作的贡献。如果
事情是这样，那这秩序又是什么？

　　是什么？

　　当然，不是一种纯粹外在的秩序。否则，那将是拆了东墙
补西墙，用事情的一种外表代替另一种外表。那将是使一种客

体变成另一种客体。

　　也不是一种完全个人的秩序。我有什么权利在他人的思想上增添来自我自己的、源于我自己的思想的一种形式呢？相反，我的责任是放弃任何属于我的思想，使我的思想成为一种内在的虚空，留待他人的思想来填充。

　　不过，我承认我曾很想让他人的作品留在那个奇怪的模糊状态之中，我正是在这种状态中发现或简化了他人的作品的。我喜欢的阅读方式是使所读的小说或诗只剩下一连串的语词，这些语词只是单纯地表现一种思想的一连串的变化。我不否认，在我年轻的时候，甚至以后很长一段时间内，我是怀着一种特殊的乐趣打散那些作家如此精心地扎起来的花束的。我很高兴地看到观念、感情和形象逃离被指定的地方，在我的思想中四散飞扬（姑且这么说吧）。更有甚者，我简直不能容忍文学上还继续存在着任何类别。小说就是小说，诗就是诗，悲剧就是悲剧，这使我极为不悦。在我看来，一部作品不是一部作品，而是一种简单的流动物质，总是变化多端，却又总是像它自己，因为它是一种纯粹的精神实体。简言之，我的打算是抹去一切形式的区别，把一切文本都归结为作者的思想的一种语言形象；我甚至相信，福楼拜的一部小说、拉辛的一出悲剧实际上只不过是某种福楼拜思想或拉辛思想的表达，而为了正确地阅读并赋予它生命，应该忘掉作品的体裁，以便把它们只看成一股单纯的精神之流，这种精神之流没有任何外在的特征，颇像人们在私人日记的评论部分里发现的那种精神之流。这种评论完全是流动的，无论它所针对的日常事务是什么，它表达起来总是千篇一律，重新发现这种评论就成了我的阅读的不变的目的，我也是用这个办法把我的一切阅读简化为唯一的同质实体，简化为一种液体。在形式的后面，在结构的后面，在语词的不断的水流的后面，只剩下了一种东西：一种没有形式的思想，总是在它接连不断的表现中与自己不同，却又总是在它的深处坚贞不渝地忠于自己。

那时我的愿望是：使我的批评成为一种精神之流，与我在阅读中跟随的精神之流平行、相像；使他人的思想和我的思想结合，仿佛顺着同一个斜坡流动的同一条河的两条支流。

事实上，在一篇文本中单单只感知那种炽热的、模糊的内在性并不困难，文本正是在这种内在性中汲取其源泉，并且可以说从未与它失去过接触。至少我觉得，再容易不过的是将阅读思维变成它暂时与之相联系的作者的思想的一种反映。然而，这仍然是甘心只注意一种简单的未确定的低语声，尽管这种低语声可以无限地延长。我相信我能够使我自己的批评成为某种思想和感觉方式的无限的继续，这种方式虽然产生自他人的精神，却可以在我希望的任何时候成为我的方式，以至于在从一种精神到另一种精神的过渡中，内心之流既没有中断也没有从内到外地滑动。不过，这种持续不断的内在性并不能完全使我满意。它忽视了作品的客观特征。作品的一致性，它一直呈现出的不可分割、难以界定的整体性，如果它成功的话，我们能够在它的各部分（我们可以感觉到这些部分被引向一个共同的终点）的运动中看到那种渐进的和同时的增长，最后，使同一部作品、也许是同一种思想的各种成分依赖于一种超越它们的意图的那种布局，总之，存在于作品之中并形成作品的这一切有为我所不知或者为我所忽略的趋势。我梦想着进行的那种批评有可能很不完全，甚至很印象主义。我进入这种两难之境：或者在其富有旋律性的延续中，在其内在的冲动中把握作品，既没有确实清晰的形式，也没有可以表现的形式；或者认为这种延续可以经我的介入而从外部获得一种完全是人为的秩序，这种秩序只不过是一种思想在我笔下的系统陈述，这种思想不断地变化，我既是其主体又是其见证。

不过，另外一种批评是不是可能呢？我对一种没有结构的思考感到疲倦，甚至厌恶，我无话可说，动弹不得，什么也写不出来，只能让他人思想的源源不断的洪流从我身上经过，我既不想重复它，也不想抓住它，这些思想既诱惑着我，同时又使我感到厌恶。这种状态在我身上持续了很久，这是一种绝对否定的、没有结果的状态，等于说我唯一有些天赋的那件事、即文学批评，于我也是完全不可能了。批评被化为沉默，或者更坏，被化为一种屈服于一些杂乱思想的影响的迷惑，这些思想在我身上再现了一长列他人的思想。

很久以后，我才走出这种沉默和混乱相互交替的状态。在我快到我称为我生命的中央的那个时候，我突然想到我所说的精神之流是有许多停顿点和新的出发点的。这一切就好像是我目睹其发展的思想有时中断了，暂时悬在空中，然后又重新鼓劲冲过去，仿佛一次新生。柏格森曾经使我习惯于将精神活动的恒态看作是一种没有间隙的延续，现在正相反．我区分出许多停顿和重新开始，并且因此而看到思想反复地重新开始。我成了一个不胜惊奇的见证人，仿佛我正目睹一个新人诞生，他朝这个世界睁开眼睛，立刻就发现了他自己和这个世界。简言之，我那时在阅读中发现的，是我所阅读的那些作者们常在作品中流露出来的意识，就好像他们每一个人都在反复地重新把握其思想着的存在，或者用笛卡尔的著名用语来说，就是发现其我思。

总之，这是我在批评方面的第一个发现。任何文学作品都意味着写它的人做出的一种自我意识行为。写并不单纯是让思想之流畅通无阻，而是构成这些思想的主体。我思，这首先是说：我显露出我是我之所思的主体。思想在我身上经过，像一道急流流过峭壁而并不与之混为一体一样，湿润着我这个人的不断活跃着的基础，并使之焕然一新。我目睹这种现象在我身上出现。软弱或强硬，清醒或模糊，我的觉醒了的思想从来也不能完全与它所想的东西混为一体。它处于未到达的状态。它单独活动；它定调子。

我不能很精确地说出我何时确信整个文学停留在这样一种

行为上。我阅读哲学家的著作，尤其是那些思考我思的含义的哲学家。在我看来，从蒙田到胡塞尔，几乎全部现代哲学的思考都以意识行为为基础。我所阅读的那些思想家总是把同一种不断重复的行为描写为思辨的原点，人们在这种行为中看到精神从虚空中冒出来，在一种关于自我的直接统觉中把握住自身。因此我觉得，每一种这样的哲学思考都在意识的最初时刻中发现其源头，从这一时刻起，自我显露出来，世界也通过自我显露出来。所以，思想所描述的运动每一次都有一个出发点，也许每一次也都有一个到达点，在这两点之间，思想通过移动而具备秩序。然而对我来说，重要的是我这里所谈的精神旅程对哲学丝毫也不享有独家特权。任何文学文本，诸如论文、小说、诗歌，都有其出发点，任何有组织的话语都产生于初始的意识，并趋向于这意识渐次接触的后来的诸点。这里，文学文本和哲学文本之间没有任何根本的区别。一切文学都是哲学，一切哲学都是文学；无论我读的是一篇什么，我都几乎不能不在每一行里发现同一种开端以及这开端之后的同一个旅程。

我怎么能不承认这一发现的重要性呢？作品总是开始于一种思考，以其为研究对象的批评也有同样的开始。一方面，与我曾经相信的那样相反，作家远非陷入他那紊乱的精神生活之流，而是似乎具有一种基本的品质，能够时时刻刻完全地把握住他的任务，仿佛总是从零开始；另一方面，批评家也是从零开始，也就是说，他一开始就闪在一旁。因此，人们可以这样说，作家以形成他自己的我思为开端，批评家则在另一个人的我思中找到他的出发点。无论这陌生的我思来自何处，对于那个在自己的思想中再现它的人来说，它最后总要变成他最熟悉的东西，尽管人们可以说这熟悉的东西是借来的。此外，批评家又从中发现了将一系列后果与这开端联系起来的可能性。"我思"还表明它不仅仅是一种初始的经验，而且还以内卷的形式成为分布在时间线上的多种发展的原则。批评家只需跟随这条线。它为他规定旅程。一切都从最初的我思故我在开始，既可理解，又有结果。

对我来说，这一发现极为重要：批评是一种思想行为的模仿性重复。它不依赖于一种心血来潮的冲动。在自我的内心深处重新开始一位作家或一位哲学家的我思，就是重新发现他的感觉和思维的方式，看一看这种方式如何产生、如何形成、碰到何种障碍，就是重新发现一个从自我意识开始而组织起来的生命所具有的意义。

这同时也是发现思想借以分布的秩序。它们一个接一个地冒出来，随着一种思考的波动时而相互协调，时而相互对立，这种思考看起来杂乱无章地展开，实际上却服从于蕴含在它原初的我思之中的辩证力量的作用。作家这样建立起来的精神秩序应该成为批评家观察到的那种精神秩序。因此，批评家不再是被丢在内心生活的一片无尽的黑暗中而没有任何参照点。他回溯至源头。像它一样，他也有起伏。他明白为什么会有努力的中断，为什么会有跌落和迸射。他再次看见的我思并不是一种纯粹瞬间的行为。这是一种前进的指示标，是一种运动的调节器，是在迷宫门口发现的阿里阿德涅线。文学文本的一致性变成了在转移中重新抓住它的批评文本的一致性。

然而，我能不担心批评家的这种如此排他的关注将会产生某种单调吗？像我那样不断地回到一种我思，不就等于不断地把精神放在一种总是差不多一样的行为面前吗？许多我思不是有彼此过于相像的危险吗？到处找我思，也许是将文学归结为一个讨厌地一致的公分母。

所以，最大的错误是以为可以把所有的觉醒都归结为一种唯一的我思。恰恰相反，一种常有的经验告诉我，自我感觉是世界上最具个性的东西。就以笛卡尔的我思为例。在感觉的沉默中，在外部世界的消失中，我思是在最清醒的思想行为这种形式中完成的。我思想。我的思想处于它所能达到的最高处。它是一种纯粹的事实。这种事实直接地、唯一地关系着思想着它的那个人，用它的光明包裹着思想和存在的自发的联系。这是笛卡尔所经验的我思。这种经验处于最短暂的时刻中和最高的层面上，即：不作任何其他的考虑，思想行为与对生活的意识在同一种精神上汇合。这种典型的我思不仅仅见于《方法论》和《形而上学的沉思》之中，而且也见于笛卡尔的著作和生平的每时每刻。然而它又远非唯一可能有的我思。还有许多其他的我思，表明自我意识可以如何因人而异。从笛卡尔的清晰而明确的思想到卢梭对存在所体验的模糊感情，这中间有很大的距离。让·瓦尔写道："法国哲学的多样性建立在笛卡尔的思想之上，而笛卡尔的思想建立在一种与思想无关的状态之上。笛卡尔说，我思故我在。然而在卢梭为我们描述的那些状态中，我在，因为我几乎不思，或者可以说，因为我不思。"

于是，自我感觉就从对于自我的理智占有中被区别出来，它可以无限小于或大于对人的理解。根据巴什拉的说法，相对于无限大的我思，有一个无限小的我思；后者接近于梦，接近于精神深陷其中的下意识状态。在我思的这两种极端类型中间，还有许多其他的类型。把它们区别开来，分离出来，承认它们的特殊性，辨认每一个人说"我思考着我自己"时的特殊口吻，我觉得这就是根本的任务，批评的探究总是能够在里面取得成绩。这任务不轻松，但不是不可能，因为这些意识行为并非独此一家。如同普鲁斯特的情感回忆的出现一样，它们在同一种存在的进行过程中或多或少是经常重复的。日、夜、醒、眠的秩序使生活成为一种时断时续的脉络，其中每一个重获清醒的时刻对于醒来的睡眠者都是一个重获自我意识的机会。

最后，我决定系统地指出我能够在我阅读的作者身上发现的一切我思，这决定赋予迄今为止很可能会不具形式的那些东西一种形式。我差一点被人类思想的浪潮淹没。无论这些思想是什么，无论我在什么样的精神领域承受过它们，我总觉得它们像一片紊乱的水流，不可能指出其间的区别。于是，我通过一种行为回溯到某一确定的作者对这种行为的意识，正是这行为本身使我就在这意识实现其精神行为的时刻活生生地抓住一种思想的独特性以及它在其中得以发展的那种环境的含义。回溯到每个人都以其特有的方式在特殊的时刻里所享有的这种对自我的占有，就是达到某种原初的思维方式，这种方式使我能够理解此后所发生的一切。意识行为每一次都是根本性的。每一次对自我的占有都使完成这占有的人成为他自己的绵延的建造者。更有甚者，他建立了整个接续部分所依赖的形式原则。据此，我真想把自我意识行为称作某一类人的行为或者关于范畴的行为。显然，并不是它把思想归结为最普通的那一类，即亚里士多德哲学中范畴所起的作用，也不是它可以与先验观念同日而语，这些观念对于人类知性要设想其对象时是必要的，在这个意义上，康德把这些观念称为关于范畴的先验观念。尽管如此，"关于范畴的"这种说法所以成立，我觉得是因为自我意识行为无论在不同的精神中有多么大的变化，它总是构成了它们的精神活动的首要的、不可或缺的条件。谁也不能发现世界，假如他不是发现自己正在发现世界的话。因此，我思从来也不是一件孤立的事实。自我意识，它同时就是通过自我意识对世界的意识。这就等于说，它进行的方式本身，它认识其对象的特殊角度，都影响着它立刻或最后拥抱宇宙的方式。因为，谁以一种独特的方式感知到自己，谁就同时感知到一个独特的宇宙。这就是我最为崇敬的一位哲学家揭示给我的东西，这位哲学家就是莱布尼茨。模糊也罢，清晰也罢，莱布尼茨的单子既是对它本身的意识，同时又是对整个周围环境的意识。两者缺一不可。同样，我觉得我所提出的一切我思也在同一种行为的不可分割性之中包容了一种自我对自我的完整存在和一种世界面对自身的完整存在。简言之，每一个人在思考自己的时候，就不仅给予他的存在以一种形式，也给予他想象所有的存在的方式以一种形式。这样，对自我的认识就决定了对宇宙的认识，而自我认识正是宇宙的镜子。

因此，一切都有赖于原初的我思；然后我思被重新获得，并且重新开始无数次，然而，在所有这些重获中，它总是忠于它最初的样子。发现一位作家的我思，批评家的任务就完成了大半。这任务永远只能从这里开始取得进展。

不过，还有最后一个问题需要解决。重新发现作者的我思，这是批评家的首要任务．然而这个"自我"如何才能被"重新发现"？这个问题很重要。不正确地接近我思有歪曲其意义的危险。事实上，"重新发现"在这里不意味着人们通常就"我发现"中的动词所理解的那种意思。当人们说"我发现了"的时候，寻找的目标通常是作为精神给予自己的某种对象而出现的。唯有一种东西是可以找到的，不管它是什么。它恰恰处于思想之外，它是思想作为目标来寻求的那种东西。然而这里正相反，并没有什么客体。谁想"重新发现"他人的我思，谁就只能碰到一个思想着的主体，它在它借以思考着自己的那种行为中被把握着。以为我思可以成为一种探索的目标，那是不了解究竟什么造成了它的本质，是把一个纯粹主体当成了某种东西。意识行为有这种特性，即它不能容忍从外部被当作思想的简单补充。它是思想的内部本身，是表现为"我"的"我"，无论它可能有的谓项是什么。

这样我就确认，我思乃是一种只能从内部感知的行为。除非精神能够认同于那种可以自我感知的感知力，否则就抓不住我思。既然批评家的任务是在其所研究的作品中抓住这种自我认知力的作用，那么他要做到就必须把显露给他的那种行为当作自己的行为来加以完成。换句话说，批评行为要求批评者进行意识行为要求被批评的作者进行的那种活动。同一个我应该既在作者那里起作用，又在批评者那里起作用。

因此，发现作家们的我思，就等于在同样的条件下，几乎使用同样的词语再造每一位作家经验过的我思。在作者的思想和批评者的思想之间出现了某种认同，当然，这一次不是在次生观念的多样化的层面上，不是在由自我认识行为所必然引起的理智的、情感的波动之中，而是就在实现这种认识行为的根子上。没有一种初始的运动，就不会有批评，批评思维正是通过这种运动潜入被批评的思想的内部，并暂时地在认识主体这一角色中安身立命。

认识；自我认识；通过与他借以达到自我认识的那种行为

相遇合来认识他；一言以蔽之，在他达到自我认识的同一时候认识他人，也就是说，在享有特权的那一时刻。因为不单单有我思的行为，还有这一行为完成的时刻。这时刻爆发、冒出，或微露端倪，总是在已逝时间的尽头，在这个意义上，它仍属于过去。觉醒的时刻在作者那里出现，不研究作者的时间性，就不能对觉醒的时刻进行批评。但是，这种时刻也在某些时间中冒出来，仿佛它们不属于这时间而又另外生出一个时间似的。没有新的诞生，就没有自我意识，所以，一种新的绵延就建立在旧的绵延的泯灭之中。这种享有特权的时刻毁灭了时间，同时又建立了时间。它用新的已经历的时间取代了过去的时间。简言之，正如笛卡尔第一个看到的那样，意识行为的特性是居于时间中的独立时刻，同时又在某种意义上使时间居于它们的依附之中。因此，如果我想研究一位作者的我思，我必须不仅仅注意他的生平及作品的某些孤立的时刻，还要重建由这些时刻产生的绵延的全部辩证法。例如，某些作者仿佛一个时刻一个时刻地生活，可以说，就好像有人踩着一块块石头过河一样地从一个时刻跳到另一个时刻。这样，时间长了，就通过部分的相加而形成某种时强时弱的绵延，例如在纪德那里。在某种程度上，普鲁斯特的时间结构不也是如此吗？他的时间由周期出现的不自觉的回忆组成，这种出现打破了习惯的常规，用"重新发现"的时间取代了"失去的时间"的脉络。同样，宗教的时间，特别是冉森派和十七世纪神秘主义者的时间，可以被看作是由一系列或多或少不规则的、间有冷淡或虚无的时刻的圣宠时刻组成的。因此，对于时刻的研究迫使我研究时间，后一种研究远没有使我离开前一种研究，反而使我发现了包含在初始我思之中的绵延的潜在丰富性。

认识自我，就是在建立绵延的时刻中发现自我。"我是谁?"这个问题很自然地混同于"我在何时?"这个问题。我在即将成为我的存在的时间的那个时间的门口发现了我，这个时刻究竟是个什么时刻? 同样自然地又有另一个问题与这个问题相对应，即"我在何处?"我发现我现在所在的这个地方究竟是个什么地方? 这地方与其他地方有什么位置关系? 因此，对自我意识的批判考察不仅仅朝向对时间的研究，而且还朝向对空间的把握。人如何在感知到自身的同时又感知到他们与周围现实的关系或者无关系? 他们如何度量思想总是在自身深处置于思想者与被思想者、主体的我与对象的我之间的这种内在的距离?

在时间和空间之外，又有其他范畴出现。例如，是否所有的我思都包含一种原因的观念? 我存在的理由是什么? 我是我自身的原因抑或一种创造行为的结果? 我是把我作为那在使我存在的同时又给我自我意识的原则本身来把握的吗? 我是我的原因吗? 我意识到我是同时作为创造者和被创造者吗? 或者相反，我是一系列原因的结果吗，这些原因"分级"排列，从最遥远的过去开始就决定着我的存在? 我能够在我生活的每一时刻再造一个我吗? 我是一种先在的绵延的俘虏吗，在这绵延中每一个阶段都由最严格的依附性连接到前一阶段？我像司汤达小说中的主角一样自由还是像巴尔扎克或福楼拜小说中的人物一样是我的先在状态的产物？无论如何，显而易见的是，我的自由或本体的束缚只能在一种意识行为中被我感知到；而正是我借以感到自己是依附的还是自由的这种行为，将由批评者在对我的我思的阅读中加以把握、经历和重复。

因此，有一种确实是原因的我思，它是原因的范畴原则。在我思的内部还可以有其他范畴，数的范畴、关系的范畴，诸如此类！我很想在其与批评意识的联系中谈谈关系的范畴，但我还是留给别人谈吧，特别是留给让·斯塔罗宾斯基谈。因为被作为精神和其他意识的多样性之间的联系来设想的关系是他的批评最擅胜场的领域。因此，我就要作出我的结论了。我刚刚检阅的所有范畴原则都是成立的。它们互相联系，都与同一个意识行为相联系。它们共同构成了一个朝向其对象的思想的发展，这思想从它们那里借来形式和基础，并停留在它与外部世界的关系之中。然而这思想在孤独中出现——而且常常在孤独所引起的焦虑中——这还只是对自身的思考，是尚未分化成形的自我意识。批评首先应该回忆起的正是这最初的我、这时存在的最初的感知。然后它在所研究的作者那里，紧随他在解释和重建宇宙中产生的一切意识上的变化，它首先应该确定的就是存在与其自身的最初接触。一切批评都首先是，从根本上也是一种对意识的批评。